高等学校计算机专业教材精选·算法与程序设计

Struts2+Hibernate
框架技术教程

张志锋 申红雪 朱颢东 丁晓剑 等编著

清华大学出版社

北京

内 容 简 介

本书旨在培养学生的 Java Web 框架技术实践和创新能力。

本书理论联系实践,引进以项目为驱动的教学模式,详细而又系统地讲解 Struts2 和 Hibernate 框架技术,使项目开发贯穿整个知识体系。全书共分 8 章,内容包括 Struts2 框架技术入门、Struts2 核心组件详解、Struts2 高级组件、基于 Struts2 的个人信息管理系统项目实训、Hibernate 框架技术入门、Hibernate 核心组件详解、Hibernate 高级组件、基于 Struts2＋Hibernate 的教务管理系统项目实训。通过 19 个小项目、两个大项目的实践,能够使读者掌握基本理论知识,提高综合实践能力。

本书既可作为普通高等院校的 Java Web 框架技术教材,也可作为 Java 工程师培训教材以及 Java Web 软件开发人员的参考书。

图书在版编目(CIP)数据

Struts2＋Hibernate 框架技术教程/张志锋等编著.--北京:清华大学出版社,2012.7
(高等学校计算机专业教材精选·算法与程序设计)
ISBN 978-7-302-28652-3

Ⅰ.①S… Ⅱ.①张… Ⅲ.①Java 语言－程序设计－高等学校－教材 Ⅳ.①TP312

中国版本图书馆 CIP 数据核字(2012)第 077045 号

责任编辑:白立军
封面设计:傅瑞学
责任校对:焦丽丽
责任印制:张雪娇

出版发行:清华大学出版社
   网 址:http://www.tup.com.cn,http://www.wqbook.com
   地 址:北京清华大学学研大厦 A 座   邮 编:100084
   社 总 机:010-62770175   邮 购:010-62786544
   投稿与读者服务:010-62776969,c-service@tup.tsinghua.edu.cn
   质量反馈:010-62772015,zhiliang@tup.tsinghua.edu.cn
   课件下载:http://www.tup.com.cn,010-62795954
印 刷 者:清华大学印刷厂
装 订 者:北京国马印刷厂
经 销:全国新华书店
开 本:185mm×260mm 印 张:24.25   字 数:591 千字
版 次:2012 年 7 月第 1 版   印 次:2012 年 7 月第 1 次印刷
印 数:1～3000
定 价:39.00 元

产品编号:046046-01

前　言

目前，软件企业在招聘 Java 工程师时，几乎无一例外地要求应聘人员具备 Java Web 框架技术（Struts、Spring 和 Hibernate）的应用能力，所以 Java Web 框架技术应用是 Java 工程师必备的技能。本教程在"卓越工程师教育培养计划"思想的指导下，引进"以项目为驱动的教学模式"，旨在培养学生解决工程实践的能力。

本教材区别于其他传统教程，在全面而又系统地介绍基础知识的同时，以项目开发贯穿始终，既注重理论知识的学习，又强调学生实践能力的培养。

本教材提供了 19 个小项目和两个大项目。19 个小项目是对重点知识点的练习。两个大项目中，一个是第 4 章的基于 Struts2 框架的项目实训，是学习完 Struts2 基础知识后对 Struts2 框架的综合应用练习；另外一个项目是第 8 章基于 Struts2+Hibernate 框架项目实训，用于对 Struts2 和 Hibernate 框架进行整合训练。通过小项目练习可熟悉项目开发过程，并进一步掌握基础知识。通过大项目的练习能够整合整个知识体系，进而培养学生解决工程实践问题的能力。

作者编著的《JSP 程序设计技术教程》（2010 年 9 月清华大学出版社）、《Java 程序设计与项目实训教程》（2012 年 1 月清华大学出版社出版）、《JSP 程序设计与项目实训教程》，以及待出版的《Web 框架技术（Struts2+Hibernate+Spring3）教程》和《Java Web 技术整合应用（JSP+Servlet+Struts2+Hibernate+Spring3）》与本教程具有同样的风格，均"以项目为驱动的教学模式"，属于同系列的教程。

本书主要章节以及具体安排如下：

第 1 章 Struts2 框架技术入门，主要介绍 Struts2 框架的由来与发展、工作原理、核心组件、配置与使用以及应用实例。

第 2 章 Struts2 核心组件详解，主要介绍 Struts2 框架核心组件的使用、OGNL 和标签库及其应用。

第 3 章 Struts2 的高级组件，主要介绍 Struts2 框架的国际化及其应用、拦截器及其应用、输入验证及其应用和文件上传、下载功能及其应用。

第 4 章基于 Struts2 的个人信息管理系统项目实训，通过该项目的练习实现整合前三章所学知识，同时培养项目实现能力。

第 5 章 Hibernate 框架技术入门，主要介绍 Hibernate 框架的由来与发展、工作原理、核心组件、配置与使用及应用实例。

第 6 章 Hibernate 核心组件详解，主要介绍 Hibernate 框架核心组件的使用。

第 7 章 Hibernate 的高级组件，主要介绍 Hibernate 框架关联关系及其应用、数据查询及其应用、事务和 Cache 和及其应用。

第 8 章基于 Struts2+Hibernate 的教务管理系统项目实训，通过该项目的联系整合应用所学知识，培养工程实践能力。

参与本书编著的有郑州轻工业学院的张志锋、申红雪、朱颢东、刘育熙、范乃梅、王文冰、张江伟、赵进超、江楠、田二林和南京信息系统工程重点实验室的丁晓剑。本书主编张志锋，副主编申红雪、朱颢乐、丁晓剑。在本书的编著和出版过程中得到了郑州轻工业学院教务处、郑州轻工业学院软件学院、清华大学出版社的大力支持和帮助，在此表示感谢。

由于编写时间仓促及水平所限，书中难免有错误之处，敬请读者不吝赐教。

本书配有课件、实例代码、教学日历以及课后习题参考答案。如有需要可在清华大学出版社网站下载（www.tsinghua.edu.cn）。

编　者

2012 年 03 月

目 录

第 1 章　Struts2 框架技术入门

随着 Web 应用程序复杂性的不断提高，单纯依靠某种技术，很难实现快速开发、快速验证和快速部署的效果，必须整合 Web 相关技术形成完整的开发框架或应用模型，以满足各种复杂应用程序的需求，Struts 框架就是解决这一问题的优秀 Web 框架技术之一。

本章主要内容：

（1）Struts2 的发展及其配置。

（2）MVC 模式。

（3）Struts2 的工作原理。

（4）Struts2 的核心组件。

（5）基于 Struts2 的简单应用。

1.1　Struts2 基础知识

Struts2 是 Java Web 项目开发中最经典的 Web 框架技术，受到许多软件开发人员的喜爱与追捧，是软件企业招聘 Java 软件人才时要求必备的技能之一。

1.1.1　Struts2 的由来与发展

Struts 是整合了当前动态网站技术中 Servlet、JSP、JavaBean、JDBC、XML 等相关开发技术的一种主流 Web 开发框架，是一种基于经典 MVC 的框架。采用 Struts 可以简化 MVC 设计模式的 Web 应用开发工作，很好地实现代码重用，使开发人员从烦琐的工作中解脱出来，开发具有强扩展性的 Web 应用程序。

Struts 项目的创立者希望通过对该项目的研究，改进和提高了 JSP、Servlet、标签库以及面向对象技术水平。Struts 在英文中是支架、支撑的意思，体现其在 Web 应用程序开发中所起到的重要作用，就如同建筑工程师使用支柱为建筑的每一层提供牢固的支持一样。同样，软件工程师使用 Struts 为业务应用的每一层提供支持。它的目的是为了帮助开发者减少运用 MVC 设计模型来开发 Web 应用的时间。

Struts 是 Apache 软件基金会下 Jakarta 项目的一部分。除 Struts 之外，Apache 基金会还有其他优秀的开源产品，如 Tomcat。2000 年 Craig R. McClanahan 先生贡献了他编写的 JSP Model 2 架构之 Application Framework 的原始程序代码给 Apache 基金会，成为 Apache Jakarta 计划 Struts Framework 的前身，从 2000 年 5 月开始开发 Struts，到 2001 年 6 月发布 Struts1.0 版本。有 30 多个开发者参与进来，并有数千人参与到讨论组中。Struts 框架开始由一个志愿者团队来管理。到 2002 年，Struts 小组共有 9 个志愿者团队。Struts 框架的主要架构设计和开发者是 Craig R.McClanahan。Craig 也是 Tomcat 4 的主要架构师。

Struts 采用 MVC 模式，能够很好地帮助 Java 开发者利用 Java EE 开发 Web 应用项目。

和其他的 Java 架构一样，Struts 也采用面向对象设计思想，将 MVC 模式"分离显示逻辑和业务逻辑"的能力发挥得淋漓尽致。

Struts 自 2001 年推出，2004 年开始升温，并逐渐成为 Java Web 应用开发最流行的框架工具，在目前的 Java Web 程序员招聘要求中，几乎都强调 Struts 框架技术，精通 Struts 架构已经成为 Java Web 程序员必备的技术。Struts 1.X 系列的版本一般称为 Struts1。

经过 6 年多的发展，Struts1 已经成为了一个高度成熟的框架，不管是稳定性还是可靠性都得到了广泛的认可。市场占有率很高，拥有丰富的开发人群，几乎已经成为了事实上的工业标准。但是随着时间的流逝，技术的进步，Struts1 的局限性也越来越多地暴露出来，并且制约了 Struts1 的继续发展。对于 Struts1 框架而言，由于与 JSP、Servlet 耦合非常紧密，因而导致了一些严重的问题。首先，Struts1 支持的表示层（V）技术单一。由于 Struts1 出现的年代比较早，那个时候没有 FreeMarker、Velocity 等技术，因此它不可能与这些视图层的模板技术进行整合。其次，Struts1 与 Servlet API 的紧耦合，使应用程序难以测试。最后，Struts1 代码严重依赖于 Struts1 API，属于侵入性框架。从目前的技术层面上看，出现了许多与 Struts1 竞争的视图层框架，比如 JSF、Tapestry 和 Spring MVC 等。这些框架由于出现的年代比较晚，应用了最新的设计理念，同时也从 Struts1 中吸取了经验，克服了很多不足。这些框架的出现也促进了 Struts 的发展。目前，Struts 已经分化成了两个框架：第一个是在传统的 Struts1 的基础上，融合了另外的一个优秀的 Web 框架 WebWork 的 Struts2；另外一个就是 Struts1。Struts2 虽然是在 Struts1 的基础上发展起来的，但是实质上是以 WebWork 为核心的。

2007 年，Apache 发布 Struts 2.0，Struts2 是 Struts 的下一代产品，是在 Struts1 和 WebWork 技术基础上进行整合的全新的 Struts 框架。其全新的 Struts2 的体系结构与 Struts1 的体系结构差别巨大。Struts2 以 WebWork 为核心，采用拦截器的机制来处理用户的请求，这样的设计也使得业务逻辑控制器能够与 Servlet API 完全脱离开，所以 Struts2 可以理解为 WebWork 的更新产品。因此 Struts2 和 Struts 1 有很大的区别，但是相对于 WebWork 而言，Struts2 只有很小的变化。

1.1.2　Struts2 软件包的下载和配置

本书使用的是 Struts 2.2.3.1，它于 2011 年 9 月发布。

1. 软件包下载

Struts 的各版本可在 Apache 官方网站 http://struts.apache.org/download.cgi 下载。

要在 Apache 官方网站下载 Struts 2.2.3.1，打开如图 1-1 所示的下载页面；单击图 1-1 左侧的 Struts2.2.3.1（GA），出现如图 1-2 所示的下载页面；在图 1-2 中单击的 Download Now，出现如图 1-3 所示的页面。在图 1-3 页面中下载 Full Distribution:struts-2.2.3.1-all.zip。

下载 Struts2 时有以下选项：

（1）Full Distribution:struts-2.2.3.1-all.zip。

该选项是 Struts2 的完整版，内容包括 Struts2 的核心类库、源代码、文档、实例等，建议选择该选项。

（2）Example Applications:struts-2.2.3.1-apps.zip。

该选项只包含 Struts2 的实例，在完整版的 Struts2 中已经包含了该选项中所有实例。

图 1-1　Struts2 下载页面

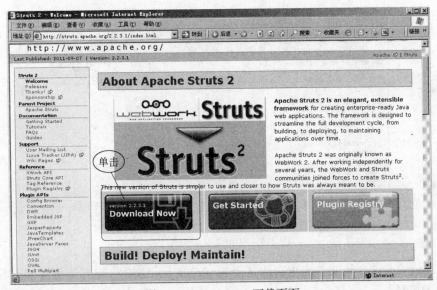

图 1-2　Struts 2.2.3.1 下载页面

（3）Essential Dependencies Only:struts-2.2.3.1-lib.zip。

该选项只包含 Struts2 的核心类库，在完整版的 Struts2 中已经包含了该选项中所有类库。

（4）Documentation:struts-2.2.3.1-docs.zip。

该选项只包含 Struts2 的相关文档，包括使用文档、参考手册和 API 等，在完整版的 Struts2 中已经包含了该选项中所有文档。

（5）Source:struts-2.2.3.1-src.zip。

该选项只包含 Struts2 的源代码，在完整版的 Struts2 中已经包含了该选项中所有源代码。

2. Struts2 软件包中主要文件

Struts2 下载完成后会得到一个 zip 文件，解压缩后，可得到如图 1-4 所示的文件。

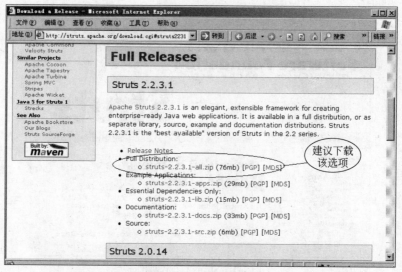

图 1-3　选择下载项

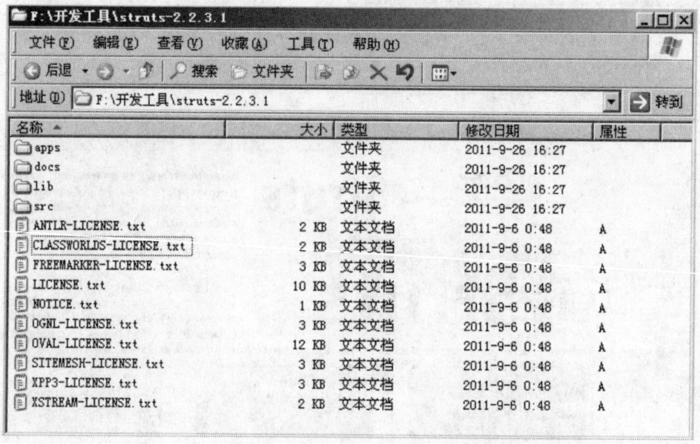

图 1-4　Struts2 文件夹结构

（1）apps 文件夹：该文件夹中存放基于 Struts2 的应用实例，这些实例对学习者来说是非常有用的资料。

（2）docs 文件夹：该文件夹中存放 Struts2 的相关文档，包括 Struts2 API、Struts2 快速入门等。

（3）lib 文件夹：该文件夹中存放 Struts2 框架的核心类库以及 Struts2 的第三方插件类库。

（4）src 文件夹：该文件夹中存放 Struts2 框架的全部源代码。

3. Struts2 的配置

Struts2 的 lib 文件夹中有 70 多个 JAR 文件。大多数情况下，使用 Struts2 开发 Web 应用程序并不需要使用到 Struts2 的全部类库，因此没有必要把 lib 文件夹中的类库全部配置到项目中。一般只需配置 commons-fileupload-1.2.2.jar、commons-io-2.0.1.jar、freemarker-2.3.16.jar、javassist-3.11.0.GA.jar、ognl-3.0.1.jar、struts2-core-2.2.3.1.jar 和 xwork-core-2.2.3.1.jar 等文件。如果需要使用 Struts2 的更多特性，则需要配置更多 lib 文件夹中的 JAR 文件到项目中。

（1）在 NetBeans 7.0 中安装 Struts2 插件

① NetBeans 7.0 中集成的有 Struts 1.3.8，如果需要在 NetBeans 7.0 中使用 Struts2，需要安装 Struts2 插件，插件下载地址为 www.netbeans.org，如图 1-5 中页面所示，单击图 1-5 中的 Plugins 或者 All Plugins，出现如图 1-6 所示的页面，在图 1-6 中选择需要的 Struts2 插件。

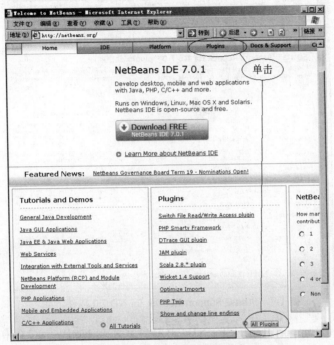

图 1-5　Struts2 插件下载地址

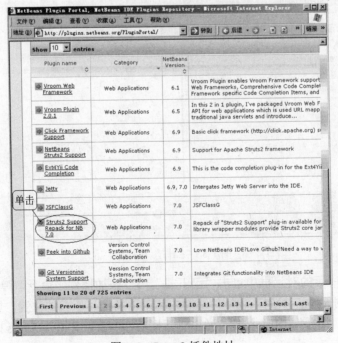

图 1-6　Struts2 插件地址

② 在图 1-6 中，单击 Struts2 Support Repack for NB 7.0，出现如图 1-7 所示的页面，单击该页面中的 Download 按钮进行下载。

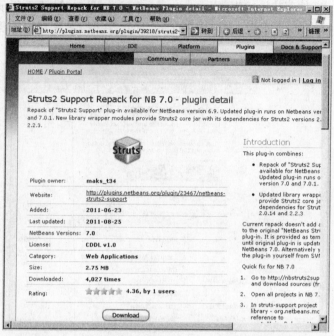

图 1-7　Struts2 Support Repack for NB 7.0 插件下载

③ 安装 Struts2 Support Repack for NB 7.0 插件。连击 NetBeans 7.0 中"工具"→"插件"命令，弹出如图 1-8 所示的对话框。

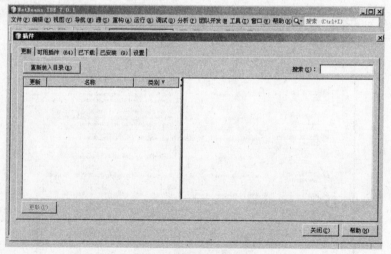

图 1-8　"插件"对话框

④ 在图 1-8 所示的对话框中单击"已下载"→"添加插件"命令，弹出如图 1-9 所示的"添加插件"对话框，找到下载插件（需先解压缩插件）所在的位置，如图 1-9 所示，选定后单击图 1-9 中的"打开"按钮，弹出对话框后，单击"安装"，Struts2 插件安装完成，重新启动 NetBeans 7.0。

图 1-9 "添加插件"对话框

（2）使用 NetBeans 7.0 新建 Struts2 项目

本书使用的工具是 JDK 7.0、NetBeans 7.0、Tomcat 7.0，MyEclipse 9.1 和 Eclipse3，如需使用这些工具可在其官方网站下载。有关 JDK、NetBeans、Eclipse、MyEclipse、Tomcat 的下载、安装、配置和使用请参考相关资料或者参考作者编写的《Java 程序设计与项目实训教程》（清华大学出版社）和《JSP 程序设计技术教程》（清华大学出版社），这两本书中均有详细的讲解。

双击打开 NetBeans 7.0，出现如图 1-10 所示的 NetBeans 7.0 主界面。可以使用菜单项对 IDE 进行设置与使用。

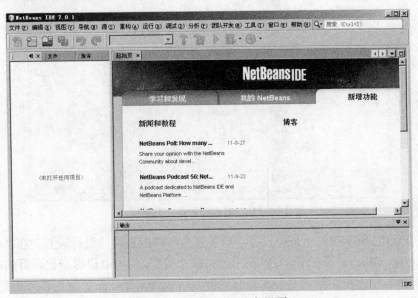

图 1-10　NetBeans 7.0 主界面

① 连击图1-10中菜单"文件"→"新建项目"命令，弹出如图1-11所示的对话框，在"选择项目"中的"类别"框中选择Java Web，"项目"框中选择"Web 应用程序"，单击"下一步"按钮，弹出如图1-12所示的对话框。

图1-11 "选择项目"对话框

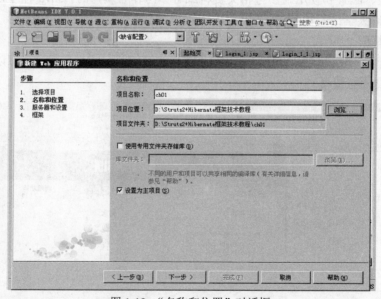

图1-12 "名称和位置"对话框

② 在图1-12所示的对话框中，可以对项目的名称以及路径进行设置。在"项目名称"文本框中为Java Web项目命名，可以使用项目默认名字，也可以根据自己项目的需要命名；在"项目位置"文本框中对项目位置进行选择，可以使用默认路径，也可以根据自己需要进行选择；单击"下一步"按钮，弹出如图1-13所示的对话框。

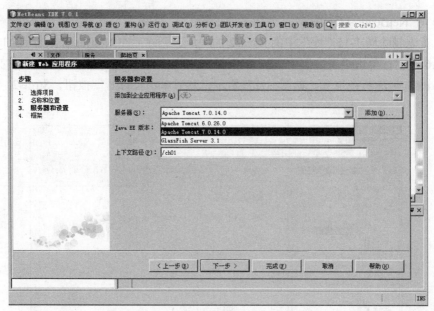

图 1-13 "服务器和位置"对话框

③ 在"服务器和设置"的"服务器"框中，选择 Web 程序运行时使用的服务器。下拉框中有三种 IDE 自带的服务器，可以使用默认的服务器，也可以单击"添加"选择其他服务器；在"Java EE 版本"下拉框中，选择需要的 Java EE 版本；在"上下文路径"中设定项目路径。设置好后单击"下一步"按钮，弹出如图 1-14 所示的对话框，对"框架"进行选择，这里选择 Struts2，单击"完成"项目创建完成，将弹出如图 1-15 所示的界面。

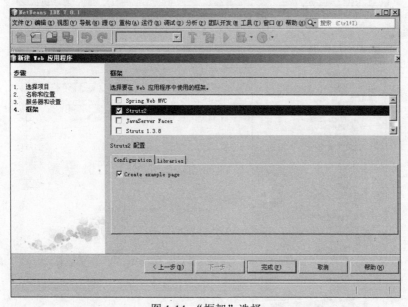

图 1-14 "框架"选择

备注：现在 Struts2 的最新版本是 Struts 2.2.3，安装的插件中集成的也是 Struts 2.2.3。如果有新的 Struts2 版本，可以配置最新的 Struts2 版本到 NetBeans 7.0 中，配置方法如下所述。

（3）在 NetBeans 7.0 中配置其他版本的 Struts2

① 首先删除图 1-15 "库"中的 Struts2 的类库。删除后在 NetBeans 项目 ch01 上右击，如图 1-16 所示，单击"属性"，在弹出的对话框中选择"库"→"添加 JAR/文件夹（F）"，找到 Struts2 类库所在位置，如图 1-17 所示，然后单击"打开"按钮，Struts2 类库配置完成。

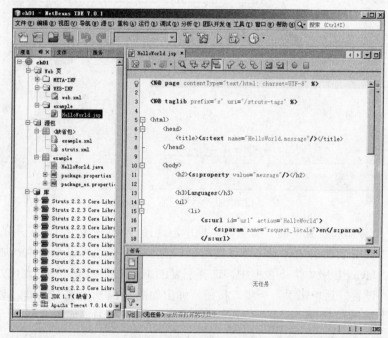

图 1-15　项目开发主界面

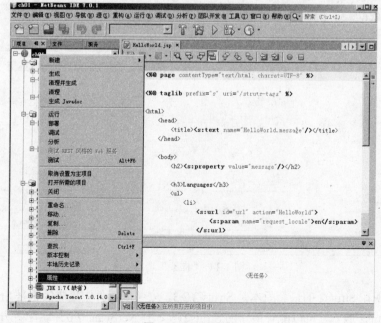

图 1-16　项目属性

图 1-17　Struts2 所需类库配置

　　② 或者在 NetBeans 项目"库"文件夹上右击，如图 1-18 所示，单击"添加 JAR/文件夹"，弹出对话框或者"属性"；在对话框中选择"库"→"添加 JAR/文件夹（F）"，找到 Struts2 类库所在位置。单击"添加库"，出现如图 1-19 所示的对话框，单击其中的"创建"按钮，弹出如图 1-20 所示的对话框；在"库名称"中将要添加的库命名为"Struts2.2.3"，

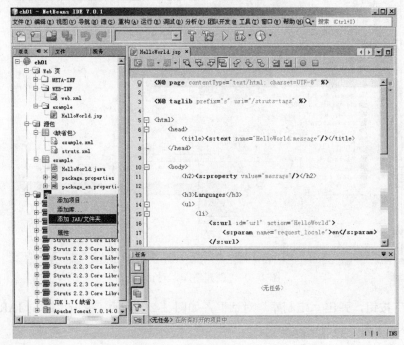

图 1-18　右击"库"文件夹

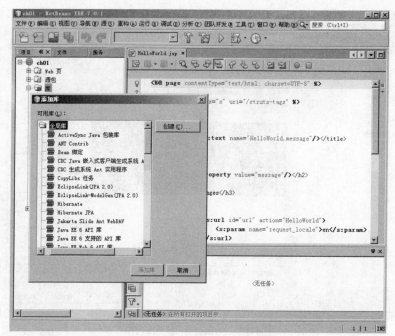

图 1-19 "添加库"对话框

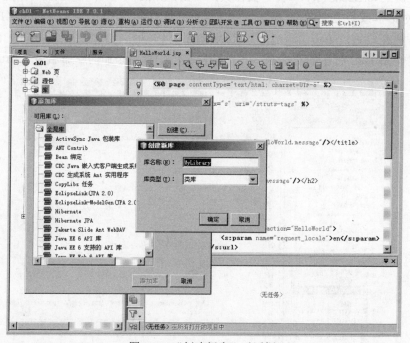

图 1-20 "创建新库"对话框

单击"确定"按钮，弹出"定制库"对话框，如图 1-21 所示，单击"添加 JAR/文件夹"按钮找到 Struts2 类库的所在位置。

（4）在 MyEclipse 9.1 中配置 Struts2

在 MyEclipse 9.1 中已经集成了 Struts2 的插件，直接使用就可以。新建一个项目 ch01

图 1-21 "定制库"配置

后，执行 MyEclipse→Project Capabilities→Add Struts Capabilities 菜单命令，如图 1-22 所示，弹出如图 1-23 所示的对话框，选择 Struts 2.1 后弹出另外一个对话框，在该对话框中单击 Next 按钮，弹出如图 1-24 所示的对话框，在其中可以选择 Struts2 类库，完成选择后单击 "打开"，Struts2 类库在 MyEclipse 项目中配置完成。配置完成后，在 ch01 项目中将自动添加一个 Struts2 的包 Struts2 Core Libraries。如需使用 Struts2 的更新版本，可以从该包中导入。

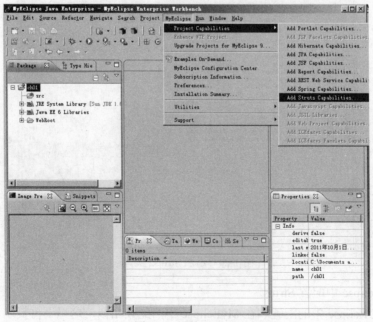

图 1-22 添加 Struts2

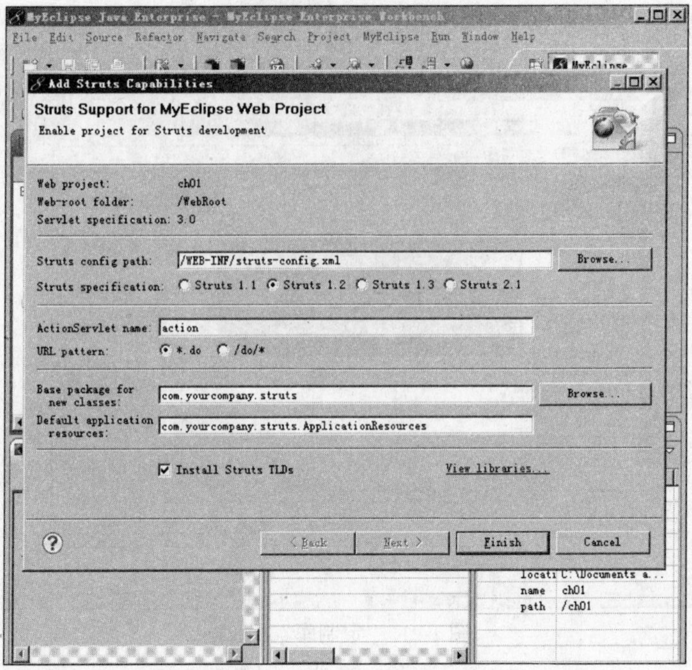

图 1-23　Struts 框架选定

图 1-24　添加 Struts2 类库

（5）在 Eclipse 中配置 Struts2

Struts2 在 Eclipse 中的配置和在 MyEclipse 中的配置相似，这里不再赘述。

1.1.3 MVC 设计模式

MVC（Model、View 和 Controller 的简写）设计模式如图 1-25 所示，是一种目前广泛流行的软件设计模式，早在 20 世纪 70 年代，IBM 就进行了 MVC 设计模式的研究。近年来，随着 Java EE 的成熟，它成为在 Java EE 平台上推荐的一种设计模型，是广大 Java 开发者非常感兴趣的设计模型。随着网络应用的快速增加，MVC 模式对于 Web 应用的开发无疑是一种非常先进的设计思想，无论选择哪种语言，无论应用多复杂，它都能为理解分析应用模型提供最基本的分析方法，为构造产品提供清晰的设计框架，为软件工程提供规范的依据。

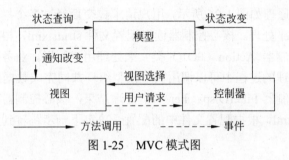

图 1-25　MVC 模式图

1. 模型（Model）

Model 部分包括业务逻辑层和数据库访问层。在 Java Web 应用程序中，业务逻辑层一般由 JavaBean 或 EJB 构建。Model 部分就是业务流程或状态的处理以及业务规则的制定。业务流程的处理过程对其他层来说是黑箱操作，模型接收视图请求的数据，并返回最终的处理结果。业务模型可以说是 MVC 最主要的组件。MVC 并没有提供模型的设计方法，而只要求用户应该组织管理这些模型，以便于模型的重构和提高重用性。

2. 视图（View）

在 Java Web 应用程序中，View 部分一般用 JSP 和 HTML 构建，也可以是 XHTML、XML、Applet 和 JavaScript。客户在 View 部分提交请求，在业务逻辑层处理后，把处理结果又返回给 View 部分显示出来。因此，View 部分也是 Java Web 应程序的用户界面。一个 Web 项目可能有很多不同的视图，MVC 设计模式对于视图的处理仅限于视图上数据的采集和处理以及响应用户的请求，而不包括在视图中的业务流程的处理。业务流程的处理由模型负责。

3. 控制（Controller）

Controller 部分由 Servlet 组成。当用户请求从 View 部分传过来时，Controller 把该请求发给适当的业务逻辑组件处理；请求处理完成后，又返回给 Controller。Controller 再把处理结果转发给适当的 View 组件显示或者调用 Model。因此，Controller 在视图层与业务逻辑层之间起到了桥梁作用，控制了两者之间的数据流向。

模型、视图与控制器的分离，使得一个模型可以具有多个显示视图。如果用户通过某个视图的控制器改变了模型的数据，所有其他依赖于这些数据的视图都应反映这些变化。因此，无论何时发生了何种数据变化，控制器都会将变化通知所有的视图，使显示得到及时更新。

MVC 设计模式的工作流程是：

（1）用户的请求（V）提交给控制器（C）。

（2）控制器接收到用户请求后根据用户的具体需求，调用相应的 JavaBean 或者 EJB（M 部分）来处理用户的请求。

（3）控制器调用 M 处理完数据后，根据处理结果进行下一步的跳转，如跳转到另外一个页面或者其他 Servlet。

1.1.4 Struts2 的工作原理

Struts2 中使用拦截器来处理用户请求，从而允许用户的业务控制器 Action 与 Servlet 分离。Struts2 的工作原理如图 1-26 所示，用户请求提交后经过多个拦截器拦截后交给核心控制器 FilterDispatcher 处理。核心控制器读取配置文件 struts.xml，根据配置文件中的信息指定由某一个业务控制器 Action（POJO 类）来处理用户数据。业务控制器调用某些业务组件进行处理，在处理的过程中可以调用其他模型组件共同完成数据的处理。Action 处理完后会返回给核心控制器 FilterDispatcher 一个处理结果，核心控制器根据返回的处理结果读取配置文件 struts.xml，根据配置文件中的配置，决定下一步跳转到某一个页面或者某一个 Action。

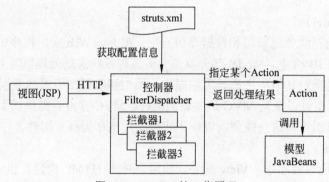

图 1-26 Struts2 的工作原理

一个客户请求在 Struts2 框架中处理的过程大概有以下几个步骤：

（1）客户提交请求到服务器。

（2）请求被提交到一系列的过滤器过滤，最后到达 FilterDispatcher；FilterDispatcher 是核心控制器，是 Struts2 中 MVC 模式的控制器部分。

（3）FilterDispatcher 读取配置文件 struts.xml，根据配置信息调用某个 Action 来处理客户请求。

（4）Action 执行完毕，返回执行结果，FilterDispatcher 根据 struts.xml 的配置找到对应的返回结果。

备注：在 Struts2 框架执行过程中，一个客户请求会获得 Struts2 类库中许多类的支持，由于在项目开发中编写程序时用不到这些类，为了简化对 Struts2 框架工作原理的理解，这里没有提及。

1.2 Struts2 的核心组件

Struts2 是基于 MVC 模式的 Web 框架，Struts2 框架按照 MVC 的设计思想把 Web 程序分为：①控制器层，包括核心控制器 FilterDispatcher、业务控制器 Action；②模型层，包括业务逻辑组件和数据库访问组件；③视图组件。

1.2.1 Struts2 的控制器组件

在基于 MVC 的应用程序开发中，控制器组件的主要功能是：从客户端接收数据、调用模型（JavaBean）、进行数据处理以及决定返回给客户某个视图。Struts2 的控制器主要有核心控制器 FilterDispatcher 和业务控制器 Action。

1. FilterDispatcher

FilterDispatcher 是一个过滤器，是 Struts2 的核心控制器，控制着整个 Web 项目中数据的流向和操作。

基于 MVC 的 Web 框架需要在 Web 应用程序中加载一个核心控制器，Struts2 框架需要加载的是 FilterDispatcher，需在 web.xml 中进行配置。

除了用 web.xml 配置文件配置核心控制器 FilterDispatcher 外，Struts2 控制数据的操作时，还需要用到配置 Struts2 本身的配置文件 struts.xml。

2. struts.xml 配置文件

Struts2 的核心配置文件是 struts.xml，用户请求提交给核心控制器 FilterDispatcher 后，具体由哪个业务控制器 Action 来完成，是在 struts.xml 配置文件中配置，根据配置文件 struts.xml 中的数据，核心控制器 FilterDispatcher 调用某个业务控制器 Action 来完成数据的处理，处理完数据后把处理结果通过其他对象返回给核心控制器 FilterDispatcher，核心控制器根据 struts.xml 配置文件中的数据，决定下一步的操作。

所以，Struts2 中的 struts.xml 文件是其核心配置文件，在控制器操作中起到关键作用。

3. 业务控制器 Action

Action 是 Struts2 的业务控制器，可以不实现任何接口或者继承任何 Struts2 类，该 Action 类是一个基本的 Java 类，具有很高的可重用性。Action 中不实现任何业务逻辑，只负责组织调度业务模型组件。

Struts2 的 Action 类具有很多优势：

（1）Action 类完全是一个 POJO（Plain Old Java Objects，简单的 Java 对象），实际就是普通 JavaBean，是为了避免和 EJB 混淆所创造的简称，Action 具有良好的代码重用性。

（2）Action 类无须与 Servlet 关联，降低了与 Servlet 的耦合度，所以应用和测试比较简单。

（3）Action 类的 execute()方法仅返回一个字符串作为处理结果，该处理结果可传到任何视图或者另外一个 Action。

1.2.2　Struts2 的模型组件

模型组件可以是实现业务逻辑的模块，可以是 JavaBean、POJO、EJB，在实际的开发中，对模型组件的区别和定义也是比较模糊的，实际上也超出了 Struts2 框架的范围。Struts2 框架的业务控制器不会对用户请求进行实质的处理，用户请求最终由模型组件负责处理，业务控制器只是提供处理场合，是负责调度的调度器。

不同的开发者有自己的方式来实现模型组件，Struts2 框架的目的是使用 Action 来调用模型组件。例如一个银行存款的模型组件，代码如例 1-1 所示。

【例 1-1】 Bank 模型组件（Bank.java）。

```
package modelexample;

public class Bank {
    private String accounts;//账号
    private String money;    //资金
    public String getAccounts() {
        return accounts;
    }
    public void setAccounts(String accounts) {
        this.accounts = accounts;
    }
    public String getMoney() {
        return money;
    }
    public void setMoney(String money) {
        this.money = money;
    }
    //模拟存款功能的方法
    public boolean saving(String accounts,String money){
        //调用相应类对数据库进行操作,"***"表示数据库查询的数据
        boolean bl;
        if(getAccounts().equals("***")&&getMoney().equals("***"))
        {
            bl=true;
        }
        else
        {
            bl=false;
        }
        return bl;
    }
}
```

例 1-1 中的代码是一个完成某一功能的业务逻辑模块，在执行 saving（String accounts, String money）方法时能够通过调用其他类或者直接访问数据库完成存款操作。可以在业务

控制器 Action 的 execute()中调用该业务逻辑组件，代码如例 1-2 所示。

【例 1-2】 BankSavingAction 业务控制器（BankSavingAction.java）。

```java
package modelexample;

public class BankSavingAction {
    private String accounts;//账号
    private String money;    //资金
    public String getAccounts() {
        return accounts;
    }
    public void setAccounts(String accounts) {
        this.accounts = accounts;
    }
    public String getMoney() {
        return money;
    }
    public void setMoney(String money) {
        this.money = money;
    }
    public String execute(){
        Bank bk=new Bank();//实例化 Bank 对象bk,调用模型组件
        if(bk.saving(accounts, money))
        {
            return "success";
        }
        else{
            return "error";
        }
    }
}
```

BankSavingAction 业务控制器通过创建模型组件实例的方式实现银行存款业务组件调用。当控制器需要获得业务逻辑组件实例时，通常并不会直接获取业务逻辑组件实例，而是通过工厂模式来获取业务逻辑组件的实例，或者使用其他 IoC 容器（如 Spring）来管理业务逻辑组件的实例。

1.2.3 Struts2 的视图组件

Struts1 视图组件的构成主要有：HTML、JSP 和 Struts1 标签。Struts2 视图组件除了有HTML、JSP、Struts2 标签外，还采用模板技术作为视图技术，如 FreeMarker、Velocity 等视图技术。

1. HTML 和 JSP

HTML 和 JSP 是开发基于 Struts2 视图组件的主要技术。

2. Struts2 标签

Struts2 框架提供了功能强大的标签库，使用 Struts2 的标签库开发视图，可以使页面更整洁，简化页面输出，支持更加复杂而丰富的功能且页面易维护，减少代码量和开发时间。

3. FreeMaker

FreeMaker 是一个"模板引擎"，是一个基于模板技术的生成文本输出的通用工具。它是一个 Java 包，使用纯 Java 编写，是 Java 程序员可以使用的类库。FreeMaker 本身并不是一个面向最终用户的应用程序，但是程序员可以把它应用到项目中。FreeMarker 被设计为可以生成 Web 页面（JSP）。它是基于 Servlet 遵循 MVC 模式的应用，MVC 模式能够使网页设计人员和程序员的耦合减少。每个人都可以做他们擅长的工作，网页设计人员可以改变网页的面貌，而并不需要程序重新编译，因为业务逻辑和页面的设计已经被分离开了。模板是不能由复杂的程序片段组成的，即便网页设计人员和程序员是一个人，分离也是有必要的，它能使程序更加灵活和清晰。虽然 FreeMarker 能编程，但是它并不是一种编程语言，它是为程序显示数据而准备的。

FreeMarker 利用模板加上数据生成文本页面，能生成任意格式的文本，如 HTML、XML、Java 源码等。FreeMarker 并不是 Web 应用程序框架，可以说是 Web 应用框架的一个视图组件。FreeMarker 的下载地址为：http://www.freemarker.org/index.html。

4. Velocity

Velocity 是一个开放源码的"模板引擎"，由 Apache 负责开发，现在最新的版本是 Velocity 1.7，可以到其官方网站 http://velocity.apache.org/ 了解 Velocity 的最新信息。

Velocity 是一个基于 Java 的模板引擎。它允许 Web 页面设计者引用 Java 代码预定义的方法。Web 设计者可以根据 MVC 模式和 Java 程序员并行工作，这意味着 Web 设计者可以单独专注于设计良好的站点，而程序员则可单独专注于编写底层代码。Velocity 将 Java 代码从 Web 页面中分离出来，使站点在长时间运行后仍然具有很好的可维护性，并提供了一个除 JSP 和 PHP 之外的可行的备选方案。

Velocity 可用来从模板产生 Web 页面、SQL 以及其他输出。它也可用于一个独立的程序以产生源代码和报告，或者作为其他系统的一个集成组件。项目完成后，Velocity 将为应用程序框架提供模板服务。

Velocity 的模板语言非常简单，它并没有复杂的数据类型和语法结构，即使没有编程经验的读者也可以轻松地掌握。

1.3 基于 Struts2 的登录系统实例

本节通过使用 NetBeans 7.0、MyEclipse 9.0 和 Eclipse 来开发一个简单的登录系统，从而介绍如何使用它们开发基于 Struts2 的 Web 项目。

基于 Struts2 开发 Web 项目主要包括以下步骤：

（1）在 web.xml 中配置核心控制器 FilterDispatcher。

（2）设计和编写视图组件，如使用 JSP 编写页面。

（3）编写视图组件对应的业务控制器组件 Action。

（4）配置业务控制器 Action，即修改 struts.xml 配置文件，配置 Action。在 struts.xml 配置文件中配置处理结果与对应视图跳转关系。Action 调用模型组件（业务逻辑组件）处理后返回处理结果，根据处理结果进行下一步页面跳转。页面怎么跳转都是事先在 struts.xml 配置文件中配置好的。

1.3.1　使用 NetBeans 7.0 开发项目

1. 项目介绍

该项目为登录系统，项目有一个登录页面（login.jsp），代码如例 1-4 所示；登录页面对应的业务控制器是 LoginAction 类，代码如例 1-6 所示；如果登录成功（用户名、密码正确）跳转到 success.jsp 页面，代码如例 1-5 所示；如果登录失败（用户名、密码不正确）则重新回到登录页面（login.jsp）。还需要配置 web.xml，代码如例 1-3 所示；配置 struts.xml，代码如例 1-7 所示。项目的文件结构如图 1-27 所示。

图 1-27　项目文件结构

2. 在 web.xml 中配置核心控制器 FilterDispatcher

在使用 NetBeans 7.0 开发基于 Struts2 的 Web 项目时，如果新建项目时在如图 1-14 所示步骤中，选择了 Struts2，那么在新建项目的 WEB-INF 文件夹下，NetBeans 7.0 会自动创建一个 web.xml，所以使用 NetBeans 7.0 中的 Struts2 插件时，web.xml 中的核心控制器 FilterDispatcher 是自动配置好的。web.xml 的代码如例 1-3 所示。

【例 1-3】　在 web.xml 中配置核心控制器（web.xml）。

```
<?xml version="1.0" encoding="UTF-8"?>
<web-app version="3.0" xmlns="http://java.sun.com/xml/ns/javaee"
    xmlns:xsi="http://www.w3.org/2001/XMLSchema-instance"
    xsi:schemaLocation="http://java.sun.com/xml/ns/javaee
    http://java.sun.com/xml/ns/javaee/web-app_3_0.xsd">
```

```
<filter>
    <!--配置 Struts2 核心控制器的名字-->
    <filter-name>struts2</filter-name>
    <!--配置 Struts2 核心控制器的实现类-->
    <filter-class>org.apache.struts2.dispatcher.FilterDispatcher
    </filter-class>
</filter>
<filter-mapping>
    <!-- Struts2 控制器的名字-->
    <filter-name>struts2</filter-name>
    <!--拦截所有 URL 请求-->
    <url-pattern>/*</url-pattern>
</filter-mapping>
<!--指定默认的会话超时时间间隔,以分钟为单位-->
<session-config>
    <session-timeout>
        30
    </session-timeout>
</session-config>
<!--默认访问的界面,该页面是在新建项目时系统自建的一个页面-->
<welcome-file-list>
    <welcome-file>example/HelloWorld.jsp</welcome-file>
</welcome-file-list>
</web-app>
```

3. 编写视图组件（JSP 页面）

编写一个如图 1-28 所示的登录页面。

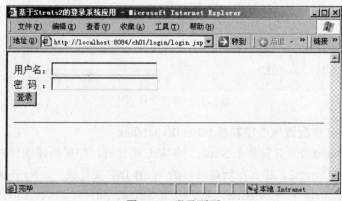

图 1-28　登录页面

登录页面是一个 JSP 页面，代码如例 1-4 所示。

【例 1-4】　登录页面（login.jsp）。

```
<%@page contentType="text/html" pageEncoding="UTF-8"%>
<html>
    <head>
        <meta http-equiv="Content-Type" content="text/html; charset=UTF-8">
```

```
        <title>基于Struts2的登录系统应用</title>
    </head>
    <body>
        <!-- action="login"是连接的业务控制器,名为login-->
        <form method="post" action="login">
            用户名: <input name="userName" type="text" size="24">
            <br>
            密　码: <input name="password" type="password" size="26">
            <br>
            <input type="submit" value="登录">
        </form>
        <hr>
    </body>
</html>
```

登录成功页面代码如例 1-5 所示。

【例1-5】 登录成功页面（success.jsp）。

```
<%@page contentType="text/html" pageEncoding="UTF-8"%>
<html>
    <head>
        <meta http-equiv="Content-Type" content="text/html; charset=UTF-8">
        <title>登录成功页面</title>
    </head>
    <body>
        <h1>你登录成功,欢迎你! </h1>
    </body>
</html>
```

4. 编写业务控制器 Action

为了处理视图的业务逻辑，一般每个视图对应一个业务控制器 Action。login.jsp 对应的业务控制器如例 1-6 所示的 LoginAction 类，该类就是一个普通的 Java 类。

【例1-6】 登录页面（login.jsp）对应的业务控制器（LoginAction.java）。

```
package ch01Action;

public class LoginAction {
    private String userName;
    private String password;
    public String getUserName()
    {
        return userName;
    }
    public void setUserName(String name)
    {
        this.userName=name;
    }
```

```
public String getPassword()
{
    return password;
}
public void setPassword(String password)
{
    this.password = password;
}
public String execute() throws Exception
{
    if(getUserName().equals("QQ")&&getPassword().equals("123"))
    {
        return "success";
    }
    else
    {
        return "error";
    }
}
}
```

LoginAction 类就是一个业务控制器，该控制器首先保存数据，然后在该类的 execute()
方法中可以调用其他模型组件，并在该方法中完成数据的处理，处理的结果是以字符串形
式返回，又称为逻辑视图。在 Struts2 配置文件 struts.xml 中配置了和返回结果对应的操作。

业务控制器 Action 默认的处理方法是 execute()，但也可以不使用该方法名，而使用自
己命名的方法，一般建议使用该方法名。

5. 在 struts.xml 中配置 Action

业务控制器 LoginAction 需要在 struts.xml 中配置，只有这样核心控制器才能找到它，
并且再根据其处理结果知道下一步跳转到哪个页面。struts.xml 的配置代码如例 1-7
所示。

【例 1-7】 在 struts.xml 中配置 Action（struts.xml）。

```
<!DOCTYPE struts PUBLIC
"-//Apache Software Foundation//DTD Struts Configuration 2.0//EN"
"http://struts.apache.org/dtds/struts-2.0.dtd">
<!--根元素 -->
<struts>
    <!--
        导入一个配置文件,通过这种方式可以将 Struts2 的 Action 按模块配置到多个配置文
        件中。
    -->
    <include file="example.xml"/>
    <!--
        所有的 Action 配置都应该放在元素 package 下,name 属性定义包名,extends 属性
        定义继承的包空间 struts-default。
```

```
-->
<package name="zzf" extends="struts-default">
    <!--
        对 Action 配置,可以有多对;name 是对业务控制器命名,在表单中指定的名字;
        class 指定 Action 类的位置。
    -->
    <action name="login" class="ch01Action.LoginAction">
        <!--
            定义两个逻辑视图和物理资源之间的映射,name 值是 Action 中返回的结果,
            即逻辑视图。
        -->
        <result name="error">/login/login.jsp</result>
        <result name="success">/login/success.jsp</result>
    </action>
</package>
</struts>
```

6. 项目部署和运行

项目编写完成。在 NetBeans 7.0 中部署和运行 JSP 页面十分简单:在 login.jsp 位置右击,单击"运行文件",如图 1-29 所示,或者在 JSP 页面编辑区右击,出现如图 1-30 所示的快捷菜单,单击"运行文件"选项,项目将自动部署并运行。运行结果如图 1-28 所示,在该页面中输入用户名 QQ 和密码 123 后,单击"登录"按钮。

图 1-29　在 JSP 文件位置运行文件

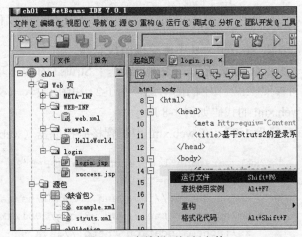

图 1-30　在编辑区运行文件

1.3.2 使用 MyEclipse 9.1 开发项目

1. 项目介绍

该项目为登录系统,项目有一个登录页面(login.jsp),代码如例 1-9 所示;登录页面对应的业务控制器是 LoginAction 类,代码如例 1-11 所示;如果登录成功(用户名、密码正确)跳转到 success.jsp 页面,代码如例 1-10 所示;如果登录失败(用户名、密码不正确)则重新回到登录页面(login.jsp)。此外还需要配置 web.xml,代码如例 1-8 所示;配置

struts.xml，代码如例 1-12 所示。项目的文件结构如图 1-31 所示。

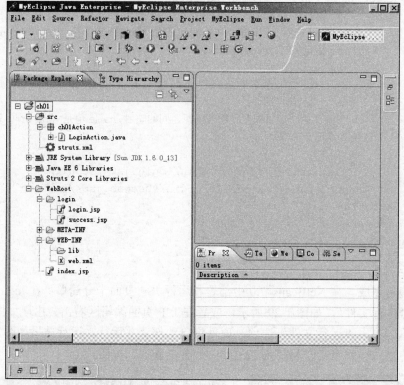

图 1-31   项目的文件结构

2. 在 web.xml 中配置核心控制器

在使用 MyEclipse 9.1 开发基于 Struts2 的 Web 项目时，新建项目后，如果要添加 Struts2，可参照 1.1.2 节中的图 1-22、图 1-23 和图 1-24，web.xml 中的核心控制器是自动配置好的。web.xml 的代码如例 1-8 所示。

【例 1-8】   在 web.xml 中配置核心控制器（web.xml）。

```xml
<?xml version="1.0" encoding="UTF-8"?>
<web-app version="3.0"
    xmlns="http://java.sun.com/xml/ns/javaee"
    xmlns:xsi="http://www.w3.org/2001/XMLSchema-instance"
    xsi:schemaLocation="http://java.sun.com/xml/ns/javaee
    http://java.sun.com/xml/ns/javaee/web-app_3_0.xsd">
<display-name></display-name>
<welcome-file-list>
    <welcome-file>index.jsp</welcome-file>
</welcome-file-list>
<filter>
    <filter-name>struts2</filter-name>
    <filter-class>org.apache.struts2.dispatcher.ng.filter.
            StrutsPrepareAndExecuteFilter
    </filter-class>
```

```
    </filter>
    <filter-mapping>
        <filter-name>struts2</filter-name>
        <url-pattern>*.action</url-pattern>
    </filter-mapping>
</web-app>
```

从以上两个开发环境中的 **web.xml** 配置文件可以看出，每个开发平台对文件的组织格式并不完全相同。

3. 编写视图组件（JSP 页面）

编写一个如图 1-28 所示的简单登录页面。

登录页面是一个 JSP 页面，代码如例 1-9 所示。

【**例 1-9**】 登录页面（login.jsp）。

```
<%@ page language="java" import="java.util.*" pageEncoding=" UTF-8"%>
<%
String path = request.getContextPath();
String basePath =
request.getScheme()+"://"+request.getServerName()+":"+request.getServerP
ort()+path+
"/";
%>
<!DOCTYPE HTML PUBLIC "-//W3C//DTD HTML 4.01 Transitional//EN">
<html>
  <head>
    <base href="<%=basePath%>">
    <title>基于 Struts2 的登录系统应用</title>
    <meta http-equiv="pragma" content="no-cache">
    <meta http-equiv="cache-control" content="no-cache">
    <meta http-equiv="expires" content="0">
    <meta http-equiv="keywords" content="keyword1,keyword2,keyword3">
    <meta http-equiv="description" content="This is my page">
    <!--
    <link rel="stylesheet" type="text/css" href="styles.css">
    -->
  </head>
  <body>
    <form method="post" action="login">
      用户名: <input name="userName" type="text" size="24">
      <br>
      密  码: <input name="password" type="password" size="26">
      <br>
      <input type="submit" value="登录">
    </form>
  </body>
</html>
```

登录成功页面，代码如例 1-10 所示。

【例 1-10】 登录成功页面（success.jsp）。

```jsp
<%@ page language="java" import="java.util.*" pageEncoding="UTF-8"%>
<%
String path = request.getContextPath();
String basePath =
request.getScheme()+"://"+request.getServerName()+":"+request.getServerP
ort()+path+"/";
%>
<!DOCTYPE HTML PUBLIC "-//W3C//DTD HTML 4.01 Transitional//EN">
<html>
  <head>
    <base href="<%=basePath%>">
    <title>登录成功页面</title>
    <meta http-equiv="pragma" content="no-cache">
    <meta http-equiv="cache-control" content="no-cache">
    <meta http-equiv="expires" content="0">
    <meta http-equiv="keywords" content="keyword1,keyword2,keyword3">
    <meta http-equiv="description" content="This is my page">
    <!--
    <link rel="stylesheet" type="text/css" href="styles.css">
    -->
  </head>
  <body>
    <h1>你登录成功,欢迎你!</h1>
  </body>
</html>
```

4. 编写业务控制器 Action

为了处理视图的业务逻辑，一般每个视图对应一个业务控制器 Action。login.jsp 对应的业务控制器是例 1-11 所示的 LoginAction 类，该类就是一个普通的 Java 类。

【例 1-11】 登录页面对应的业务控制器（LoginAction.java）。

```java
package ch01Action;

public class LoginAction {
    private String userName;
    private String password;
    public String getUserName()
    {
        return userName;
    }
    public void setUserName(String name)
    {
        this.userName=name;
```

```
    }
    public String getPassword()
    {
        return password;
    }
    public void setPassword(String password)
    {
        this.password = password;
    }
    public String execute() throws Exception
    {
        if(getUserName().equals("QQ")&&getPassword().equals("123"))
        {
            return "success";
        }
        else
        {
            return "error";
        }
    }
}
```

5. 在 struts.xml 中配置 Action

业务控制器 LoginAction 需要在 struts.xml 中配置，代码如例 1-12 所示。

【例 1-12】 在 struts.xml 中配置 Action（struts.xml）。

```
<?xml version="1.0" encoding="UTF-8" ?>
<!DOCTYPE struts PUBLIC "-//Apache Software Foundation//DTD Struts
Configuration 2.1//EN" "http://struts.apache.org/dtds/struts-2.1.dtd">
<struts>
    <package name="zzf" extends="struts-default">
        <action name="login" class="ch01Action.LoginAction">
            <result name="error">/login/login.jsp</result>
            <result name="success">/login/success.jsp</result>
        </action>
    </package>
</struts>
```

6. 项目部署和运行

使用 MyEclipse 9.1 开发好项目后，要先发布项目（项目部署），然后启动服务器，最后运行页面。要发布项目，请单击如图 1-32 所示的图标，弹出如图 1-33 所示的界面。

在图 1-33 中的 Project 后的下拉列表中选择发布的项目，然后单击 Add 按钮，弹出如图 1-34 所示的界面，选择好使用的服务器后单击 Finish 按钮，单击 OK 按钮，项目发布完成。

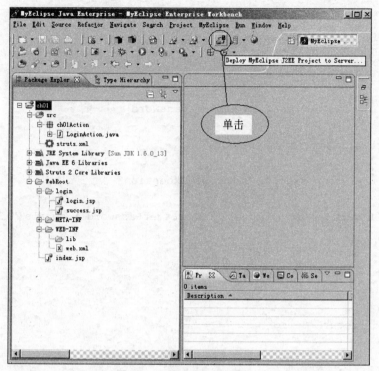

图 1-32 项目发布（部署）

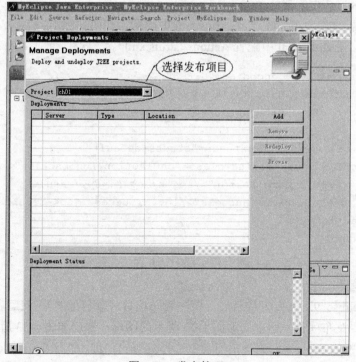

图 1-33 发布管理

项目发布后，单击如图 1-35 所示的 Start，启动服务器。

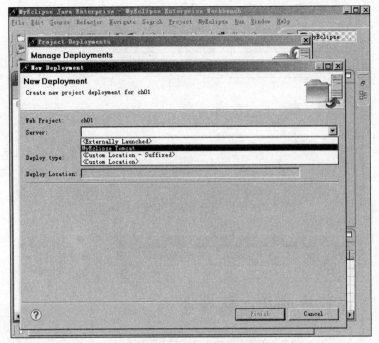

图 1-34　项目使用的服务器选择

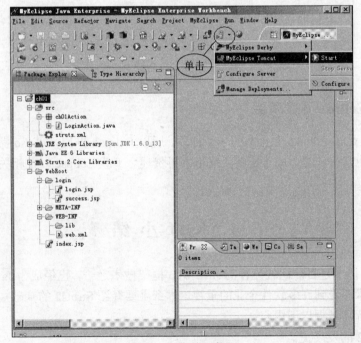

图 1-35　启动服务器

启动服务器后，在浏览器地址栏中输入 http://localhost:8080/ch01/login/login.jsp，访问 JSP 页面，如图 1-36 所示。输入正确的用户名密码后单击"登录"按钮，转到如图 1-37 所示的登录成功页面。

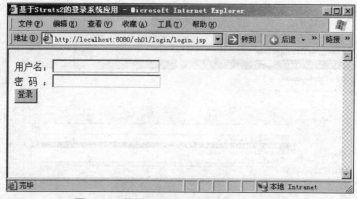

图 1-36　使用 MyEclipse 开发的登录页面

图 1-37　登录成功页面

1.3.3　使用 Eclipse 开发项目

MyEclipse 是在 Eclipse 平台上的一个插件，所以 Eclipse 和 MyEclipse 操作界面几乎一模一样，配置也几乎一样，限于篇幅，这里不再赘述。下载 Eclipse 以及相关插件的地址是 www.eclipse.org。

1.4　本 章 小 结

Struts 框架技术是目前比较流行的 Java Web 框架技术之一，已经成为 Java Web 软件工程师必备的技术，受到许多软件企业的重视。本章主要介绍 Struts2 的基础知识，通过本章的学习，应了解和掌握以下内容：

（1）Struts2 的发展史。

（2）Struts2 的工作原理。

（3）Struts2 的核心组件。

（4）会使用常用开发工具开发简单的基于 Struts2 的项目。

1.5 习　　题

1.5.1　选择题

1. 目前最经典的基于 MVC 的 Java Web 框架技术是（　　）。
   A. JSF
   B. FreeMarker
   C. Velocity
   D. Struts2
2. Struts2 属于（　　）基金会。
   A. Apache
   B. IBM
   C. Microsoft
   D. W3C
3. 在 MVC 设计模式中的控制器部分是（　　）。
   A. JavaBean
   B. JSP
   C. Servlet
   D. Action
4. Struts2 的业务控制器是（　　）。
   A. FilterDispatcher
   B. Action
   C. Servlet
   D. ActionMaping
5. Struts2 的核心配置文件是（　　）。
   A. web.xml
   B. struts.xml
   C. server.xml
   D. context.xml

1.5.2　填空题

1. Struts2 是基于＿＿＿＿＿＿模式的框架。
2. Struts2 集成了＿＿＿＿＿＿和＿＿＿＿＿＿框架的优点。
3. MVC 设计模式是＿＿＿＿＿＿公司推出的。
4. Struts2 的核心控制器是＿＿＿＿＿＿。
5. Struts2 的视图组件有：HTML、＿＿＿＿＿＿、＿＿＿＿＿＿、FreeMarker、Velocity 等。

1.5.3　简答题

1. 简述什么是 MVC 设计模式。
2. 简述 Struts2 的工作原理。

1.5.4　实训题

1. 把 1.3 节登录系统改为能够连接数据库的登录系统，根据数据库的记录判断输入的用户名和密码是否正确，若正确进入成功页面，不正确进入登录页面重新登录。
2. 使用数据库，编程实现一个基于 Struts2 的具有注册功能的简单系统，要求能够把数据写入数据库中。

第 2 章　Struts2 核心组件详解

本章详细介绍 Struts2 的配置文件、核心控制器 FilterDispatcher、业务控制器 Action、OGNL 以及标签库。

本章主要内容：
（1）Struts2 的配置文件 struts.xml。
（2）Struts2 的核心控制器 FilterDispatcher。
（3）Struts2 的业务控制器 Action。
（4）Struts2 的 OGNL 和标签库。

2.1　Struts2 的配置文件 struts.xml

Struts2 的核心配置文件是 struts.xml，struts.xml 具有重要的作用，所有用户请求被 Struts2 核心控制器 FilterDispatcher 拦截，然后业务控制器代理通过配置管理类查询配置文件 struts.xml 中查询由哪个 Action 处理。Struts2 框架有两种配置文件格式：struts.xml 和 struts.properties，一般建议使用 struts.xml。

2.1.1　struts.xml 配置文件结构

前面已经对配置文件 struts.xml 做了简单介绍，下面给出常用 struts.xml 配置文件的结构，代码如例 2-1 所示。

【例 2-1】　struts.xml 配置文件的基本结构（struts.xml）。

```
<?xml version="1.0" encoding="UTF-8" ?>
<!--表明解析本 XML 文件的 DTD 文档位置，DTD 是 Document Type Definition 的缩写，即
文档类型的定义，XML 解析器使用 DTD 文档来检查 XML 文件的合法性。Struts 版本不一样配置文
件中的 DTD 信息会有一定的差异。切记，使用与版本相对应的 DTD 信息-->
<!DOCTYPE struts PUBLIC
"-//Apache Software Foundation//DTD Struts Configuration 2.0//EN"
"http://struts.apache.org/dtds/struts-2.0.dtd">
<struts>
    <!-- Bean 配置-->
    <bean name="Bean 的名字" class="自定义的组件类"/>
    <!-- 常量配置，指定 Struts2 国际化资源文件的名字为 messageResource。-->
    <constant name="struts.custom.i18n.resources" value="messageResource"/>
    <!--
        导入一个配置文件，通过这种方式可以将 Struts2 的 Action 按模块配置到多个配置文
        件中。
    -->
    <include file="example.xml"/>
```

```
<!--
    所有的Action配置都应该放在package下, name定义包名, extends定义继承包
    空间为struts-default。
-->
<package name="zzf" extends="struts-default">
    <!--
        对Action的配置可以有多对; name为业务控制器命名, 该名是在表单中指定的
        地址; class指定Action类的位置。
    -->
    <action name="login" class="ch02Action.LoginAction">
        <!--
            定义两个逻辑视图和物理资源之间的映射, name值是Action中返回的结果,
            即逻辑视图。
        -->
        <result name="error">/login/login.jsp</result>
        <result name="success">/login/success.jsp</result>
    </action>
</package>
</struts>
```

在 struts.xml 文件中，为了配置不同的内容，许多元素可以重复出现多次。例如可以有多个<package>、<bean>、<constant>、<include>、<action>、<result>等。

2.1.2 Bean 配置

Struts2 框架是一个具有高度可扩展性的 Java Web 框架，其许多核心组件不是以直接编码的方式写在代码中，而是通过配置文件以 IoC（控制反转）容器来管理这些组件。Struts2 可以通过配置方式管理其核心组件，从而允许开发者很方便地扩展这些核心组件。当需要扩展这些组件的时候，把自定义的组件实现类在 Struts2 的 IoC 容器中配置即可。

Bean 在 struts.xml 中的配置格式如下：

```
<bean name="Bean 的名字" class="自定义的组件类"/>
```

<bean/>元素的常用属性如下所示。

（1）name：指定 Bean 实例化对象名字，对于相同类型的多个 Bean，其对应的 name 属性值不能相同，该项是可选项。

（2）class：指定 Bean 实例的实现类，即对应的类，该项是必选项。

（3）type：指定 Bean 实例实现的 Struts2 规范，该规范通常是通过某个接口来体现的，因此该属性的值通常是一个 Struts2 接口。如果配置 Bean 作为框架的一个核心组件来使用，就应该指定该属性，该项是可选项。

（4）scope：指定 Bean 的作用域，该项是可选项。

（5）optional：指定该 Bean 是否是一个可选 Bean，该项是可选项。

（6）static：指定允许不创建 Bean，而是让 Bean 接受框架常量，这时该属性值设为 true。但是当指定了 type 属性时，该属性不能设为 true。

2.1.3　常量配置

Struts2 加载常量的顺序是：struts.xml、struts.properties 和 web.xml，如果在这 3 个文件中对某个常量有重复配置时，后一个文件中配置的常量值会覆盖前面文件中的同名常量值。所以常量配置可以在不同的文件中进行配置，一般习惯在 struts.xml 中配置 Struts2 的属性，而不是在 struts.properties 文件中配置；之所以保留使用 struts.properties 文件配置 Struts2 属性的方式，主要是为了保持与 WebWork 框架的向后兼容性。

常量在 struts.xml 中的配置格式如下：

```
<constant name="属性名" value="属性值"/>
```

元素的常用属性如下所示。

（1）name：指定常量（属性）的名字。

（2）value：指定常量的值。

例如，在 struts.xml 文件中配置国际化资源文件名和字符集的编码方式为 gb2312 的代码如下：

```
<!-- 常量配置，指定 Struts2 国际化资源文件的名字为 messageResource。-->
<constant name="struts.custom.i18n.resources" value="messageResource"/>
<!--常量配置，指定国际化编码方式。-->
<constant name="struts.custom.i18n.encoding" value="gb2312"/>
```

struts.properties 文件中的相应配置代码如下：

```
struts.custom.i18n.resources=messageResource
struts.custom.i18n.encoding=gb2312
```

web.xml 文件中的相应配置代码如下：

```
<filter>
    <filter-name>struts2</filter-name>
    <filter-class>org.apache.struts2.dispatcher.FilterDispatcher
    </filter-class>
    <init-param>
        <!--指定国际化资源文件常量-->
        <param-name>
            struts.custom.i18n.resources
        </param-name>
        <param-value>
            messageResource
        </param-value>
        <!--指定编码方式常量-->
        <param-name>
            struts.custom.i18n.encoding
        </param-name>
        <param-value>
```

```
            gb2312
        </param-value>
    </init-param>
</filter>
```

2.1.4 包含配置

在开发一个项目的时候，一般采用模块开发的方式。一个项目由多个模块组成，每个模块由某个项目组或者某些程序员来开发，每个程序员都可以使用自己的配置文件，然后把各个模块集成在一起。Struts2 的配置文件 struts.xml 提供了<include>元素能够把其他程序员开发的配置文件包含过来，但是被包含的每个配置文件必须和 struts.xml 格式一致。<include>元素可以和<package>元素交替出现，Struts2 框架将按照顺序加载配置文件。

在 struts.xml 中包含文件的格式如下：

```
<include file="文件名"/>
```

元素的常用属性例如：

file：指定文件名，必选项。

例如，下载的 Struts2 实例都放在图 1-4（请参考 1.1.2 节）中的 apps 文件夹中，其中有一个 struts2-portlet.war 示例，解压后找到 struts.xml，如图 2-1 所示，对应的 struts.xml 代码如例 2-2 所示。

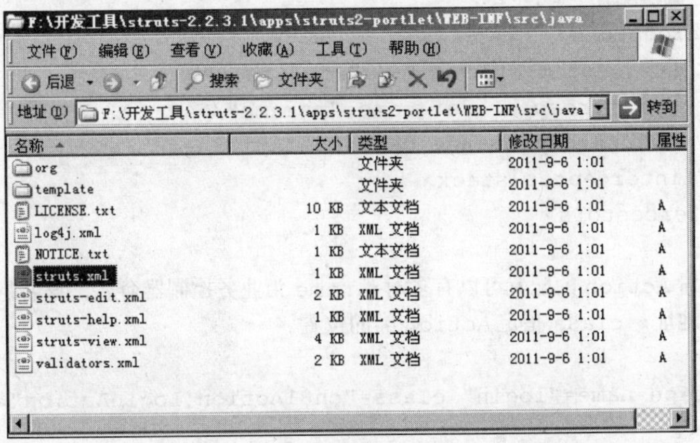

图 2-1 实例 struts2-portlet.war 的 struts.xml 位置

【例 2-2】 实例 struts2-portlet.war 的配置文件（struts.xml）。

```
<?xml version="1.0" encoding="UTF-8" ?>
<!DOCTYPE struts PUBLIC
"-//Apache Software Foundation//DTD Struts Configuration 2.0//EN"
"http://struts.apache.org/dtds/struts-2.0.dtd">
<struts>
    <include file="struts-view.xml"/>
    <include file="struts-edit.xml"/>
    <include file="struts-help.xml"/>
</struts>
```

包含配置能够避免开发复杂项目时配置的 struts.xml 过于庞大，导致读取配置文件速度较慢，同时有利于模块化开发。

2.1.5 包配置

在 Struts2 框架中，是通过包配置来管理 Action 和拦截器的。在包中可以配置多个 Action 和拦截器。在 struts.xml 配置文件中，包是通过<package>元素来配置的。

包配置在 struts.xml 中的配置格式如下：

```
<package name="包名" extends="包名">...</package>
```

<package>元素的常用属性如下所示。

（1）name：指定包名，是供其他包继承的时候使用的属性，必选项。

（2）extends：指定要继承的包名，可选项。

（3）namespace：定义包的名称空间，可选项。

（4）abstract：指定该包是否是一个抽象包，如果该包是抽象包，包中不能定义 action。
包的配置代码如例 2-3 所示。

【例 2-3】 包的配置（struts.xml）。

```
 ⋮
<package name="zzf" extends="struts-default">
    <!--拦截器配置-->
    <interceptors>
        <interceptor-stack name="crudStack">
            <interceptor-ref name="params"/>
            <interceptor-ref name="defaultStack"/>
        </interceptor-stack>
    </interceptors>
    <!--
        对 Action 的配置可以有多对；name 为业务控制器命名，该名是在表单中指定的
        地址；class 指定 Action 类的位置。
    -->
    <action name="login" class="ch01Action.LoginAction">
        <!--
            定义两个逻辑视图和物理资源之间的映射，name 值是 Action 返回的结果，
            即逻辑视图。
        -->
        <result name="error">/login/login.jsp</result>
        <result name="success">/login/success.jsp</result>
    </action>
</package>
 ⋮
```

配置包时必须指定 name 属性，只有指定了这个属性后此包才可以被引用。extends 属性用来指定该包继承于其他包，其值必须是另外一个包的名字。通过继承，子包可以继承父包配置的 Action 和拦截器。上述代码定义的包名是 zzf，继承的包是 struts-default， struts-default 包是 Struts2 框架的默认包。

2.1.6　命名空间配置

在 Java 语言中为了避免同名 Java 类的冲突，可以使用包。例如，两个 Login.java 文件存在同一个包中是不允许的，但是如果分别在两个包中是可以的。同样 Struts2 的配置中，也存在同名的 Action 命名问题。

命名空间在 struts.xml 中的配置格式如下：

```
<package name="包名" extends="包名" namespace="/命名空间名">...</package>
```

例如，在项目的不同模块中都需要一个 LoginAction，如果用户在访问时不加以区分，项目就会出现问题。代码如例 2-4 所示。

【例 2-4】　名称空间配置（struts.xml）。

```
：
<package name="zzf" extends="struts-default">
    <action name="login" class=" ch02Action.zzf.LoginAction">
        <result name="error">/login/login.jsp</result>
        <result name="success">/login/success.jsp</result>
    </action>
</package>
<!--配置 zzf1 包, 继承包 zzf, 包名称空间/zzf1-->
<package name="zzf1" extends="zzf" namespace="/zzf1">
    <action name="login" class="ch02Action.zzf1.LoginAction">
        <result name="error">/manager/login.jsp</result>
        <result name="success">/manager/success.jsp</result>
    </action>
</package>
：
```

在例 2-4 中，定义两个包：zzf 和 zzf1，其中 zzf 继承了 struts-default 包，zzf1 继承了 zzf 包，两个包中都定义了 Action（LoginAction）。包 zzf 没有指定 namespace 属性，默认值是 “ ”。zzf1 指定名称空间为 namespace="/zzf1"，说明用户请求访问该包下所有 Action 时，URL 应该是名称空间（namespace）+Action。例如，访问一个登录系统时使用的地址是：http://localhost:8084/ch02/login.action；访问另外一个时使用的是：http://localhost:8084/ch02/zzf1/login.action，即符合名称空间+Action。请求首先会在指定名称空间找对应的 Action，如果找不到再到默认的名称空间找 Action。

2.1.7　Action 的配置

Struts2 中 Action 类的配置能够让 Struts2 知道 Action 的存在，并可以通过调用该 Action 来处理用户请求。Struts2 使用包来组织和管理 Action。

Action 在 struts.xml 中的配置格式如下：

```
<action name="名称" class="Action 对应的类" >...</action>
```

<action>元素的常用属性如下所示。

（1）name：指定客户端发送请求的地址映射名称，必选项。

（2）class：指定 Action 对应的实现类，可选项（参考 2.3.1 节）。

（3）method：指定 Action 类中处理方法名，如 get 或 post 方法，可选项。

（4）converter：指定 Action 类型转换器的完整类名，可选项。

参考代码如例 2-5 所示。

【例 2-5】 Action 配置（struts.xml）。

⋮

```
<action name="login" class="ch02Action.LoginAction">
    <result name="error">/login/login.jsp</result>
    <result name="success">/login/success.jsp</result>
</action>
```

⋮

例 2-5 中，<action>中的 name 属性值在 Web 页面中表单 action=" "或者传参数时使用。<action>中的 class 属性值是 Action 类所在位置，ch02Action 是包名，该包下有 LoginAction 类。

2.1.8　结果配置

<result>元素用来为 Action 的处理结果指定一个或者多个视图，配置 Struts2 中逻辑视图和物理视图之间的映射关系。

结果在 struts.xml 中的配置格式如下：

```
<result name="名称" >…</result>
```

<result>元素的常用属性如下所示。

（1）name：指定 Action 返回的逻辑视图，必选项。

（2）type：指定结果类型是定向到其他文件，该文件可以是 JSP 文件或者 Action 类，可选项。

代码参考例 2-5。在例 2-5 中 name 的值是 Action 中 execute ()方法返回的值之一。/login/login.jsp 指定返回的页面是在 login 文件夹下的 login.jsp 文件。

2.1.9　拦截器配置

拦截器的作用就是在执行 Action 处理用户请求之前或者之后进行某些拦截操作。例如，用户请求删除某些数据时，拦截器判断用户是否有权删除，如果有权限，就通过 Action 删除，如果没有权限将不执行 Action 操作。

拦截器在 struts.xml 中的配置格式如下：

```
<!--拦截器配置-->
<interceptors>
    <!--将一组拦截器定义为拦截器栈-->
    <interceptor-stack name="crudStack">
```

```
    <!--定义拦截器-->
    <interceptor-ref name="拦截器名字" class="拦截器类所在路径名称"/>
        ⋮
   </interceptor-stack>
 </interceptors>
```

<interceptor-ref>元素的常用属性有：

（1）name：指定拦截器的名字，该名字用于在其他地方引用该拦截器。

（2）class：指定拦截器类所在的路径名称。

2.2　Struts2 的核心控制器

FilterDispatcher 是 Struts2 框架的核心控制器，该控制器作为一个 Filter 运行在 Web 应用中，它负责拦截所有的用户请求，当用户请求到达时，该 Filter 会过滤用户请求。如果用户请求以 action 结尾，该请求将被转入 Struts2 框架处理。

Struts2 框架获得了*.action 请求后，将根据*.action 请求的前面部分决定调用哪个业务控制器组件，例如，对于 login.action 请求，Struts2 调用名为 login 的 Action 来处理该请求。

Struts2 应用中的 Action 都被定义在 struts.xml 文件中，在该文件中定义 Action 时，定义了该 Action 的 name 属性和 class 属性，其中 name 属性决定了该 Action 处理哪个用户请求，而 class 属性决定了该 Action 的实现类。

Struts2 用于处理用户请求的 Action 实例，并不是用户实现的业务控制器，而是 Action 代理，因为用户实现的业务控制器并没有与 ServletAPI 耦合，显然无法处理用户请求。而 Struts2 框架提供了系列拦截器，该系列拦截器负责将 HttpServletRequest 请求中的请求参数解析出来，传入到 Action 中，并回调 Action 的 execute()方法来处理用户请求。

2.3　Struts2 的业务控制器

开发基于 Struts2 的 Web 应用项目时，Action 是应用的核心，需要编写大量的 Action 类，并在 struts.xml 文件中配置 Action。Action 类中包含了对用户请求的处理逻辑，因此也把 Action 称为 Action 业务控制器。

2.3.1　Action 接口和 ActionSupport 类

为了能够开发出更加规范的 Action 类，Struts2 提供了 Action 接口，该接口定义了 Struts2 中 Action 类应该遵循的规范，如例 2-6 所示。

【例 2-6】　Struts2 类库中的 Action 接口（Action.java）。

```
public interface Action {
    //声明常量
    public static final String SUCCESS = "success";
    public static final String NONE = "none";
    public static final String ERROR = "error";
```

```
    public static final String INPUT = "input";
    public static final String LOGIN = "login";
    //声明方法
    public String execute() throws Exception;
}
```

在例 2-6 中的 Action 接口声明中，定义了 5 个字符串常量，它们的作用是作为业务控制器中 execute()方法的返回值。Action 接口中声明一个 execute()方法，接口的规范规定了实现该接口的 Action 类应该实现该方法，该方法返回一个字符串。

另外，Struts2 为 Action 接口提供一个实现类 ActionSupport，该类的代码如例 2-7 所示。

【例 2-7】 ActionSupport 类（ActionSupport.java）。

```
public class ActionSupport implements Action, Validateable, ValidationAware,
    TextProvider, LocaleProvider, Serializable {
    protected static Logger LOG = LoggerFactory.getLogger(ActionSupport.class);
    private final ValidationAwareSupport validationAware =
                                    new ValidationAwareSupport();
    private transient TextProvider textProvider;
    private Container container;
    public void setActionErrors(Collection<String> errorMessages) {
        validationAware.setActionErrors(errorMessages);
    }
    public Collection<String> getActionErrors() {
        return validationAware.getActionErrors();
    }
    public void setActionMessages(Collection<String> messages) {
        validationAware.setActionMessages(messages);
    }
    public Collection<String> getActionMessages() {
        return validationAware.getActionMessages();
    }
    public Collection<String> getErrorMessages() {
        return getActionErrors();
    }
    public Map<String, List<String>> getErrors() {
        return getFieldErrors();
    }
    public void setFieldErrors(Map<String, List<String>> errorMap) {
        validationAware.setFieldErrors(errorMap);
    }
    public Map<String, List<String>> getFieldErrors() {
        return validationAware.getFieldErrors();
    }
    public Locale getLocale() {
        ActionContext ctx = ActionContext.getContext();
```

```java
        if (ctx != null) {
            return ctx.getLocale();
        } else {
            LOG.debug("Action context not initialized");
            return null;
        }
    }
    public boolean hasKey(String key) {
        return getTextProvider().hasKey(key);
    }
    public String getText(String aTextName) {
        return getTextProvider().getText(aTextName);
    }
    public String getText(String aTextName, String defaultValue) {
        return getTextProvider().getText(aTextName, defaultValue);
    }
    public String getText(String aTextName, String defaultValue, String obj) {
        return getTextProvider().getText(aTextName, defaultValue, obj);
    }
    public String getText(String aTextName, List<?> args) {
        return getTextProvider().getText(aTextName, args);
    }
    public String getText(String key, String[] args) {
        return getTextProvider().getText(key, args);
    }
    public String getText(String aTextName, String defaultValue, List<?> args){
        return getTextProvider().getText(aTextName, defaultValue, args);
    }
    public String getText(String key, String defaultValue, String[] args) {
        return getTextProvider().getText(key, defaultValue, args);
    }
    public String getText(String key, String defaultValue, List<?> args,
    ValueStack stack) {
        return getTextProvider().getText(key, defaultValue, args, stack);
    }
    public String getText(String key, String defaultValue, String[] args,
    ValueStack stack) {
        return getTextProvider().getText(key, defaultValue, args, stack);
    }
    public ResourceBundle getTexts() {
        return getTextProvider().getTexts();
    }
    public ResourceBundle getTexts(String aBundleName) {
        return getTextProvider().getTexts(aBundleName);
    }
    public void addActionError(String anErrorMessage) {
        validationAware.addActionError(anErrorMessage);
```

```java
    }
    public void addActionMessage(String aMessage) {
        validationAware.addActionMessage(aMessage);
    }
    public void addFieldError(String fieldName, String errorMessage) {
        validationAware.addFieldError(fieldName, errorMessage);
    }
    public String input() throws Exception {
        return INPUT;
    }
    public String doDefault() throws Exception {
        return SUCCESS;
    }
    public String execute() throws Exception {
        return SUCCESS;
    }
    public boolean hasActionErrors() {
        return validationAware.hasActionErrors();
    }
    public boolean hasActionMessages() {
        return validationAware.hasActionMessages();
    }
    public boolean hasErrors() {
        return validationAware.hasErrors();
    }
    public boolean hasFieldErrors() {
        return validationAware.hasFieldErrors();
    }
    public void clearFieldErrors() {
        validationAware.clearFieldErrors();
    }
    public void clearActionErrors() {
        validationAware.clearActionErrors();
    }
    public void clearMessages() {
        validationAware.clearMessages();
    }
    public void clearErrors() {
        validationAware.clearErrors();
    }
    public void clearErrorsAndMessages() {
        validationAware.clearErrorsAndMessages();
    }
    public void validate() {
    }
    public Object clone() throws CloneNotSupportedException {
        return super.clone();
```

```
    }
    private TextProvider getTextProvider() {
        if (textProvider == null) {
            TextProviderFactory tpf = new TextProviderFactory();
            if (container != null) {
                container.inject(tpf);
            }
            textProvider = tpf.createInstance(getClass(), this);
        }
        return textProvider;
    }
    public void setContainer(Container container) {
        this.container = container;
    }
}
```

ActionSupport 类是一个默认的 Action 实现类，该类提供了许多默认的方法，如获取国际化信息的方法、数据验证的方法、默认处理用户请求的方法等。ActionSupport 类是 Struts2 默认的 Action 处理类，如果编写业务控制器类时继承了 ActionSupport 类，会大大简化业务控制器类的开发。在开发 Web 项目时可以直接使用 ActionSupport 类作为业务控制器。在 struts.xml 中配置 Action 时，如果没有指定 class 属性（即没有提供用户的 Action 类），系统自动使用 ActionSupport 类作为业务控制器 Action。

2.3.2　Action 实现类

Struts2 中的 Action 就是一个普通的 Java 类（POJO），该类不要求继承任何 Struts2 的父类，或者实现任何 Struts2 的接口，但是为了简化开发可以继承 ActionSupport 类。Action 类通常包含一个 execute()普通方法，该方法并没有任何参数，只是返回类型是字符串类型。Struts2 中的 Action 是如何获取用户 HTTP 请求中的参数值的？下面以例 2-8 来说明获取数据的过程。代码如例 2-8 所示，可参考 1.3.1 节例 1-6，本例在其基础上改进了一部分功能，即继承了 ActionSupport 类。

【例 2-8】　登录 Action（LoginAction.java）。

```
package ch02Action;
import com.opensymphony.xwork2.ActionContext;
import com.opensymphony.xwork2.ActionSupport;

public class LoginAction extends ActionSupport{
    private String userName;
    private String password;
    public String getUserName()
    {
        return userName;
    }
    public void setUserName(String name)
```

```
    {
        this.userName=name;
    }
    public String getPassword()
    {
        return password;
    }
    public void setPassword(String password)
    {
        this.password = password;
    }
    public String execute() throws Exception
    {
        if(getUserName().equals("QQ")&&getPassword().equals("123"))
        {
            //将属性 userName 的值存入 session, 即保存 name
            ActionContext.getContext().getSession().
                        put("userName", getUserName());
            return SUCCESS;
        }
        else
        {
            return INPUT;
        }
    }
}
```

一般情况下, Struts2 中的 Action 会直接封装 HTTP 请求中的参数, 所以通常情况下 Action 中会包含与 HTTP 请求参数对应的属性, 并提供该属性的 getter 和 setter 方法。

在例 2-8 中, LoginAction 是 Action 的实现类, 该类声明了 userName 和 password 两个属性, 分别对应用户提交 form 表单中的两个参数, 而且该类为每个属性声明了 getter 和 setter 方法。在 LoginAction 类中, execute()方法或者其他方法都可以使用该属性值访问 HTTP 请求中的参数。例如, 在用户浏览器中, 在 userName 文本框中输入 "QQ" 字符串, 那么 LoginAction 类中的 userName 属性值就是 "QQ", 这个赋值过程由 Struts2 框架内部机制完成, 该处理机制会调用 setUserName()方法设置相应属性的值。

Action 声明的属性名可以与用户 form 表单的属性名不同, 但是在 Action 中一定要有与用户 form 表单参数对应的 getter 和 setter 方法。例如, 在用户表单中有 userName 和 password 两个参数, 那么在 Action 实现的类中必须有 getUserName()、setUserName()、getPassword()、setPassword()方法, 在 Action 实现类中 userName 和 password 两个属性可以没有。

Action 不但可以设置和 HTTP 请求参数对应的属性, 也可设置 HTTP 请求参数中没有的属性, 而且用户可以访问这些属性。对于 Struts2 框架来说, 不会区分 Action 的属性是否为传入或者传出。Struts2 提供了类似 "仓库" 的机制, Action 可以使用 getter 和 setter 方法从 "仓库" 中取出或者存入属性的值, 只要包含 HTTP 请求参数的 getter 和 setter 方法即可操作"仓库"中的数据。用户的 HTTP 也是通过 post 向"仓库"传入值或者从"仓库"中取出值。

2.3.3　Action 访问 ActionContext

Struts2 中的 Action 与 Servlet API 完全分离，体现了 Action 与 Servlet API 的非耦合性，这也是对 Struts1 中的 Action 的最大改进。虽然 Struts2 框架中的 Action 已经与 Servlet API 分离，但是在实现业务逻辑处理时，经常需要访问 Servlet 中的一些对象，如 request、session 和 application 等。Struts2 框架中提供 ActionContext 类，在 Action 中可以通过该类获取 Servlet 中的参数。

在 Web 应用中，需要访问的 Servlet API 是 HttpServlet、HttpSession 和 ServletContext，这 3 个类包含了 JSP 内置对象中所对应的 request、session 和 application 对象。

ActionContext 类是一个 Action 执行的上下文，Action 执行期间所用到的对象都保存在 ActionContext 中，如客户端提交的参数、session 会话信息等。而且 ActionContext 是一个局部线程，每个线程中的 ActionContext 内容都是唯一的，所以不用担心 Action 的线程安全问题。

创建 ActionContext 实例的方法如下：

```
ActionContext ac=ActionContext.getContext();
```

ActionContext 类中的常用方法如下：

（1）Object get(Object key)：在 ActionContext 中查找 key 的值。

（2）Map getApplication()：返回一个 application 级别的 Map 对象。

（3）static ActionContext getContext()：获取当前线程的 ActionContext 对象。

（4）Map getParameter()：返回一个 Map 类型的所有 HttpServletRequest 参数。

（5）Map getSession()：返回 Map 类型的 HttpSession 值。

（6）void put(Object key,Object value)：向当前 ActionContext 存入值。

（7）void setApplication(Map application)：设置 application 对象的上下文。

（8）void setSession(Map session)：设置 session 的值，参数为一个 Map 对象。

下面通过介绍登录系统实例，演示 Struts2 框架中 Action 是如何通过 ActionContext 类访问 Servlet API 的。本实例通过登录业务逻辑，分别将用户名保存在 application 和 session 中，最后通过 JSP 页面输出用户信息。下面是项目的开发步骤。

1. 项目介绍

该项目有登录页面（login1.jsp），代码如例 2-9 所示，其中使用了 Struts2 标签库中的标签，Struts2 中标签库的用法将在 2.5 节中介绍；登录页面对应的业务控制器是 LoginAction1 类，代码如例 2-11 所示，该 Action 继承了 ActionSupport 类；如果登录成功（用户名、密码正确）跳转到 success1.jsp 页面，代码如例 2-10 所示，该页面中也使用了 Struts2 的标签库；如果登录失败（用户名或者密码不正确）则重新回到登录页面（login1.jsp）。此外还需要配置 web.xml，代码和 1.3.1 中中例 1-3 相同；配置 struts.xml 配置文件，代码如例 2-12 所示。登录系统的文件结构如图 2-2 所示。

图 2-2 登录系统的文件结构图

2. 在 web.xml 中配置核心控制器 FilterDispatcher

参照 1.3.1 中的例 1-3。

3. 编写视图组件（JSP 页面）

登录页面如图 2-3 所示，其代码如例 2-9 所示。登录成功页面的代码如例 2-10 所示。

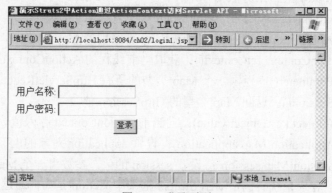

图 2-3 登录页面

【例 2-9】 登录页面（login1.jsp）。

```jsp
<%@page contentType="text/html" pageEncoding="UTF-8"%>
<!--通过 taglib 指令加入 Struts2 的标签库-->
<%@taglib prefix="s" uri="/struts-tags"%>
<html>
    <head>
        <meta http-equiv="Content-Type" content="text/html; charset=UTF-8">
        <!--Struts2 标签库的使用-->
        <title><s:text name="演示 Struts2 中 Action 通过 ActionContext 访问
                Servlet API"/>
        </title>
```

```
    </head>
    <body>
        <!--Struts2 标签库中表单标签的使用-->
        <s:form action="login1" method="post">
            <!--用户名输入框标签，参照 1.3.1 节例 1-4，看异同点-->
            <s:textfield name="userName" label="用户名称" size="16"/>
            <br>
             <!--用户密码输入框标签-->
            <s:password name="password" label="用户密码" size="18"/>
            <br>
             <!--提交标签，登录-->
            <s:submit value="登录"/>
        </s:form>
        <hr>
    </body>
</html>
```

【例 2-10】 登录成功页面（success1.jsp）。

```
<%@page contentType="text/html" pageEncoding="UTF-8"%>
<%@taglib prefix="s" uri="/struts-tags"%>
<html>
    <head>
        <meta http-equiv="Content-Type" content="text/html; charset=UTF-8">
        <title><s:text name="登录成功页面"/></title>
    </head>
    <body>
        <!-- OGNL 表达式和标签库的使用-->
        获取 application 中的信息：欢迎<s:property value=
                                "#application.userName"/>
        <br/>
        获取 session 中的信息：欢迎<s:property value="#session.userName"/>
    </body>
</html>
```

4. 编写业务控制器 Action

业务控制器类 LoginAction1 是处理 login1.jsp 的业务逻辑，代码如例 2-11 所示。

【例 2-11】 登录页面对应的业务控制器（LoginAction1.java）。

```
package loginaction;
import com.opensymphony.xwork2.ActionContext;
import com.opensymphony.xwork2.ActionSupport;

public class LoginAction1 extends ActionSupport{
    private String userName;
    private String password;
    public String getUserName()
    {
```

```
        return userName;
    }
    public void setUserName(String name)
    {
        this.userName=name;
    }

    public String getPassword()
    {
        return password;
    }
    public void setPassword(String password)
    {
        this.password = password;
    }
    public String execute() throws Exception
    {
        if(getUserName().equals("QQ")&&getPassword().equals("123"))
        {
            //获取ActionContext
            ActionContext ac=ActionContext.getContext();
            //把登录名保存到application中
            ac.getApplication().put("userName", getUserName());
            //把登录名保存到session中
            ac.getSession().put("userName", getUserName());
            return SUCCESS;
        }
        else
        {
            return INPUT;
        }
    }
}
```

5. 修改 struts.xml 配置 Action

修改 struts.xml 配置文件，代码如例 2-12 所示。

【例 2-12】 在 struts.xml 中配置 Action（struts.xml）。

```
<!DOCTYPE struts PUBLIC
"-//Apache Software Foundation//DTD Struts Configuration 2.0//EN"
"http://struts.apache.org/dtds/struts-2.0.dtd">
<struts>
    <package name="login" extends="struts-default" >
        <action name="login1" class="loginaction.LoginAction1">
            <!--在例 2-11 中由于继承了 ActionSupport, 所以返回的是 SUCCESS 和
                INPUT, 但是在这里应使用 success 和 input, 即变量对应的值-->
            <result name="input">/login1.jsp</result>
```

```
            <result name="success">/success1.jsp</result>
        </action>
    </package>
</struts>
```

6. 项目部署和运行

运行后效果如图 2-3 所示，在图 2-3 中输入用户名 QQ 和密码 123 后，单击"登录"按钮，运行效果如图 2-4 所示。

图 2-4 "登录成功页面"

2.3.4 Action 直接访问 Servlet API

在 Struts2 中直接访问 Servlet API 有 IoC 和非 IoC 两种方式。以 IoC 方式访问 Servlet API 时 Action 实现类必须实现一些接口；以非 IoC 方式访问 Servlet API 时可使用 Struts2 提供的辅助类来访问。在 Action 直接访问 Servlet API 时提供的辅助类是 ServletActionContext。

IoC（Inversion of Control）即控制反转。IoC 将设计好的类交给系统去控制，而不是在自己内部控制，称为控制反转。通俗的解释是"站着别动，我去找你"。在 Java 项目开发中，IoC 主要解决组件之间的依赖关系，降低模块之间的耦合度。

1. IoC 方式

在 Struts2 框架中，可以通过 IoC 方式将 Servlet 对象注入到 Action 中，需要在 Action 中实现以下接口。

（1）org.apache.struts2.util.ServletContextAware：实现该接口的 Action 可以直接访问 ServletContext 对象，该接口中有 void setServletContext(ServletContext servletContext)方法。

（2）org.apache.struts2.interceptor.ServletRequestAware：实现该接口的 Action 可以直接访问 HttpServletRequest 对象，该接口中有 void setServletRequest(HttpServletRequest ruquest)方法。

（3）org.apache.struts2.interceptor.ServletResponseAware：实现该接口的 Action 可以直接访问 HttpServletResponse 对象，该接口中有 void setServleResponse (HttpServletResponse response)方法。

（4）org.apache.struts2.interceptor.SessionAware：实现该接口的 Action 可以直接访问 HttpSession 对象，该接口中有 void setSession(Map map)方法。

IoC 方式访问 Servlet API 的登录系统业务控制器代码如例 2-13 所示。

【例2-13】 IoC 访问方式的 Action（IoCAction.java）。

```java
package iocaction;
import com.opensymphony.xwork2.ActionSupport;
import javax.servlet.http.HttpServletRequest;
import javax.servlet.http.HttpSession;
import org.apache.struts2.interceptor.ServletRequestAware;

public class IoCAction extends ActionSupport implements ServletRequestAware{
    private String userName;
    private String password;
    private HttpServletRequest request;
    public String getUserName()
    {
        return userName;
    }
    public void setUserName(String name)
    {
        this.userName=name;
    }
    public String getPassword()
    {
        return password;
    }
    public void setPassword(String password)
    {
        this.password = password;
    }
    //必须实现该方法，该方法是接口中定义的方法
    public void setServletRequest(HttpServletRequest hsr) {
        request=hsr;
    }
    public String execute() throws Exception
    {
        if(getUserName().equals("QQ")&&getPassword().equals("123"))
        {
            //通过 request 对象获取 session 对象
            HttpSession session=request.getSession();
            //把登录名传入 session 中
            session.setAttribute("userName", this.userName);
            return SUCCESS;
        }
        else
        {
            return INPUT;
        }
    }
}
```

例 2-13 中 Action 类继承了 ActionSupport 类,实现了 ServletRequestAware 接口,在 Action 类中实现了接口的 setServletRequest(HttpServletRequest hsr)方法,并获得了 request 对象;然后在 execute()方法中,通过 request 对象调用 getSession()方法获取 session 对象,实现了对 Servlet API 的访问。

2. 非 IoC 方式

在非 IoC 方式中,Struts2 提供 ServletActionContext 类获得 Servlet API。该类中的常用方法如下所示。

(1) static getRequest():获取 Web 应用程序的 HttpServletRequest 对象。

(2) static getResponse():获取 Web 应用程序的 HttpServletResponse 对象。

(3) static getPageContext():获取 Web 应用程序的 PageContext 对象。

(4) static getServletContext():获取 Web 应用程序的 ServletContext 对象。

非 IoC 方式访问 Servlet API 的登录系统业务控制器代码如例 2-14 所示。

【例 2-14】 非 IoC 访问方式的 Action(NoIoCAction.java)。

```java
package iocaction;
import com.opensymphony.xwork2.ActionSupport;
import javax.servlet.http.HttpServletRequest;
import javax.servlet.http.HttpSession;
import org.apache.struts2.ServletActionContext;

public class NoIoCAction extends ActionSupport{
    private String userName;
    private String password;
    public String getUserName()
    {
        return userName;
    }
    public void setUserName(String name)
    {
        this.userName=name;
    }
    public String getPassword()
    {
        return password;
    }
    public void setPassword(String password)
    {
        this.password = password;
    }
    public String execute() throws Exception
    {
        if(getUserName().equals("QQ")&&getPassword().equals("123"))
        {
            /*调用ServletActionContext的getRequest()方法获取HttpServletRequest
            类的 request 对象*/
```

```
            HttpServletRequest request=ServletActionContext.getRequest();
            //调用request对象的getSession()方法获取session对象
            HttpSession session=request.getSession();
            //调用session对象的方法设置数据
            session.setAttribute("userName", this.userName);
            session.setAttribute("password", this.password);
            return SUCCESS;
        }
        else
        {
            return INPUT;
        }
    }
}
```

2.3.5　Action 中的动态方法调用

在实际应用中,一个 Action 可以完成一组紧密相关的业务操作。例如,与一件商品相关的基本操作有增加商品、删除商品、修改商品和查看商品。

通过将增加商品、删除商品、修改商品和查看商品这些业务相关的操作合并到一个 Action 中,根据业务请求不同而动态的调用相应的方法,就是 Action 中的动态方法调用。该方法减少了 Struts2 框架中的 Action 数量,减少了重复编码,使应用更加便于维护。

Struts2 提供两种方式实现动态方法的调用:不指定 method 属性和指定 method 属性。

1. 不指定 method 属性

Struts2 中所谓的不指定 method 属性是指表单元素的 action 属性并不是直接等于某个 Action 的名字,且 form 表单不需要指定 method 属性。

不指定 method 属性格式如下:

```
<form action="Action 名字!方法名字">
```

或者

```
<form action="Action 名字!方法名字.action">
```

如果在 JSP 页面中有多个提交按钮,每个提交按钮都可以将请求提交到同一个 Action,但是每个业务对应着 Action 中不同的方法来处理业务请求。在 struts.xml 中只需配置该 Action,而不必配置每个方法。

不指定 method 属性在 struts.xml 中的配置格式如下:

```
<action name="Action 名字" class="包名.Action 类名">
    <result name="***">/***.jsp</result>
    <result name="***">/***.jsp</result>
</action>
```

2. 指定 method 属性

Struts2 中所谓的指定 method 属性是指每个表单都有 method 属性,属性值指向在 Action

中定义的方法名。

指定 method 属性格式如下：

```
<form action="Action 名字" method="方法名字">
```

指定 method 属性需要在 struts.xml 中配置 Action 中的每个方法，而且每个 Action 配置中都要指定 method 属性，该属性值和表单属性值一致。

指定 method 属性在 struts.xml 中配置格式如下：

```
<action name="Action 名字" class="包名.Action 类名" method="方法名字">
    <result name="***">/***.jsp</result>
    <result name="***">/***.jsp</result>
</action>
```

对比 Struts2 提供的两种实现动态方法调用的方式，第一种方式在 struts.xml 中为 Action 只配置一个<action>元素，使 struts.xml 文件比较简洁，但是逻辑结构不清楚。第二种方式在 struts.xml 中为 Action 中的每个业务逻辑方式都配置一个<action>元素，业务逻辑结构清楚，但是增加了<action>元素配置的数量，使 struts.xml 文件过于庞大难以管理。在实际应用中，可以根据具体情况选择使用。

下面的实例是使用不指定 method 方式在 Action 中实现登录和注册业务逻辑，项目的开发步骤如下。

图 2-5　Action 动态方法调用应用实例的文件结构

（1）项目介绍

Action 中动态方法调用实例的文件结构如图 2-5 所示。

（2）在 web.xml 中配置核心控制器 FilterDispatcher

参照 1.3.1 节中的例 1-3。

（3）编写视图组件（JSP 页面）

登录注册页面如图 2-6 所示，其代码如例 2-15 所示。登录成功页面的代码如例 2-16 所示。

图 2-6　登录注册页面

【例 2-15】 登录注册页面（loginRegister.jsp）。

```jsp
<%@page contentType="text/html" pageEncoding="UTF-8"%>
<!DOCTYPE html>
<html>
    <head>
        <meta http-equiv="Content-Type" content="text/html; charset=UTF-8">
        <title>Action 中的动态方法调用</title>
    </head>
    <body>
        <table width="360" align="center">
            <form  action="loginReg!execute">
            <tr>
                <td>用户名: </td>
                <td><input type="text" name="userName" size="26"/></td>
            </tr>
            <tr>
                <td>密  码: </td>
                <td><input type="password" name="password" size="28"/></td>
            </tr>
            <tr>
                <td><input type="submit" value="登录"/></td>
                <td><input type="submit" value="注册"
                    onclick="register();"/>
                </td>
            </tr>
            </form>
        <table>
        <script type="text/javascript">
            function register(){
                //获取页面的第一个表单
                targetForm = document.forms[0];
                //动态修改表单的 action 属性
                targetForm.action = "loginReg!regist";
            }
        </script>
    </body>
</html>
```

【例 2-16】 登录成功页面（success2.jsp）。

```jsp
<%@page contentType="text/html" pageEncoding="UTF-8"%>
<%@taglib prefix="s" uri="/struts-tags"%>
<html>
    <head>
```

```
        <meta http-equiv="Content-Type" content="text/html; charset=UTF-8">
        <title>登录成功页面</title>
    </head>
    <body>
        <s:property value="msg"/>
    </body>
</html>
```

（4）编写业务控制器 Action

业务控制器 LoginRegisterAction 是处理 loginRegister.jsp 页面的，代码如例 2-17 所示。

【例 2-17】 登录注册页面对应的业务控制器（LoginRegisterAction.java）。

```
package loginRegisterAction;
import com.opensymphony.xwork2.ActionContext;
import com.opensymphony.xwork2.ActionSupport;
public class LoginRegisterAction extends ActionSupport{
    private String userName;
    private String password;
    //设置返回信息
    private String msg;
    public String getUserName()
    {
        return userName;
    }
    public void setUserName(String name)
    {
        this.userName=name;
    }
    public String getPassword()
    {
        return password;
    }
    public void setPassword(String password)
    {
        this.password = password;
    }
    public String getMsg() {
        return msg;
    }
    public void setMsg(String msg) {
        this.msg = msg;
    }
    //Action 包含的注册控制逻辑
    public String regist() throws Exception
    {
```

```
        ActionContext.getContext().getSession().put("userName",getUserName());
        setMsg("恭喜你,"+userName+",注册成功！");
        return SUCCESS;
    }
    //Action 默认包含的控制逻辑
    public String execute() throws Exception
    {
        if(getUserName().equals("QQ")&&getPassword().equals("123"))
        {
            ActionContext.getContext().getSession().put("userName",
                                                        getUserName());
            setMsg("你单击的是【登录】!"+"你的登录名为"+userName+", 登录成功!");
            return SUCCESS;
        }
        else
        {
            return INPUT;
        }
    }
}
```

（5）修改 struts.xml 配置 Action

配置 struts.xml 文件，如例 2-18 所示。

【例 2-18】 在 struts.xml 中配置 Action（struts.xml）。

⋮
```
<!--不指定 method 属性的 Action 配置-->
<action name="loginReg" class="loginRegisterAction.LoginRegisterAction">
    <result name="input">/loginRegister/loginRegister.jsp</result>
    <result name="success">/loginRegister/success2.jsp</result>
</action>
```
⋮

（6）项目部署和运行

运行后结果如图 2-6 所示，在其中输入用户名 QQ 和密码 123，单击"登录"按钮，运行效果如图 2-7 所示。若在图 2-6 中输入用户名 AA 和密码 66 后，单击"注册"按钮，运行效果如图 2-8 所示。

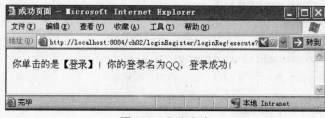

图 2-7　登录成功

图 2-8　注册成功

2.4　Struts2 的 OGNL 表达式

对象图导航语言（Object-Graph Navigation Language，OGNL）是一种功能强大的表达式语言（Expression Language，EL），通过简单一致的表达式语法，可以存取对象的任意属性，调用对象的方法，遍历整个对象的结构图，自动实现字段类型转换等功能。

2.4.1　Struts2 的 OGNL 表达式介绍

OGNL 有三个参数：表达式、根对象和上下文环境。

表达式是 OGNL 的核心，所有的 OGNL 操作都是通过解析表达式后进行的。表达式指出了 OGNL 操作要做的工作。例如，name、student.name 等表达式，表示取 name 的值或者 student 中 name 的值。

根对象是 OGNL 要操作的对象，在表达式规定了要完成的工作后，需要指定工作的操作对象。例如，<s:property value="#request.name"/>中，request 就是对象，这个对象取出 name 属性的值。

上下文环境是 OGNL 要执行操作的地点。

如果使用 OGNL 要访问的不是根对象，则需要使用名称空间，用#来表示；如果访问的是一个根元素，则不必使用名称空间，可以直接访问根对象的属性。

在 Struts2 中堆值就是 OGNL 的根对象。获取堆值的属性可以使用${属性}，如${name}获取 name 的值。如果访问其他上下文路径中的对象，由于不是根对象，需要在访问时加#前缀。

下面的实例使用 OGNL 表达式实现对注册页面数据的显示。项目的开发步骤如下。

1. 项目介绍

该项目有一个注册页面（register.jsp），代码如例 2-19 所示；注册页面对应的业务控制器是 OGNLAction 类，代码如例 2-21 所示，成功注册后转到注册成功页面 registerSuccess.jsp，代码如例 2-20 所示，该页面中也使用了 OGNL 表达式。此外还需要配置 web.xml，代码和 1.3.1 节中例 1-3 相同；配置 struts.xml 文件，代码如例 2-22 所示。该登录系统的文件结构如图 2-9 所示。

2. 在 web.xml 中配置核心控制器 FilterDispatcher

参照 1.3.1 节中的例 1-3。

3. 编写视图组件（JSP 页面）

注册页面如图 2-10 所示，其代码如例 2-19 所示。注册成功页面的代码如例 2-20 所示。

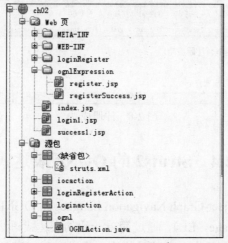

图 2-9   OGNL 表达式应用实例的文件结构

图 2-10   注册页面

【例 2-19】 注册页面（register.jsp）。

```jsp
<%@page contentType="text/html" pageEncoding="UTF-8"%>
<html>
    <head>
        <meta http-equiv="Content-Type" content="text/html; charset=UTF-8">
        <title>使用 OGNL 表达式获取数据</title>
    </head>
    <body>
    <form  action="ognl">
        学号: <input type="text" name="no" ><br>
        姓名: <input type="text" name="name"><br>
        性别: <input type="text" name="sex"><br>
        年龄: <input type="text" name="age"><br>
    <input type="submit" value="注册"/><br>
    </form>
    </body>
</html>
```

【例 2-20】 注册成功页面（registerSuccess.jsp）。

```
<%@page contentType="text/html" pageEncoding="UTF-8"%>
<%@ taglib prefix="s" uri="/struts-tags"%>
<html>
    <head>
        <meta http-equiv="Content-Type" content="text/html; charset=UTF-8">
        <title>使用 OGNL 表达式获取数据，注册成功</title>
    </head>
    <body>
        <h1>${name}</h1>
        <hr>
        获取 action 属性: <s:property value="name"/><br>
        获取 reqeust 属性: <s:property value="#request.name"/><br>
        获取 session 属性: <s:property value="#session.name"/><br>
        获取 application 属性: <s:property value="#application.name"/><br>
        <hr>
    </body>
</html>
```

4. 编写业务控制器 Action

业务控制器 LoginRegisterAction 用于处理注册页面（register.jsp），代码如例 2-21 所示。

【例 2-21】 注册页面对应的业务控制器（OGNLAction.java）。

```
package ognl;
import com.opensymphony.xwork2.ActionContext;
import com.opensymphony.xwork2.ActionSupport;
import java.util.Map;
import javax.servlet.http.HttpServletRequest;
import org.apache.struts2.ServletActionContext;

public class OGNLAction extends ActionSupport{
    private String no;   //学号
    private String name;//姓名
    private String sex; //性别
    private int age;     //年龄
    public String getNo() {
        return no;
    }
    public void setNo(String no) {
        this.no = no;
    }
    public String getName() {
        return name;
    }
    public void setName(String name) {
```

```
            this.name = name;
        }
        public String getSex() {
            return sex;
        }
        public void setSex(String sex) {
            this.sex = sex;
        }
        public int getAge() {
            return age;
        }
        public void setAge(int age) {
            this.age = age;
        }
        public String execute() throws Exception{
            //获取 request，并添加信息
            HttpServletRequest request=ServletActionContext.getRequest();
            request.setAttribute("name", getName());
            //获取 session，并添加信息
            Map session = ActionContext.getContext().getSession();
            session.put("name", getName());
            //获取 application，并添加信息
            Map application = ActionContext.getContext().getApplication();
            application.put("name", getName());
            return SUCCESS;
        }
}
```

5. 修改 struts.xml 配置 Action

配置 struts.xml 文件，如例 2-22 所示。

【例 2-22】 在 struts.xml 中配置 Action（struts.xml）。

```
⋮
<action name="ognl" class="ognl.OGNLAction">
    <result name="success">/ognlExpression/registerSuccess.jsp</result>
</action>
⋮
```

6. 项目部署和运行

项目运行后如图 2-10 所示，输入数据后如图 2-11 所示，单击"注册"按钮，出现如图 2-12 所示的页面。

2.4.2　Struts2 的 OGNL 集合

OGNL 提供了对 Java 集合 API 非常好的支持，创建集合并对其操作是 OGNL 的一个基本特性。如果需要一个集合元素时，如 List 对象或者 Map 对象，可以使用 OGNL 中与集合相关的表达式。

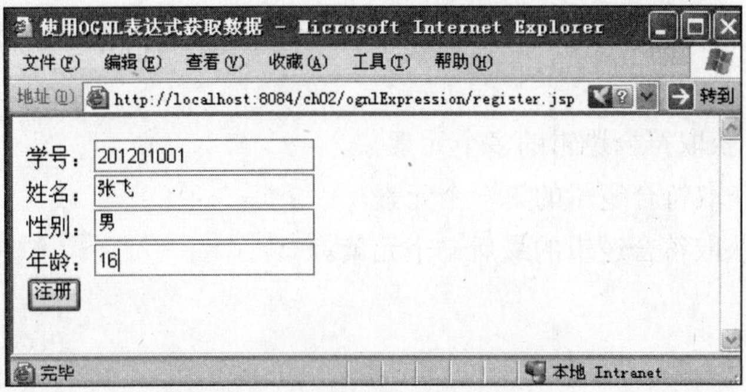

图 2-11　在注册页面输入数据

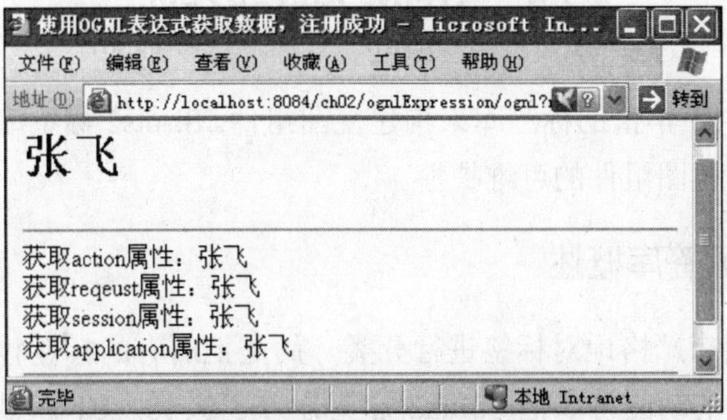

图 2-12　注册成功页面

OGNL 中使用 List 对象的格式如下：

```
{e1,e2,e3}
```

该表达式会直接生成一个 List 对象，生成的 List 对象中包含 3 个元素：e1、e2、e3。如果需要更多元素，可以继续添加。

OGNL 中使用 Map 对象的格式如下：

```
#{key1:value1, key2:value2, key3:value3,…}
```

该表达式会直接生成一个 Map 对象。

对于集合元素的判定，OGNL 表达式可以使用 in 和 not in 操作。in 表达式用来判断某个元素是否在指定的集合对象中；not in 用于判断某个元素是否不在指定的集合对象中。

例如：

```
<s:if test="'a' in {'a', 'b'}">
    ⋮
</s:if>
```

或者

```
<s:if test="'a' not in {'a', 'b'}">
    ⋮
</s:if>
```

除了 in 和 not in 之外，OGNL 还允许使用某些规则获取集合对象的子集，常用的相关操作如下所示。

（1）？：用于获取符合逻辑的多个元素。

（2）^：用于获取符合逻辑的第一个元素。

（3）$：用于获取符合逻辑的最后一个元素。

例如：

```
Student.sex{?#this.sex=='male'}//获取 Student 的所有值为 male 的 sex 集合
```

2.5 Struts2 的标签库

Struts2 框架提供了丰富的标签库来构建视图组件。Struts2 标签库大大简化了视图页面的开发，并且提高了视图组件的可维护性。

2.5.1 Struts2 的标签库概述

Struts2 标签库没有严格地对标签进行分类，而是把所有的标签整合到一个标签库中。但是按照标签库提供的功能可以把 Struts2 标签分为 3 大类：UI 标签、非 UI 标签和 Ajax 标签。

（1）用户界面标签（UI 标签）：主要用来生成 HTML 元素的标签。

（2）非用户界面标签（非 UI 标签）：主要用来实现数据访问、逻辑控制。

（3）Ajax 标签：主要用来支持 Ajax 技术。

用户界面标签（UI 标签）又可以分为如下两大类。

（1）表单标签：主要生成 HTML 中的表单信息。

（2）非表单标签：主要包含一些常用的功能标签，如显示日期或者树形菜单。

非用户界面标签（非 UI 标签）又可以分为如下两大类。

（1）控制标签：主要用来实现条件和循环流程控制。

（2）数据标签：主要用来实现数据存储与处理。

Struts2 标签库的层次结构如图 2-13 所示。

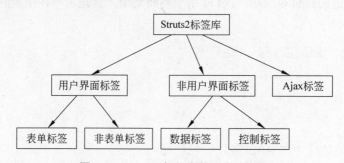

图 2-13 Struts2 标签库的层次结构图

2.5.2　Struts2 的表单标签

Struts2 的用户界面标签可以分为表单标签和非表单标签。Struts2 中大部分表单标签和 HTML 表单元素一一对应。

例如：

```
<s:form action="login" method="post">
```

对应着：

```
<form action="login" method="post">

<s:textfield name="userName" label="用户名"/>
```

对应着：

```
用户名:<input type="text" name="userName"/>

<s:password name="password" label="密码"/>
```

对应着：

```
密码:<input type=" password " name="userPassword"/>
```

下面介绍 Struts2 中常用的表单标签。

1. <s:checkbox>标签

checkbox 标签是复选框标签，格式如下：

```
<s:checkbox label="***" name="***" value="true"/>
```

常用属性如下所示。

（1）label：设置显示的字符串，可选项。

（2）name：设置表单元素的名字，表单元素的名字实际上封装着一个请求参数，而该请求参数被 Action 封装到其中，当该表单对应的 Action 需要使用参数的值，且对应的属性有值时，该值就是表单元素 value 的值。name 属性是表单元素的通用属性，每个表单元素都会使用，必选项。

（3）value：该属性用来设置是否默认选定，可选项。

例如：

```
<s:checkbox label="学习" name="学习" value="true"/>
<s:checkbox label="电影" name="电影"/>
```

2. <s:checkboxlist>标签

checkboxlist 标签可以一次创建多个复选框，在 HTML 中可以使用多行<input type="checkbox">实现。常用属性如下所示。

list：以指定集合为复选框命名，可以使用 List 集合或者 Map 对象，必选项。

例如：

```
<s:checkboxlist label="个人爱好" list="{'学习','看电影','编程序'}" name= "love">
</s:checkboxlist>
```

3. <s:combobox>标签

combobox 标签生成一个单行文本框和一个下拉列表框的组合，两个表单元素对应一个请求，单行文本框中的值对应请求参数，下拉列表框只是起到辅助作用。常用属性如下所示。

（1）list：以指定集合生成下拉列表项，可以使用 List 集合或者 Map 对象，必选项。

（2）readonly：指定文本框是否可编辑，为 true 不可编辑，为 false 可编辑，默认为 false，可选项。

【例 2-23】 combobox 标签的使用（combobox.jsp）。

```
<%@page contentType="text/html" pageEncoding="UTF-8"%>
<%@taglib prefix="s" uri="/struts-tags"%>
<html>
    <head>
        <meta http-equiv="Content-Type" content="text/html; charset=UTF-8">
        <title>combobox 标签的使用</title>
    </head>
    <body>
        <s:form>
            <s:combobox label="颜色选择" name="colorName" readonly="false"
            headerValue="---请选择---" headerKey="1" list="{'红色','蓝色',
            '黑色','白色'}"/>
        </s:form>
    </body>
</html>
```

运行效果如图 2-14 所示，选择其中一个颜色后如图 2-15 所示。

图 2-14　没有选择项前

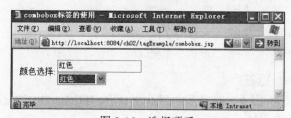

图 2-15　选择项后

4. <s:doubleselect>标签

doubleselect 标签生成一个相互关联的列表框，在第一个列表框中选择某一项后，第二个列表框中将自动在第一个列表框选定相关信息。常用属性如下所示。

（1）headerValue：指定列表框默认值。

（2）headerKey：指定列表框默认项的值。

（3）doubleName：指定第二个下拉列表框的名字。

（4）list：指定第一个下拉列表框中选项的集合。

（5）doubleList：指定第二个下拉列表框中的选项集合。

（6）top：指定第一列表框。

【例2-24】 doubleselect标签的使用（doubleselect.jsp）。

```
⋮
<body>
    <s:form>
        <s:doubleselect label="选择一项" headerValue="---请选择---"
         headerKey="1" doubleName="doublesel" list="{'颜色','水果'}"
         doubleList="top=='颜色'?{'红色','蓝色','黑色','白色'}:{'苹果',
         '香蕉','梨','葡萄'}" />
    </s:form>
</body>
⋮
```

运行效果如图2-16所示，选择其中第一个列表框中的一项后如图2-17所示。

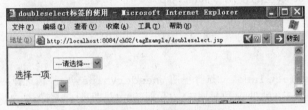

图2-16　没有选择项前

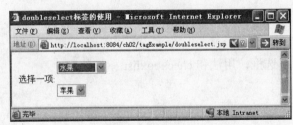

图2-17　选择项后

5. <s:file>标签

file标签用于在页面上生成一个上传文件的元素。上传文件的具体实现请参考3.4节。

【例2-25】 file标签的使用（file.jsp）。

```
⋮
<body>
    <s:form>
        <s:file name="UploadFileName" accept="text/*"/>
```

```
            </s:form>
    </body>
    ⋮
```

运行效果如图 2-18 所示。在图 2-18 中单击"浏览…"按钮出现文件对话框，在文件
对话框中可以选择要上传的文件。

图 2-18　file 标签实例运行效果

6. <s:select>标签

select 标签用来生成一个下拉列表框，通过指定 list 属性，系统会使用 list 属性指定下
拉列表内容。常用属性如下所示。

（1）size：指定下拉文本框中可以显示的选择项个数，可选项。

（2）multiple：设置该列表框是否允许多选，默认值为 false，可选项。

【例 2-26】　select 标签的使用（select.jsp）。

```
⋮
<body>
    <s:form>
        <s:select label="选择星期" headerValue="---请选择---" headerKey="1"
        list="{'星期一','星期二','星期三','星期四','星期五','星期六','星期日'}"/>
    </s:form>
</body>
⋮
```

7. <s:radio>标签

radio 标签为一个单选框，用法和 checkboxlist 标签相似。
例如：

```
<s: radio label="性别" list="{'男','女'}" name="sex">
</s: radio>
```

8. <s:textarea>标签

textarea 标签用来生成一个文本区域，由行和列组成。
例如：

```
<s:textarea label="留言板" name="留言" cols="10" rows="10"/>
```

9. <s:token>标签

token 标签的目的是防止用户多次提交表单，避免恶意刷新页面。

例如：

```
<s:token/>
```

10. <s:optiontransferselect>标签

optiontransferselect 标签用来创建两个选项以及转移下拉列表项，该标签会自动生成两个下拉列表框，同时生成相关的按钮，这些按钮可以控制选项在两个下拉列表之间的移动、排序。常用属性如下所示。

（1）addAllToLeftLabel：设置实现全部左移动功能按钮上的文本。

（2）addAllToRightLabel：设置实现全部右移动功能按钮上的文本。

（3）addToLeftLabel：设置实现左移动功能按钮上的文本。

（4）addToRightLabel：设置实现右移动功能按钮上的文本。

（5）addAddAllToLeft：设置全部左移动功能的按钮。

（6）addAddAllToRight：设置全部右移动功能的按钮。

（7）addAddToLeft：设置左移动功能的按钮。

（8）addAddToRight：设置右移动功能的按钮。

（9）leftTitle：设置左边列表框的标题。

（10）rightTitle：设置右边列表框的标题。

（11）allowSelectAll：设置全部选择功能的按钮。

（12）selectAllLabel：设置全部选择功能按钮上的文本。

（13）multiple：设置第一个列表框是否多选，默认是 true。

（14）doubleName：设置第二个列表框的名字。

（15）doubleList：设置第二个列表框的集合。

（16）doubleMultiple：设置第二个列表框是否允许多选，默认是 true。

【例 2-27】 optiontransferselect 标签的使用（optiontransferselect.jsp）。

```
<%@page contentType="text/html" pageEncoding="UTF-8"%>
<%@taglib prefix="s" uri="/struts-tags"%>
<html>
    <head>
        <meta http-equiv="Content-Type" content="text/html; charset=UTF-8">
        <title>optiontransferselect 标签的使用</title>
    </head>
    <body>
        <s:form>
        <s:optiontransferselect label="你喜欢的城市" name="left" leftTitle=
            "国内" rightTitle="国外" list="{'北京','上海','南京','深圳','海南',
            '青岛'}" headerValue="---请选择---" headerKey="1" doubleName=
            "right" doubleHeaderValue="---请选择---"doubleHeaderKey="1"
            doubleList= "{'东京','华盛顿','伦敦','芝加哥','温哥华','多伦多'}"/>
        </s:form>
    </body>
</html>
```

运行效果如图 2-19 所示。

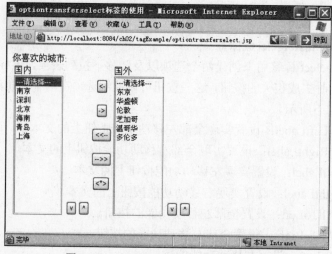

图 2-19　optiontransferselect 标签的使用

11. <s:updownselect>标签

updownselect 标签用来在页面中生成一个下拉列表框，可以在选项内容上上下移动。常用属性如下所示。

（1）allowMoveUp：设置上移功能的按钮，默认值为 true，即显示该按钮。

（2）allowMoveDown：设置下移功能的按钮，默认值为 true，即显示该按钮。

（3）allowSelectAll：设置全选功能的按钮，默认值为 true，即显示该按钮。

（4）MoveUpLabel：设置上移功能按钮上的文本，默认值为∧。

（5）MoveDownLabel：设置下移功能按钮上的文本，默认值为Ⅴ。

（6）selectAllLabel：设置全选功能按钮上的文本，默认值为*。

【例 2-28】 updownselect 标签的使用（updownselect.jsp）。

```
<%@page contentType="text/html" pageEncoding="UTF-8"%>
<%@taglib prefix="s" uri="/struts-tags"%>
<html>
    <head>
        <meta http-equiv="Content-Type" content="text/html; charset=UTF-8">
        <title>updownselec 标签的使用</title>
    </head>
    <body>
        <s:form>
            <s:updownselect label="你最喜欢的旅游城市" name="city" headerValue=
                "--------请选择城市--------" headerKey="1" list="{'北京',
                '上海','郑州','西安','杭州','苏州','青岛'}" emptyOption=
                "true" selectAllLabel="全选" moveUpLabel= "上移"
                moveDownLabel="下移"/>
        </s:form>
    </body>
</html>
```

运行效果如图 2-20 所示。

图 2-20 "updownselect 标签的使用"

2.5.3 Struts2 的非表单标签

非表单标签主要用于在页面中生成非表单的可视化元素。下面对常用非表单标签进行介绍。

1. <s:a>标签

a 标签主要用于生成超链接。

例如：

```
<s:a href="register.action">注册</s:a>
```

2. <s:actionerror>和<s:actionmessage>标签

actionerror 标签和 actionmessage 标签的作用基本一样，这两个标签都是在页面上输出 Action 方法中添加的信息。其中，actionerror 标签输出 Action 中 addActinErrors()方法添加的信息；而 actionmessage 标签输出的是 Action 中 AddActionMessage()方法添加的信息。

图 2-21 实例文件结构图

下面通过一个实例介绍两个标签的具体应用。首先编写一个 Action 类。类名为 ActionErrorActionMessage，代码如例 2-29 所示；在 struts.xml 配置该 Action，代码如例 2-30 所示；最后写一个信息输出页面（showActionErrorMessage.jsp），代码如例 2-31 所示。项目的文件结构如图 2-21 所示。

（1）编写 Action 类

【例 2-29】 在 Action 中封装信息（ActionErrorActionMessage.java）。

```
package actionerrorAndactionmessage;
import com.opensymphony.xwork2.ActionSupport;

public class ActionErrorActionMessage extends ActionSupport{
    public String execute(){
        //使用 addActionError()方法添加信息
```

```
        addActionError("使用 ActionError 添加错误信息！");
        addActionMessage("使用 ActionMessage 添加普通信息！");
        return SUCCESS;
    }
}
```

（2）在 struts.xml 配置 Action

【例 2-30】 配置 Action（struts.xml）。

⋮
```
<package name="notform" extends="struts-default" >
    <action name="em"
        class="actionerrorAndactionmessage.ActionErrorActionMessage">
        <result name="success">
        /ActionErrorAndActionMessage/showActionErrorMessage.jsp</result>
    </action>
</package>
```
⋮

（3）编写页面显示信息

【例 2-31】 编写页面封装的信息（howActionErrorMessage.jsp）。

```
<%@page contentType="text/html" import="java.util.*" pageEncoding = "UTF-8"%>
<%@taglib prefix="s" uri="/struts-tags"%>
<html>
    <head>
        <meta http-equiv="Content-Type" content="text/html; charset=UTF-8">
        <title>actionerror 标签和 actionmessage 标签的使用</title>
    </head>
    <body>
        <s:actionerror/>
        <br>
        <s:actionmessage/>
    </body>
</html>
```

（4）运行

项目部署后，在浏览器地址栏输入：http://localhost:8084/ch02/em.action，运行效果如图 2-22 所示，通过标签输出了 Action 封装的信息。

3. <s:component>标签

使用 component 标签可以自定义组件，当需要多次使用某些代码段时，就可以自定义一个组件，在页面中使用 component 标签多次调用。该标签的主要属性有：

（1）theme 属性：该属性用来指定自定义组件使用的主题，默认值为 xhtml。

（2）templateDir 属性：该属性用来指定自定义组件使用的主题目录，默认值为template。

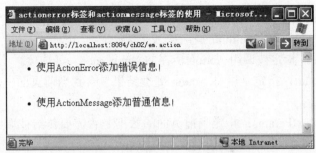

图 2-22　输出 Action 封装的信息

（3）template 属性：该属性用来指定自定义组件使用的模板文件，自定义模板文件可以采用 JSP、FreeMarker 和 Velocity 这三种技术编写代码。

在 component 标签内还可以使用 param 标签，通过 param 标签可向模板标签中传递参数。

下面编写一个模板文件（myTemplate.jsp），代码如例 2-32 所示。

【例 2-32】　模板页面（myTemplate.jsp）。

```
⋮
<body>
    自定义模板
    <hr/>
    <s:select label="你最喜欢的歌曲" list="parameters.songList"></s:select>
</body>
⋮
```

上述代码使用了默认的主题（xhtml）、默认的主题目录（template）和 JSP 模板文件，该文件要放在 web/template/xhtml 文件夹下或者放在 WebRoot/template/xhtml 文件夹下。

编写完模板文件后，通过 component 标签使用该模板文件，component 标签的使用代码如例 2-33 所示。

【例 2-33】　通过 component 标签使用模板（component.jsp）。

```
<body>
    <!-- component 标签调用模板-->
  <s:component template="myTemplate.jsp">
    <s:param  name="songList" value="{'中国人','真心英雄','青花瓷','传奇',
    '北京欢迎你'}" />
  </s:component>
</body>
```

最后运行 component.jsp 页面。

2.5.4　Struts2 的数据标签

Struts2 中数据标签主要用于提供各种数据访问相关的功能，常用于显示 Action 中的属性以及国际化输出。下面介绍常用的 Struts2 数据标签。

1. \<s:action\>标签

action 标签用于在 JSP 页面中直接调用 Action。常用属性如下所示。

（1）id：指定被调用 Action 的引用 ID，可选项。

（2）name：指定被调用 Action 的名字，必选项。

（3）namespace：指定被调用 Action 所在的 namespace，可选项。

（4）executeResult：指定是否将 Action 处理结果包含到当前页面中，默认值为 false，即不包含，可选项。

（5）ignoreContextParams：指定当前页面的数据是否需要传给被调用的 Action，默认值为 false，即默认将页面中的参数传给被调用的 Action，可选项。

下面的实例演示 action 标签的使用。先编写一个 Action，代码如例 2-34 所示。

（1）编写 Action

【例 2-34】 action 标签调用的 Action（ActionTagAction.java）。

```java
package actionTagAction;
import org.apache.struts2.ServletActionContext;
import com.opensymphony.xwork2.ActionSupport;

public class ActionTagAction extends ActionSupport{
    private String name;
    public void setName(String name)    {
        this.name = name;
    }
    public String getname(){
        return name;
    }
    public String execute() throws Exception{
        return SUCCESS;
    }
    public String login() throws Exception{
        ServletActionContext.getRequest().setAttribute("name",getname());
        return SUCCESS;
    }
}
```

例 2-34 中包含两个方法：execute()和 login()，两个方法都是进行业务逻辑处理的，能够返回 SUCCESS。其中，在 login()方法中对 name 进行设置。

（2）在 struts.xml 中配置 Action（struts.xml）

【例 2-35】 在 struts.xml 中配置 Action（struts.xml）。

⋮
```xml
<package name="actionTag" extends="struts-default" >
    <action name="tag1" class="actionTagAction.ActionTagAction">
        <result name="success">success3.jsp</result>
    </action>
    <action name="tag2" class="actionTagAction.ActionTagAction" method=
    "login">
        <result name="success">loginSuccess3.jsp</result>
    </action>
```

```
</package>
```
⋮

由于在例 2-34 中有两个处理业务逻辑的方法，所以在例 2-35 中需要分别对它们进行配置。返回结果有 2 个视图，分别对应两个 JSP 页面，success3.jsp 页面的代码如例 2-36 所示，loginSuccess3.jsp 页面的代码如例 2-37 所示。

（3）编写 struts.xml 配置 Action 中对应的页面

【例 2-36】 success3.jsp 页面（success3.jsp）。

⋮
```
<body>
    <h1>调用 Action!</h1>
</body>
```
⋮

【例 2-37】 loginSuccess3.jsp 页面（loginSuccess3.jsp）。

⋮
```
<body>
    <s:property value="#request.name" /> 登录成功!
</body>
```
⋮

（4）编写调用 Action 的 JSP 页面

【例 2-38】 使用 action 标签调用 Action 的 JSP 页面（actionTag.jsp）。

⋮
```
<body>
    下面是调用第一个 Action，并将结果包含到本页面中。
    <br>
    <!--使用 action 标签调用 Action 类，Action 处理返回 seccess3.jap，并将结果输出
      在页面中-->
    <s:action name="tag1" executeResult="true"/>
    <hr/>
    下面调用第二个 Action，并将结果包含到本页面中，并且阻止当前页面的参数传入 Action。
    <br>
    <s:action name="tag2" executeResult="true" ignoreContextParams="true"/>
    <hr/>
    下面调用第二个 Action，并不将结果包含到本页面中，但允许当前页面的参数传入 Action。
    <br>
    <s:action name="tag2" />
    当前页面传递的参数 name 的值:
    <s:property value="#request.name"/>
</body>
```
⋮

（5）运行

项目部署后，在浏览器输入：http://localhost:8084/ch02/actionTag.jsp?name=qq，运行效

果如图 2-23 所示。

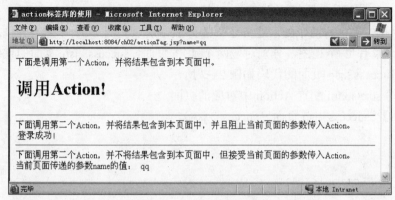

图 2-23   action 标签的使用

2. <s:bean>标签

bean 标签用于在 JSP 页面中创建 JavaBean 实例。在创建 JavaBean 实例时，可以使用 <s:param>标签为 JavaBean 实例传入参数。常用属性如下所示。

（1）name：指定实例化 JavaBean 的实现类，必选项。

（2）id：为实例化对象指定 id 名称，可选项。

例如，一个 Student 类是一个 JavaBean，代码如例 2-39 所示。

【例 2-39】 Student 类的 JavaBean 用于封装学生数据（Student.java）。

```java
package beanTag;

public class Student {
    private String name;//姓名
    private String sex; //性别
    private int age;     //年龄
    public String getName() {
        return name;
    }
    public void setName(String name) {
        this.name = name;
    }
    public String getSex() {
        return sex;
    }
    public void setSex(String sex) {
        this.sex = sex;
    }
    public int getAge() {
        return age;
    }
    public void setAge(int age) {
        this.age = age;
```

```
        }
    }
```

编写一个 JSP 页面使用 bean 标签访问 JavaBean（Student 类），代码如例 2-40 所示。

【例 2-40】 访问 bean 的页面（beanTag.jsp）。

⋮

```
<body>
    <s:bean name="beanTag.Student" id="s">
        <s:param name="name" value="'吴加一'"/>
        <s:param name="sex" value="'女'"/>
        <s:param name="age" value="18"/>
    </s:bean>
    姓名：<s:property value="#s.name"/>
    <br>
    性别：<s:property value="#s.sex"/>
    <br>
    年龄：<s:property value="#s.age"/>
</body>
```

⋮

运行效果如图 2-24 所示。

图 2-24　bean 标签的使用

3. <s:include>标签

include 标签用来在页面上包含一个 JSP 页面或者 Servlet 文件。

例如：

```
<s:include value="include-file.jsp"/>
```

或者

```
<s:include value="include-file.jsp">
    <s:param name="user" value="'吴加一'"/>
</s:include >
```

4. <s:param>标签

param 标签用来为其他标签提供参数，如 include 标签、bean 标签等。

5. <s:set>标签

set 标签用来定义一个新的变量，并把一个已有的变量值赋给这个新变量，同时可把新变量放到指定的范围内，如 session、application 范围内。常用属性如下所示。

（1）name：指定新变量的名字，必选项。

（2）scope：指定新变量的使用范围，如 action、page、request、response、session、application，可选项。

（3）value：为新变量赋值，可选项。

下面是 set 标签使用的实例，页面为 JSP 页面（setTag.jsp），代码如例 2-41 所示。

【例 2-41】 使用 set 标签设置新变量（setTag.jsp）。

```
    ⋮
<body>
    <s:bean name="beanTag.Student" id="s">
        <s:param name="name" value="'吴加一'" />
    </s:bean>
    scope 属性值为 application 范围:
    <s:set value="#s" name="user" scope=" application"/>
    <s:property value="# application.user.name"/>
    <br>
    scope 属性值为 session 范围:
    <s:set value="#s" name="user" scope="session"/>
    <s:property value="#session.user.name"/>
</body>
    ⋮
```

6. <s:property>标签

property 标签用来输出 value 属性指定的值，值可以使用 OGNL 表达式表示。

7. <s:url>标签

url 标签主要用来在页面中生成一个 URL 地址。常用属性如下所示。

（1）action：指定一个 Action 作为 URL 地址。

（2）method：指定使用 Action 的方法。

（3）value：用来指定生成 URL 的地址，如果不指定该属性，则使用 action 属性指定的 Action 作为 URL 地址。

（4）encode：指定编码方法。

（5）names：指定名称空间。

（6）includeContext：指定是否将当前上下文包含在 URL 地址中，默认值为 true。

（7）includeParams：指定是否包含请求参数，值有 none、get、all，默认为 get。

8. <s:date>标签

date 标签用于格式化输出一个日期，还可以计算指定日期和当前时刻之间的时差。常用属性如下所示。

（1）format：使用日期格式化。

（2）nice：指定是否输出指定日期与当前时刻的时差，默认值为 false，即不输出时差。

（3）name：指定要格式化的日期值。

（4）var：指定格式化后的字符串将被放入 StacContext 中，该属性可以用 id 属性代替。

【例 2-42】 date 标签的使用（dateTag.jsp）。

```
    ⋮
<body>
    <s:bean id="d" name="java.util.Date"/>
    nice="false",且指定 format="dd/MM/yyyy"
    <br>
    <s:date name="#d" format="dd/MM/yyyy" nice="false"/>
    <hr>
    nice="true",且指定 format="dd/MM/yyyy"
    <br>
    <s:date name="#d" format="dd/MM/yyyy" nice="true"/>
    <hr>
    指定 nice="true"
    <br>
    <s:date name="#d" nice="true" />
    <hr>
    nice="false",且没有指定 format 属性
    <br>
    <s:date name="#d" nice="false"/>
    <hr>
    nice="false",没有指定 format 属性,指定了 var
    <br>
    <s:date name="#d" nice="false" var="abc"/>
    <hr>
    ${requestScope.abc} <s:property value="#abc"/>
</body>
```

运行效果如图 2-25 所示。

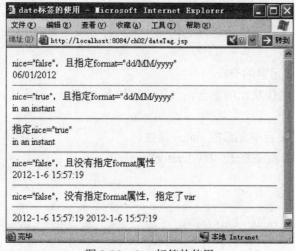

图 2-25　date 标签的使用

2.5.5 Struts2 的控制标签

控制标签主要用来完成流程的控制，如条件分支、循环操作，也可以实现对集合的合并和排序。下面介绍常用的控制标签。

1. \<s:if>标签、\<s:elseif>标签和\<s:else>标签

这 3 个标签是用来实现流程控制的，与 Java 语言中的 if、else if、else 语句相似。

【例 2-43】 控制标签的使用（ifTag.jsp）。

```
⋮
<body>
<s:set name="score" value="86"/>
    <s:if test="#score>=90">优秀</s:if>
    <s:elseif test="#score>=80">良好</s:elseif>
    <s:elseif test="#score>=70">中等</s:elseif>
    <s:elseif test="#score>=60">及格</s:elseif>
    <s:else>不及格</s:else>
</body>
⋮
```

其中，使用 set 标签进行传值，\<if>和\<elseif>语句中的 test 属性是必需的，是进行条件控制的逻辑表达式。

运行效果如图 2-26 所示。

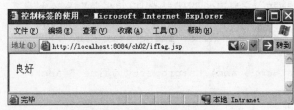

图 2-26 控制标签的使用

2. \<s:iterator>标签

iterator 标签主要用于对集合进行迭代操作，集合可以是 List、Map、Set 和数组等。常用属性如下所示。

（1）id：指定集合元素的 ID。

（2）value：指定迭代输出的集合，该集合可以是 OGNL 表达式，也可以通过 Action 返回一个集合。

（3）status：指定集合中元素的 status 属性。

【例 2-44】 iterator 标签的使用（iteratorTag.jsp）。

```
⋮
<body>
    <h2>iterator 标签的使用</h2>
    <hr>
    <s:iterator value="{'Java 程序设计与项目实训教程', 'JSP 程序设计技术教程',
```

```
' Struts2+Hibernate 框架技术教程'}" id="bookName">
        <s:property value="bookName"/><br>
    </s:iterator>
</body>
```
⋮

运行效果如图 2-27 所示。

图 2-27　iterator 标签的使用

另外，iterator 标签的 status 属性还可以实现一些很有用的功能。指定 status 属性后，每次迭代都会产生一个 IteratorStatus 实例对象，该对象常用的方法如下所示。

（1）int getCount()：判断当前迭代元素的个数。

（2）int getIndex()：判断当前迭代元素的索引值。

（3）boolean isEven()：判断当前迭代元素的索引值是否为偶数。

（4）boolean isOdd()：判断当前迭代元素的索引值是否为奇数。

（5）boolean isFirst()：判断当前迭代元素是否是第一个元素。

（6）boolean isLast()：判断当前迭代元素是否是最后一个元素。

使用 iterator 标签的属性 status 时，其实例对象包含除了以上 6 个常用方法，iterator 标签的属性还包含一些对应的属性，如#status.count、#status.even、#status.odd、#status.first等。

【例 2-45】　iterator 标签 status 属性的使用（iteratorTag1.jsp）。

⋮
```
<body>
    <h3>iterator 标签的使用</h3>
        <hr>
    <table border="1">
      <s:iterator value="{'Java 程序设计与项目实训教程', 'JSP 程序设计技术教程',
       'Struts2+Hibernate 框架技术教程'}" id="bookName" status="st">
    <tr <s:if test="#st.odd">style="background-color:red"</s:if>>
        <td><s:property value="bookName"/><br></td>
    </tr>
      </s:iterator>
    </table>
</body>
```
⋮

对奇数项颜色进行控制，运行效果如图 2-28 所示。

3. <s:append>标签

append 标签用来将多个集合对象连接起来，组成一个新的集合，从而允许通过一个 iterator 标签完成对多个集合的迭代。常用属性如下所示。

id：指定连接生成的新集合的名字。

【例 2-46】 append 标签的使用（appendTag.jsp）。

⋮

```
<body>
    <h2>append 标签的使用</h2>
    <hr>
    <s:append id="newList">
        <s:param value="{'Java 程序设计与项目实训教程', 'JSP 程序设计技术教程',
        'Struts2+Hibernate 架构技术教程'}"/>
        <s:param value="{'Java 程序设计', 'JSP 程序设计','框架技术'}"/>
    </s:append>
    <table border="1">
        <s:iterator value="#newList" status="st">
          <tr <s:if test="#st.odd">style="background-color:red"</s:if>>
            <td><s:property /></td>
          </tr>
        </s:iterator>
    </table>
</body>
```

⋮

运行效果如图 2-29 所示。

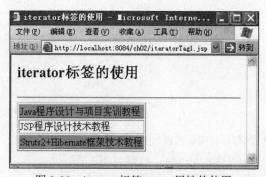

图 2-28 iterator 标签 status 属性的使用

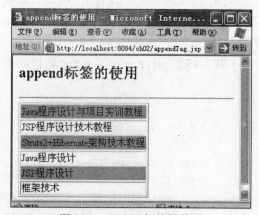

图 2-29 append 标签的使用

4. <s:merge>标签

merge 标签和 append 标签所实现的功能一样，也是将多个集合连接成一个新集合，但是在两个标签生成的新集合中，元素的排序方式有所不同。

【例 2-47】 merge 标签和 append 标签比较（mergeTag.jsp）。

```
    ⋮
<body>
    <h3>merge 标签的使用</h3>
    <hr>
    <s:append id="newList_append">
        <s:param value="{'集合 1 中的元素 1','集合 1 中的元素 2','集合 1 中的元素 3'}"/>
        <s:param value="{'集合 2 中的元素 1','集合 2 中的元素 2'}"/>
    </s:append>
    <s:merge id="newList_merge">
        <s:param value="{'集合 1 中的元素 1','集合 1 中的元素 2','集合 1 中的元素 3'}" />
        <s:param value="{'集合 2 中的元素 1','集合 2 中的元素 2'}" />
    </s:merge>
    迭代输出由 append 标签产生的新集合
    <s:iterator value="#newList_append" status="st">
        <br>
        <s:property />
    </s:iterator>
    <br>
     迭代输出由 merge 标签产生的新集合
    <s:iterator value="#newList_merge" status="st">
        <br>
        <s:property />
    </s:iterator>
</body>
    ⋮
```

运行效果如图 2-30 所示。

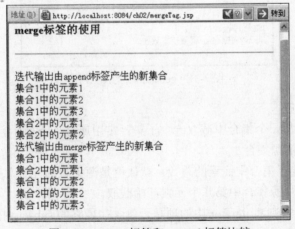

图 2-30　merge 标签和 append 标签比较

5. <s:generator>标签

generator 标签用来将一个字符串按指定的分隔符分割成多个子串,新生成的多个子字符串可以使用 iterator 标签进行迭代。常用属性如下所示。

（1）id:如果指定该属性,新生成字符串的集合会放在 pageContext 属性中。

（2）val：指定被解析的字符串，必选项。

（3）count：指定所生成集合中元素的总数。

（4）separator：用来指定分隔符，必选项。

（5）converter：指定一个转换器，该转换器将集合中的每个字符串转换成对象。

【例 2-48】 generator 标签的使用（generatorTag.jsp）。

⋮

```
<body>
<h3>generator 标签的使用</h3>
    <hr>
    <s:generator val="'Java 程序设计与项目实训教程,JSP 程序设计技术教程,
      Struts2+Hibernate 框架技术教程'"separator=",">
      <s:iterator status="st">
          <br>
          <s:property />
      </s:iterator>
    </s:generator>
</body>
```

⋮

运行效果如图 2-31 所示。

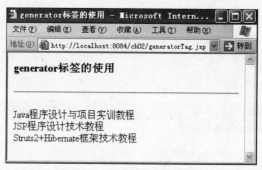

图 2-31　generator 标签的使用

6. <s:subset>标签

subset 标签用来从一个集合中截取一个子集。常用属性如下所示。

（1）source：指定源集合。

（2）count：指定子集合中元素的总数，默认值是源集合的元素总数。

（3）start：指定从源集合中第几个元素开始截取。

（4）decider：用来判断 iterator 中的项是否包含在最终的 subset 内部。

【例 2-49】 subset 标签的使用（subsetTag.jsp）。

⋮

```
<body>
    <h3>subset 标签的使用</h3>
    <hr>
    <s:subset source="{'Java 程序设计与项目实训教程', 'JSP 程序设计技术教程',
```

```
          'Struts2+Hibernate 框架技术教程'}"start="1" count="3">
        <s:iterator status="st">
            <br>
            <s:property />
        </s:iterator>
    </s:subset>
</body>
⋮
```

例 2-49 中""start="1" count="3""表示从源集合中第二个元素开始，向后截取到第三个元素，由此生成一个新集合，并用 iterator 标签进行迭代。运行效果如图 2-32 所示。

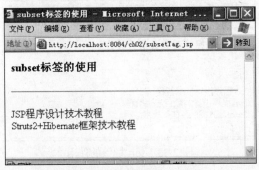

图 2-32　subset 标签的使用

7. `<s:sort>` 标签

sort 标签用来对指定集合进行排序，但是排序规则由开发者提供，即实现自己的Comparator 实例。Comparator 是通过实现 java.util.Comparator 接口来实现的。常用属性如下所示。

（1）Comparator：指定实现排序规则的 Comparator 实例，必选项。

（2）Source：指定要排序的集合。

【例 2-50】　排序规则类（MyComparator.java）。

```
package sortTag;
import java.util.Comparator;
public class MyComparator implements Comparator{
    public int compare(Object element1, Object element2){
        return element1.toString().length()-element2.toString().length();
    }
}
```

对应的 sort 标签页面（sortTag.jsp），代码如下：

```
⋮
<body>
    <h3>使用 sort 标签对集合进行排序</h3>
    <hr>
    <s:bean id="mc" name="sortTag.MyComparator" />
    <s:sort source="{'Java 程序设计与项目实训教程', 'JSP 程序设计技术教程',
```

```
'Struts2+Hibernate 框架技术教程'}" comparator="#mc">
    <s:iterator status="st">
        <br>
        <s:property />
    </s:iterator>
</s:sort>
</body>
⋮
```

运行效果如图 2-33 所示。

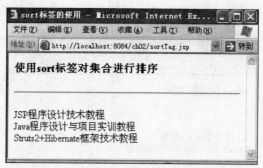

图 2-33　sort 标签的使用

2.6　本 章 小 结

本章详细介绍了 Struts2 中的核心组件，通过本章学习读者应对 Struts2 框架有深入的了解，同时还应掌握以下内容：

（1）struts.xml 文件的配置。

（2）核心控制器。

（3）业务控制器。

（4）OGNL。

（5）Struts2 常用标签。

2.7　习　　题

2.7.1　选择题

1. Struts2 扩展组件是通过配置文件和（　　）来管理的。

　　A. 核心控制器　　　　　　　　　　　　B. IoC

　　C. AOP　　　　　　　　　　　　　　　D. Action

2. struts.xml 配置文件中能够把其他配置文件包含进来的元素是（　　）。

　　A. <package>　　　　　　　　　　　　B. <action>

　　C. <include>　　　　　　　　　　　　D. <result>

3. 在 struts.xml 配置文件中，对业务控制器进行配置的元素是（　　）。

    A. <package>　　　　　　　　　　B. <action>

    C. <include>　　　　　　　　　　D. <result >

4. 在 struts.xml 配置文件中，配置逻辑视图和物理视图映射关系的元素是（　　）。

    A. <package>　　　　　　　　　　B. <action>

    C. <include>　　　　　　　　　　D. <result >

5. Struts2 中为 Action 接口提供的一个实现类是（　　）。

    A. ActionContext　　　　　　　　　B. ActionSupport

    C. ActionMessage　　　　　　　　　D. ServletActionContext

6. 在 Struts2 中常用的表达式语言是（　　）。

    A. HTML　　　　　　　　　　　　　B. JavaScript

    C. JSP　　　　　　　　　　　　　　D. OGNL

2.7.2　填空题

1. Struts2 框架有两种配置文件格式：_____和_____。

2. Struts2 加载常量的顺序是：_____、_____和_____。

3. 在 Struts2 框架中，通过包配置来管理_____和_____。

4. Struts2 中 Action 与 Servlet API 是_____。

5. Struts2 中直接访问 Servlet API 有_____和_____两种方式。

6. Struts2 提供两种动态方法的调用：_____和_____。

7. OGNL 有三个参数_____、_____和_____。

8. 按标签库提供的功能可把 Struts2 标签库分为 3 大类：_____、_____和 Ajax 标签。

9. 用户界面标签可分为：_____和_____。

10. 非用户界面标签可分为：_____和_____。

2.7.3　简答题

1. 简述 struts.xml 配置文件的作用。

2. 简述 Struts2 核心控制器 FilterDispatcher 的作用。

3. 简述 Struts2 业务控制器 Action 的作用。

2.7.4　实训题

1. 通过使用 Action 访问 ActionContext，编写一个网站计数器。

2. 将 2.3.3 节中的登录系统改为 IoC 方式或者非 IoC 方式。

3. 将 2.3.5 节中的程序使用指定 method 属性方式实现。

4. 使用 Struts2 中的 OGNL 编写一个对集合操作的 Web 程序。

5. 使用 Struts2 中的标签库开发一个注册页面。

第 3 章 Struts2 的高级组件

本章将介绍 Struts2 中比较常用的高级组件。通过对这些高级组件的学习，将有助于进一步了解和使用 Struts2 框架。

本章主要内容：

（1）Struts2 对国际化的支持。

（2）Struts2 常用拦截器的使用。

（3）Struts2 的数据验证功能。

（4）Struts2 对文件上传和下载的支持。

3.1　Struts2 的国际化

"国际化"是指一个应用程序在运行时能够根据客户端请求所来自国家或地区语言的不同而显示不同的用户界面。例如，请求来自于一台中文操作系统的客户端计算机，则应用程序响应界面中的各种标签、错误提示和帮助信息时均使用中文文字；如果客户端计算机采用英文操作系统，则应用程序也应能识别并自动以英文界面做出响应。

引入国际化机制的目的在于提供自适应的、更友好的用户界面，而不必改变程序的其他功能或者业务逻辑。人们常用 I18N 这个词作为"国际化"的简称，其来源是英文单词 Internationalization 的首末字母 I 和 N 及它们之间的字符数 18。

3.1.1　Struts2 实现国际化的流程

Struts2 国际化是建立在 Java 国际化基础上的，Java 对国际化进行了优化和封装，从而简化了国际化的实现过程。Struts2 国际化流程如图 3-1 所示。

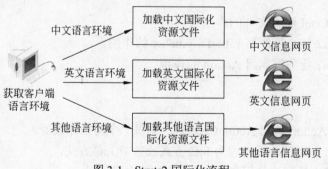

图 3-1　Struts2 国际化流程

具体流程是：

（1）不同地区使用的操作系统环境不同，如中文操作系统、英文操作系统、韩文操作系统等。获得客户端地区的语言环境后，在 struts.xml 文件中会找到相应的国际化资源文件，如果当操作系统环境是中文语言环境，就加载中文国际化资源文件。所以国际化需要编写支持多个语言的国际化资源文件，并且配置 struts.xml 文件。

（2）根据选择的语言加载相应的国际化资源文件，视图通过 Struts2 标签读取国际化资源文件把数据输出到页面上，完成页面的显示。

下面介绍在国际化流程中用到的文件。

1. 国际化资源文件或者资源文件

国际化资源文件又称资源文件，是以 .properties 为扩展名的文本文件，新建一个文本文件并把扩展名改为 properties 即可。该文本文件以"健=值"对的形式存储的国际资源文件。

例如：

```
key=value
loginName=用户名称
loginPassword=用户密码
```

当需要多个资源文件为不同语言版本提供国际化服务时，可以为资源文件命名，命名的格式有以下两种形式：

```
资源文件名.properties
资源文件名_语言种类.properties
```

文件名后缀必须是.properties，语言种类必须是有效的 ISO（国际标准化组织）语言代码，ISO-639 标准定义的这些代码格式为英文小写、双字符，具体如表 3-1 所示。

表 3-1　常用标准语言代码

语　　言	编　　码	语　　言	编　　码
汉语（Chinese）	zh	德语（German）	de
英语（English）	en	日语（Japanese）	ja
法语（French）	fr	意大利语（Italian）	it

资源文件如果使用第一种命名方式，即为默认语言代码，当系统找不到与客户端请求的语言环境匹配的资源文件时，就使用该默认的属性文件。

例如，如果要对前面介绍的登录系统进行国际化处理，要求根据不同的语言环境显示英文和中文用户界面，那么就需要创建英文和中文版本的资源文件，分别取名为 globalMessages_GBK.properties 和 globalMessages_en_US.properties，内容分别如例 3-1 和例 3-2 所示。

【例 3-1】 中文版资源文件（globalMessages_GBK.properties）。

```
loginTitle=用户登录
loginName=用户名称
loginPassword=用户密码
loginSubmit=登录
```

【例 3-2】 英文版资源文件（globalMessages_en_US.properties）。

```
loginTitle=UserLogin
loginName=UserName
loginPassword=UserPassword
loginSubmit=Login
```

从例 3-1 和例 3-2 中可以看出，国际化资源文件的内容都是以 key=value 形式存在的。资源文件中 key 部分是相同的，即等号左边部分相同，value 部分不同，即等号右边部分不同。

在国际化时，所有的编码都要使用标准的编码方式，需要把中文字符转换为 Unicode 代码，否则在国际化处理时页面将会出现乱码。如例 3-1 中的中文资源文件是不能直接使用的，必须转换为指定的编码方式。可以使用 JDK 自带的 native2ascii 工具进行中文资源文件编码方式的转换。具体操作如下。

选择"开始"→"运行"菜单，输入"cmd"，出现如图 3-2 所示的命令行格式界面。

图 3-2　命令行窗口

如果开发平台使用的是 NetBeans，建好资源文件放在"D:\Struts2+Hibernate 框架技术教程\ch03\src\java"，即和 struts.xml 文件一起放在默认的资源包中，其中"Struts2+Hibernate 框架技术教程"为工作区，"\ch03"为项目名，"java"是资源文件存放目录；如果使用的是 MyEclipse 9.1 或 Eclipse，资源文件放在 struts.xml 文件所在的文件夹，位置是"D:\Struts2+Hibernate 框架技术教程\ch03\src"。

在图 3-2 中进入到资源文件所在的文件夹下，输入：native2ascii -encoding UTF-8 globalMessages_GBK.properties　globalMessages_zh_CN.properties 后，回车，如图 3-3 所示。

图 3-3　编码转换命令

命令执行后在该文件夹下会生成一个名为 globalMessages_zh_CN.properties 的文件，该文件的内容如例 3-3 所示。

【例 3-3】 编译后的中文资源文件代码（globalMessages_zh_CN.properties）。

```
loginTitle=\u7528\u6237\u767b\u5f55
loginName=\u7528\u6237\u540d\u79f0
loginPassword=\u7528\u6237\u5bc6\u7801
loginSubmit=\u767b\u5f55
```

2. 在 struts.xml 文件中配置

编写完国际化资源文件后，需要在 struts.xml 文件中配置国际化资源文件的名称，从而使 Struts2 的 I18N 拦截器在加载国际化资源文件的时候能找到这些国际化资源文件，在 struts.xml 中的配置很简单，代码如例 3-4 所示。

【例 3-4】 在 struts.xml 中配置资源文件。

```
<struts>
    <!--使用Struts2中的I18N拦截器，并通过constant 元素配置常量，指定国际资源文件
    名字，value 的值就是常量值，即国际化资源文件的名字-->
    <constant name="struts.custom.i18n.resources" value="globalMessages" />
    <constant name="struts.i18n.encoding" value="UTF-8" />
    <package name="I18N" extends="struts-default">
        <action name="checkLogin" class="loginAction.LoginAction">
            <result name="success">/I18N/loginSuccess.jsp</result>
            <result name="error">/I18N/login.jsp</result>
        </action>
    </package>
</struts>
```

3. 输出国际化信息

国际化资源文件中的 value 值是要根据语言环境通过 Struts2 标签输出到页面上的，可以在页面上输出国际化信息，也可以在表单的 label 标签上输出国际化信息。

3.1.2 Struts2 国际化应用实例

本实例开发一个中英文登录页面，通过该项目的开发可以帮助我们了解 Struts2 国际化应用的实现过程。

1. 项目介绍

该项目为中英文登录系统，项目有一个登录页面（login.jsp），代码如例 3-5 所示；对应的资源文件如例 3-1 和例 3-2 所示；登录页面对应的业务控制器是 LoginAction 类，代码如例 3-7 所示；如果登录成功（用户名、密码正确）转到 loginsuccess.jsp 页面，代码如例 3-6 所示；如果登录失败（用户名、密码不正确）则重新回到登录页面（login.jsp）。此外还需要配置 web.xml，代码如例 1-3 所示；配置 struts.xml，代码如例 3-4 所示。项目的文件结构如图 3-4 所示。

图 3-4　项目文件结构

2. 在 web.xml 中配置核心控制器 FilterDispatcher

参照 1.3.1 节中的例 1-3。

3. 编写国际化资源文件并进行编码转换

编写中、英文国际化资源文件，参考例 3-1 和例 3-2；编码转换参考图 3-3。

4. 编写视图组件（JSP 页面）输出国际化消息

编写一个如图 3-5 或者图 3-6 所示的登录页面。

图 3-5　中文登录页面

图 3-6　英文登录页面

登录页面是一个 JSP 页面，代码如例 3-5 所示。

【例3-5】 中英文登录页面（login.jsp）。

```
<%@ page contentType="text/html; charset=UTF-8" %>
<%@ taglib prefix="s" uri="/struts-tags" %>
<html>
    <head>
        <!-- 使用 text 标签输出国际化消息 -->
        <title><s:text name="loginTitle"/></title>
    </head>
    <body>
        <s:form action="checkLogin" method="post">
            <!--表单元素的 key 值与资源文件的 key 对应-->
            <s:textfield name="name" key="loginName" size="20"/>
            <s:password name="password" key="loginPassword" size="22"/>
            <s:submit key="loginSubmit"/>
        </s:form>
    </body>
</html>
```

登录成功页面，代码如例 3-6 所示。

【例3-6】 登录成功页面（loginSuccess.jsp）。

```
<%@ page contentType="text/html; charset=UTF-8" %>
<%@ taglib prefix="s" uri="/struts-tags" %>
<html>
    <head>
        <!-- 使用 text 标签输出国际化消息 -->
        <title><s:text name="successPage"/></title>
    </head>
    <body>
        <hr>
        <s:text name="loginName"/>:<s:property value="name"/><br>
        <s:text name="loginPassword"/>:<s:property value="password"/>
    </body>
</html>
```

5. 编写业务控制器 Action

login.jsp 对应的业务控制器是如例 3-7 所示的 LoginAction 类。

【例3-7】 中英文登录页面对应的业务控制器（LoginAction.java）

```
package loginAction;
import com.opensymphony.xwork2.ActionContext;
import com.opensymphony.xwork2.ActionSupport;

public class LoginAction extends ActionSupport{
    private String name;
```

```java
    private String password;
    //用于定义标题信息
    private String tip;
    public String getName() {
        return name;
    }
    public void setName(String name) {
        this.name = name;
    }
    public String getPassword() {
        return password;
    }
    public void setPassword(String password) {
        this.password = password;
    }
    public String getTip() {
        return tip;
    }
    public void setTip(String tip) {
        this.tip = tip;
    }
    public String execute() throws Exception
    {
        if (getName().equals("QQ")&&getPassword().equals("123") )
        {
            ActionContext.getContext().getSession().put("name",getName());

            return SUCCESS;
        }
        else
        {
            return ERROR;
        }
    }
}
```

6. 在 struts.xml 中配置 Action 与国际资源文件

修改配置文件 struts.xml，在配置文件中配置 Action 和国际化资源文件，参考例 3-4。

7. 项目部署和运行

项目部署后运行，如果操作系统是中文系统，运行 login.jsp 后，出现如图 3-5 所示的页面。在图 3-5 "用户名称"中输入"QQ"、"用户密码"中输入"123"后，单击"登录"按钮，登录成功，页面如图 3-7 所示。

如果使用的是英文操作系统或者通过设置浏览器语言，运行后将出现如图 3-6 所示的英文登录页面。把浏览器设置为英文语言的步骤如下：

（1）选择"IE 浏览器"→"工具"→"Internet 选项"，如图 3-8 所示。

图 3-7　中文语言系统下的登录成功页面

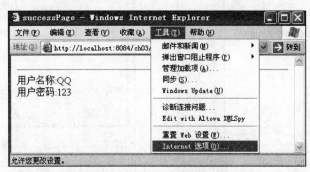

图 3-8　选择"Internet 选项"

（2）选择图 3-8 中的"Internet 选项"，出现如图 3-9 所示的对话框。

（3）单击图 3-9 中的"语言"按钮，出现如图 3-10 的对话框。在图 3-10 对话框中，"语言"区域默认的是"中文（中国）[zh-cn]"，即在中文操作系统下，IE 浏览器默认的首选语言是中文，也可以添加其他语言。

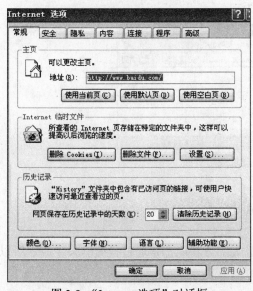

图 3-9　"Internet 选项"对话框

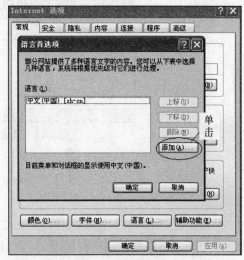

图 3-10　"语言首选项"对话框

（4）单击图 3-10 中的"添加"按钮，弹出"添加语言"对话框，找到"英语（美国）[en-us]"项，如图 3-11 所示。

（5）在图 3-11 中选定所需的语言后单击"确定"按钮，返回到"语言首选项"对话框，

如图 3-12 所示，该对话框中的语言区域中已添加了"英语（美国）[en-us]"，选定"英语
（美国）[en-us]"项，单击"上移"按钮，把英语作为浏览器的首选语言，最后单击"确定"
按钮完成设置。

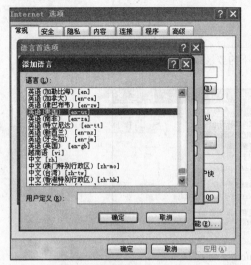 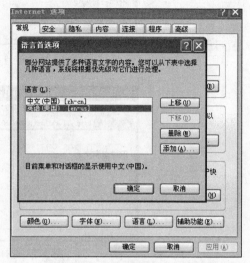

图 3-11 "添加语言"对话框　　　　　　　　图 3-12 "语言首选项"对话框

经过上面几步配置后，浏览器的首选语言已是"英语"，浏览器在运行 JSP 页面
（login.jsp）时，将优先使用"英语"，如果有英文国际化资源文件，将显示英文版的登录页
面，如图 3-6 所示。在图 3-6 的 UserName 中输入 QQ，并在 UserPassword 中输入 123 后，
单击 Login 按钮，登录成功，页面如图 3-13 所示。

图 3-13 英文版的登录成功页面

3.2 Struts2 的拦截器

拦截器是 Struts2 的核心组件，Struts2 的绝大部分功能都是通过拦截器来完成，所以
Struts2 的很多功能都构建在拦截器的基础上。

3.2.1 Struts2 拦截器的基础知识

拦截器（Interceptor）体系是 Struts2 的一个重要组成部分，正是大量的内置拦截器实
现了 Struts2 的大部分操作。

当 FilterDispatcher 拦截到用户请求后，大量的拦截器将会对用户请求进行处理，然后

才调用用户自定义的 Action 类中的方法来处理请求。比如 params 拦截器将 HTTP 请求中的参数解析出来，并将这些解析出来的参数设置为 Action 的属性；servlet-config 拦截器直接将 HTTP 请求中的 HttpServletRequest 实例和 HttpServletResponse 实例传给 Action；国际化拦截器 I18N 对国际化资源进行操作；文件上传拦截器 fileUpload 将文件信息传给 Action。另外还有数据校验拦截器对数据校验信息进行拦截。

对于 Struts2 的拦截器体系而言，当需要使用某个拦截器时，只需在配置文件 struts.xml 中配置就可以使用；如果不需要使用该拦截器，只需在 struts.xml 配置文件中取消配置即可。Struts2 的拦截器可以理解为一种可插拔式的设计思想，所以 Struts2 框架具有非常好的可扩展性。

拦截器实现了 AOP（Aspect-Oriented Programming，面向切面编程）的设计思想，拦截是 AOP 的一种实现策略。

AOP 是目前软件开发中的一个热点，也是 Spring 框架中的一个重要内容。利用 AOP 可以对业务逻辑的各个部分进行隔离，从而使得业务逻辑各部分之间的耦合度降低，提高程序的可重用性，同时提高开发的效率。

3.2.2　Struts2 拦截器实现类

在项目开发中，Struts2 内置的拦截器可以完成项目的大部分功能，但有些与系统逻辑相关的通用功能则需要通过自定义拦截器来实现，如权限控制和用户输入内容的控制等。

自定义拦截器需要实现 Struts2 提供的 Interceptor 接口。通过实现该接口可以开发一个拦截器类。该接口的代码如例 3-8 所示。

【例 3-8】　Struts2 的拦截器接口（Interceptor.java）。

```
import com.opensymphony.xwork2.ActionInvocation;
import java.io.Serializable;

public interface Interceptor extends Serializable {
    void destroy();
    void init();
    String intercept(ActionInvocation invocation) throws Exception;
}
```

该接口提供了 3 个方法：

（1）void destroy()方法：与 init()对应，用于在拦截器执行完之后释放 init()方法里打开的资源。

（2）void init()方法：由拦截器在执行之前调用，主要用于初始化系统资源，如打开数据库资源等。

（3）intercept(ActionInvocation invocation)方法：该方法是拦截器的核心方法，实现具体的拦截操作，返回一个字符串作为逻辑视图。与 Action 一样，如果拦截器能够成功调用 Action，则 Action 中的 execute()方法返回一个字符串类型值，作为逻辑视图，否则，返回开发者自定义的逻辑视图。

在 Java 语言中，有时候通过一个抽象类来实现一个接口，在抽象类中提供该接口的空实现。这样在编写类的时候，可以直接继承抽象类，不用实现那些不需要的方法。Struts2框架也提供了一个抽象拦截器类（AbstractInterceptor），该类对 init()和 destroy()方法进行空实现，因为很多时候实现拦截器都不需要申请资源。在开发自定义拦截器时，通过继承这个类开发起来简单方便。AbstractInterceptor 类的代码如例 3-9 所示。

【例 3-9】 Struts2 的抽象拦截器（AbstractInterceptor.java）。

```java
import com.opensymphony.xwork2.ActionInvocation;

public abstract class AbstractInterceptor implements Interceptor {
    public void init()
    {
    }
    public void destroy()
    {
    }
    public abstract String intercept(ActionInvocation invocation) throws
    Exception;
}
```

3.2.3 Struts2 拦截器应用实例

对内置的拦截器，如国际化、数据校验、文件上传和下载，将在其他章节介绍。本节实例是对自定义拦截器使用的练习。下面通过一个文字过滤实例来熟悉自定义拦截器的使用。

1. 项目介绍

该项目开发一个网上论坛过滤系统，如果网友发表不文明的语言，将通过拦截器对不文明的文字进行自动替换。该项目编写一个自定义拦截器（MyInterceptor.java），代码如例 3-10 所示；项目有一个发表新闻评论的页面（news.jsp），代码如例 3-11 所示，其对应的业务控制器是 PublicAction 类，代码如例 3-13 所示；评论成功跳转到 success.jsp 页面，代码如例 3-12 所示。此外还需要配置 web.xml，代码如例 1-3 所示；配置 struts.xml，代码如例 3-14 所示。项目的文件结构如图 3-14 所示。

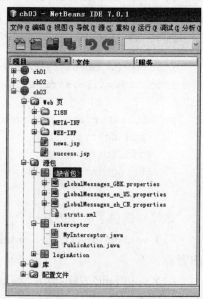

2. 在 web.xml 中配置核心控制器 FilterDispatcher

参照 1.3.1 节中的例 1-3。

图 3-14　项目文件结构

3. 编写自定义拦截器

编写一个自定义拦截器用于对发表的评论内容进行过滤，代码如例 3-10 所示。

【例 3-10】 自定义拦截器的编写（MyInterceptor.java）。

```java
package interceptor;
import com.opensymphony.xwork2.Action;
```

```
import com.opensymphony.xwork2.ActionInvocation;
import com.opensymphony.xwork2.interceptor.AbstractInterceptor;

public class MyInterceptor extends AbstractInterceptor {
    public String intercept(ActionInvocation ai) throws Exception {
        // 取得Action的实例
        Object object = ai.getAction();
        if (object!=null)
        {
            if(object instanceof PublicAction)
            {
                PublicAction ac=(PublicAction)object;
                //取得用户提交的评论内容
                String content = ac.getContent();
                //判断用户提交的评论内容是否有要过滤的内容
                if(content.contains("讨厌"))
                {
                    //以"喜欢"代替要过滤的内容"讨厌"
                    content =content.replaceAll("讨厌", "喜欢");
                    //把替代后的评论内容设置为Action的评论内容
                    ac.setContent(content);
                }
                //对象不空,继续执行
                return ai.invoke();
            }else{
                //返回Action中的LOGIN逻辑视图字符串,参考2.3.1节
                return Action.LOGIN;
            }
        }
        return Action.LOGIN;
    }
}
```

4. 编写视图组件（JSP 页面）发表评论

编写一个如图 3-15 所示的评论页面，代码如例 3-11 所示。

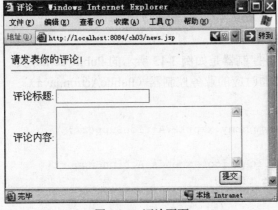

图 3-15　评论页面

【例 3-11】 评论页面（news.jsp）。

```
<%@ page language="java" import="java.util.*" pageEncoding="utf-8"%>
<%@taglib prefix="s" uri="/struts-tags"%>
<html>
    <head>
        <title>评论</title>
    </head>
    <body>
        请发表你的评论！
        <hr>
        <s:form action="public" method="post">
            <s:textfield name="title" label="评论标题" maxLength="36"/>
            <s:textarea name="content" cols="36" rows="6" label="评论内容"/>
            <s:submit value="提交"/>
        </s:form>
    </body>
</html>
```

评论成功页面代码如例 3-12 所示。

【例 3-12】 评论成功页面（success.jsp）。

```
<%@ page contentType="text/html; charset=UTF-8" %
<%@ taglib prefix="s" uri="/struts-tags" %>
<html>
    <head>
        <title>评论成功</title>
    </head>
    <body>
        评论如下：
        <hr>
        评论标题：<s:property value="title"/>
        <br>
        评论内容：<s:property value="content"/>
    </body>
</html>
```

5. 编写业务控制器 Action

news.jsp 对应的业务控制器是如例 3-13 所示的 PublicAction 类。

【例 3-13】 评论页面对应的业务控制器（PublicAction.java）。

```
package interceptor;
import com.opensymphony.xwork2.ActionSupport;

public class PublicAction extends ActionSupport{
    private String title;
    private String content;
    public void setTitle(String title) {
```

```
            this.title = title;
        }
        public String getTitle() {
            return title;
        }
        public void setContent(String content) {
            this.content = content;
        }
        public String getContent() {
            return content;
        }
        public String execute(){
            return SUCCESS;
        }
}
```

6. 在 struts.xml 中配置自定义拦截器和 Action

修改配置文件 struts.xml，在配置文件中配置拦截器和 Action，代码如例 3-14 所示。

【例 3-14】 配置拦截器和 Action（struts.xml）。

```
<struts>
    <constant name="struts.custom.i18n.resources" value="globalMessages"/>
    <constant name="struts.i18n.encoding" value="UTF-8" />
    <package name="I18N" extends="struts-default">
        <interceptors>
            <!--文字过滤拦截器配置，replace 是拦截器的名字-->
            <interceptor name="replace" class="interceptor.MyInterceptor"/>
        </interceptors>
        <!-- 文字过滤 Action 配置-->
        <action name="public" class="interceptor.PublicAction">
            <result name="success">/success.jsp</result>
            <result name="login">/success.jsp</result>
            <!--Struts2 系统默认拦截器-->
            <interceptor-ref name="defaultStack" />
            <!--使用自定义拦截器-->
            <interceptor-ref name="replace"/>
        </action>
        <action name="checkLogin" class="loginAction.LoginAction">
            <result name="error">/I18N/login.jsp</result>
            <result name="success">/I18N/loginSuccess.jsp</result>
        </action>
    </package>
</struts>
```

7. 项目部署和运行

项目部署后运行，运行效果如图 3-15 所示。输入完评论后单击"提交"按钮，如图 3-16 所示，跳转到评论成功页面，如图 3-17 所示，可以看出，经过拦截器拦截后文字被过滤。

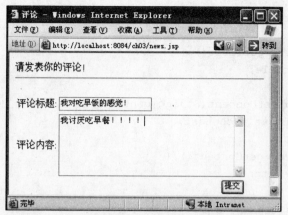

图 3-16　输入评论

图 3-17　经过拦截器拦截以后的数据

3.3　Struts2 的输入校验

在网络上，由于用户对要输入数据的格式理解的多样性，导致用户输入的数据与开发者的意图不一致。为了保证数据在存储过程中的正确性和一致性，必须对用户输入的信息进行校验。只有通过了严格校验的数据才能提高系统的安全性、健壮性，保证系统的正常运行。Struts2 框架内置了许多功能强大的输入校验器，内置的输入校验器基本上可以实现主要的输入验证功能，程序员不需要编写任何校验代码即可完成项目开发中遇到的常用输入校验。另外，为了扩展 Struts2 框架的输入校验功能，Struts2 框架允许使用 validate()方法、validateXxx()方法和自定义校验器，实现对 Struts2 框架中输入验证的扩展。

3.3.1　Struts2 输入验证的基础知识

在网络上，为了保证网站的稳定运行，良好的输入验证机制是前提，也是一个成熟系统的必备条件。对数据进行验证通常可以分为两部分：首先，验证用户输入数据的有效性；其次，在用户输入无效的数据后对用户进行友好的信息提示。

1. 需要输入校验的原因

在互联网上，Web 站点是对外提供服务的，由于站点的开放性，Web 站点保存的数据主要都是从客户端接收过来的。输入数据的用户来自不同的行业，有着不同的教育背景和生活习惯，从而不能绝对保证输入内容的正确性。例如，用户操作计算机不熟悉、输入出错、网络问题或者恶意输入等，这些都可能导致数据异常。如果对数据不加校验，有可能导致系统阻塞或者系统崩溃。图 3-18 所示就是用户对数据随意输入的一种表现。

在图 3-18 中，存在用户名和密码的位数有可能过长、年龄和电话输入的数据不符合事实等数据异常情况。如果在数据库表的设计中没有定义那么长的字段，就可能会导致数据库异常。所以，必须对客户端输入信息进行校验。

Web 项目中系统的输入校验方式有客户端校验和服务器端校验两种。Struts2 框架中，对用户输入数据的校验也可以分为两种：客户端校验和服务器端校验。为了实现完全的数据输入校验，需要这两种验证方式结合使用、互相协作。

2. 客户端校验

客户端校验可以在客户端通过 JavaScript 脚本或者 Ajax 对用户输入的数据进行基本校验。下面通过使用 JavaScript 脚本语言对客户端输入数据进行验证。

（1）项目介绍

本项目使用 JavaScript 脚本对注册页面进行验证。JavaScript 的脚本写在<head>中，注册页面的代码如例 3-15 所示，对应的业务控制器为 RegistAction，代码如例 3-17，如果输入的数据验证成功，进入验证成功页面，代码如例 3-16 所示。此外还需要配置 web.xml，代码如例 1-3 所示；配置 struts.xml，代码如例 3-18 所示。项目的文件结构如图 3-19 所示。

图 3-18　无输入验证的用户注册页面

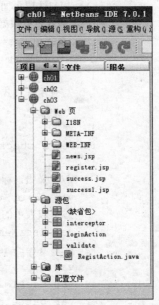

图 3-19　注册系统文件结构图

（2）在 web.xml 中配置核心控制器 FilterDispatcher

参照 1.3.1 节中的例 1-3。

（3）编写视图组件（JSP 页面）

注册页面如图 3-20 所示。代码如例 3-15 所示。输入的注册数据如果通过验证则跳转到验证成功页面，代码如例 3-16 所示。

图 3-20　注册页面

【例 3-15】　具有 JavaScript 脚本验证功能的注册页面（register.jsp）。

```jsp
<%@ page contentType="text/html; charset=UTF-8" %>
<%@ taglib prefix="s" uri="/struts-tags" %>
<html>
    <head>
        <title>用户注册页面</title>
        <!--检验输入表单数据的函数-->
        <script language="JavaScript">
            function trim(str)
            {
                //使用正则式去掉字符的前后空格
                return str.replace(/^\s*/,"").replace(/\s*$/,"");
            }
            function check(form)
            {
                //定义错误标志字符串
                var errorStr="";
                //提取表单的 4 个数据
                var userName=trim(form.userName.value);
                var userPassword=trim(form.userPassword.value);
                var userAge=trim(form.userAge.value);
                var userTelephone=trim(form.userTelephone.value);
                var pattern = /^\d{8}$/;
                //判断用户名是否为空
                if(userName==null||userName=="")
                {
                    errorStr="用户名不能为空！";
                }
```

```
        else if(userPassword.length>16||userPassword.length<6)
        {
            errorStr="密码长度必须在 6~16 之间";
        }
        else if(userAge>130||userAge<0)
        {
            errorStr="年龄必须在 0~130 之间";
        }
        else if(!pattern.test(userTelephone)){
            errorStr="电话号码为 8 位阿拉伯数字组成！";
        }
        if(errorStr=="")
        {
            return true;
         }else
        {
            alert(errorStr);
            return false;
        }
    }
    </script>
</head>
<body>
    <center>
        请输入注册信息…
        <hr>
        <s:form action="register.action" method="post" onSubmit=
            "return check(this);">
        <table border="1">
            <tr>
                <td>
                    <s:textfield name="userName" label="姓名"
                    size="16"/>
                 </td>
            </tr>
            <tr>
                <td>
                    <s:password name="userPassword" label="密码"
                    size="18"/>
                </td>
            </tr>
            <tr>
                <td>
                    <s:textfield name="userAge" label="年龄"
                    size="16"/>
                </td>
            </tr>
```

```
                    <tr>
                        <td>
                            <s:textfield name="userTelephone" label="电话"
                                size="16"/>
                        </td>
                    </tr>
                    <tr>
                        <td><s:submit value="提交"/></td>
                    </tr>
                </table>
            </s:form>
        </center>
    </body>
</html>
```

【例3-16】 验证成功后的页面（success1.jsp）。

```
<%@ page contentType="text/html; charset=UTF-8" %>
<%@ taglib prefix="s" uri="/struts-tags" %>
<html>
    <head>
        <title>校验成功</title>
    </head>
    <body>
        校验通过，用户信息如下：
        <hr>
        姓名：<s:property value="userName"/>
        <br>
        密码：<s:property value="userPassword"/>
        <br>
        年龄：<s:property value="userAge"/>
        <br>
        电话：<s:property value="userTelephone"/>
    </body>
</html>
```

（4）编写业务控制器 Action

注册页面对应的业务控制器是 RegistAction 类，代码如例 3-17 所示。

【例3-17】 注册页面对应的业务控制器（RegistAction.java）。

```
package validate;
import com.opensymphony.xwork2.ActionSupport;

public class RegistAction extends ActionSupport{
    private String userName;
    private String userPassword;
    private int userAge;
    private String userTelephone;
```

```
    public String getUserName() {
        return userName;
    }
    public void setUserName(String userName) {
        this.userName = userName;
    }
    public String getUserPassword() {
        return userPassword;
    }
    public void setUserPassword(String userPassword) {
        this.userPassword = userPassword;
    }
    public int getUserAge() {
        return userAge;
    }
    public void setUserAge(int userAge) {
        this.userAge = userAge;
    }
    public String getUserTelephone() {
        return userTelephone;
    }
    public void setUserTelephone(String userTelephone) {
        this.userTelephone = userTelephone;
    }
    public String execute(){
        return SUCCESS;
    }
}
```

（5）修改 struts.xml 配置 Action

修改配置文件 struts.xml，代码如例 3-18 所示。

【例 3-18】 在 struts.xml 配置 Action（struts.xml）。

```
⋮
<action name="register" class="validate.RegistAction">
<result name="input">/register.jsp</result>
<result name="success">/success1.jsp</result>
</action>
⋮
```

（6）项目部署和运行

注册页面运行效果如图 3-20 所示，如果输入的年龄不符合要求将出现如图 3-21 所示的页面。如果数据符合验证要求，将出现如图 3-22 所示的页面。

从上面的实例中可以看出，在客户端访问注册页面时，如果输入的数据不符合验证要求就无法实现注册。但是服务器发送到客户端的页面，是静态页面，可以很方便地在浏览器的"查看"→"源文件"中查看这些代码并修改代码。经过简单修改后就能绕过客户端

图 3-21　输入的数据不符合验证要求

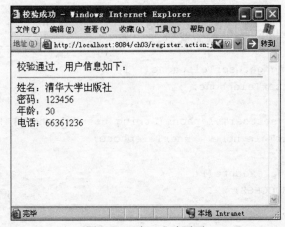

图 3-22　验证成功页面

校验。由此可见，要绕过客户端校验很容易，所以还需要服务器端验证。

3. 服务器端校验

服务器校验就是将数据校验放在服务器端进行。例如，数据库中设置限制条件，用 Java 代码进行校验等。

Struts2 框架中，可以在 Action 的 execute()中对输入数据实现服务器的校验。

例如：

```
public String execute(){
    if(userName==null||userName==""){
        return INPUT;
    }
    else if(userPassword.length()>16||userPassword.length()<6){
        return INPUT;
    }
    else if(userAge>130||userAge<0){
        return INPUT;
    }
```

```
    else if(userTelephone.length()!=8){
        return INPUT;
    }
    else{
        return SUCCESS;
    }
}
```

上述代码可以完成注册页面的数据验证。但是一般并不会在 execute()方法中进行数据验证，因为 execute()方法主要的功能是调用业务组件和返回逻辑视图。在软件设计中，一般一个方法尽量完成单一的任务，而不推荐实现两个以上的功能，否则就违背了软件设计中"高内聚、低耦合"的思想。

3.3.2　Struts2 的手工验证

常见的基于 MVC 模式的框架都会提供规范的数据校验部分，专门完成数据校验工作。Struts2 也提供校验器，本节主要介绍手动验证，下一节将介绍自动验证（即内置验证器）。

在 ActionSupport 类中实现了 Action、Validateable、ValidationAware、TextProvider、LocaleProvider 和 Serializable 接口。其中 Validateable 接口就是验证器接口，该接口有一个 validate()方法，所以只要用户在编写一个 Action 类时重写了该方法就可以实现验证功能。

1. 重写 validate()方法

在 Struts2 框架中，validate()方法是专门用来验证数据的，实现的时候需要继承 ActionSupport 类，并重写 validate()方法来完成输入验证。

下面对客户端验证的实例进行修改，使用 validate()方法改为手工验证。

（1）项目介绍

本项目是对 3.3.1 节客户端验证实例的改进，不过本节是使用 validate()方法实现。项目介绍请参考 3.3.1 节。

（2）在 web.xml 中配置核心控制器 FilterDispatcher

参照 1.3.1 节中的例 1-3。

（3）编写视图组件（JSP 页面）

注册页面和 3.3.1 节中图 3-20 一样，就是把代码部分进行了简单的修改，修改后代码如例 3-19 所示，验证通过就跳转到成功页面，成功页面和例 3-16 一样。

【例 3-19】　修改后的注册页面（register1.jsp）。

```
<%@ page contentType="text/html; charset=UTF-8" %>
<%@ taglib prefix="s" uri="/struts-tags" %><html>
    <head>
        <title>用户注册页面</title>
    </head>
    <body>
        <center>
            请输入注册信息…
            <hr>
```

```
        <s:form action="register1.action" method="post" ">
           <table border="1">
              <tr>
                 <td>
                    <s:textfield name="userName" label="姓名"
                    size="16"/>
                 </td>
              </tr>
              <tr>
                 <td>
                    <s:password name="userPassword" label="密码"
                    size="18"/>
                 </td>
              </tr>
              <tr>
                 <td>
                    <s:textfield name="userAge" label="年龄"
                     size="16"/>
                 </td>
              </tr>
              <tr>
                 <td>
                    <s:textfield name="userTelephone" label="电话"
                    size="16"/>
                 </td>
              </tr>
              <tr>
                 <td><s:submit value="提交"/></td>
              </tr>
           </table>
        </s:form>
     </center>
  </body>
</html>
```

（4）编写业务控制器 Action

注册页面对应的业务控制器是 RegistAction1，该类只是在 RegistAction 类中添加了一个方法，即覆盖该类中的 validate()方法，该方法是 ActionSupport 类中的方法，其他部分不变，添加的部分代码如例 3-20 所示。

【例 3-20】 注册页面对应的业务控制器（RegistAction1.java）。

⋮

```
public void validate(){
    if(userName==null ||userName.length()<6 || userName.length()>16){
        addFieldError("userName","用户姓名的长度不符合要求,6~16 位!");
    }
    if(userPassword.length()>16||userPassword.length()<6){
```

```
        addFieldError("userPassword","密码长度不符合要求,6~16位!");
    }
    if(userAge>130||userAge<1){
        addFieldError("userAge","年龄不符合要求,1~130 岁");
    }
    if(userTelephone.length()!=8){
        addFieldError("userTelephone","电话号码不符合要求,8位");
    }
}
```
⋮

（5）修改 struts.xml 配置 Action

修改配置文件 struts.xml，代码如例 3-21 所示。

【例3-21】　在 struts.xml 配置 Action（struts.xml）。

⋮
```
<action name="register1" class="validate.RegistAction1">
    <result name="input">/register1.jsp</result>
    <result name="success">/success1.jsp</result>
</action>
```
⋮

（6）项目部署和运行

运行效果如图 3-20 所示，不输入数据直接单击"提交"按钮，如图 3-23 所示，提示输入的数据不符合要求。如果输入的数据符合要求进入验证成功页面，效果如图 3-23 所示。

图 3-23　输入的数据不符合验证要求

2. 重写 validateXxx()方法

在 Struts2 框架中，一个 Action 中可以包含多个处理逻辑（可参考 2.3.5 节），也就是类似于多个 execute()方法，只是方法名字不同，使用的时候只需在 struts.xml 文件中配置 Action

就行，而且也可以指定 method 属性，Struts2 框架将根据属性值来执行相应的逻辑处理。Struts2 中允许提供 validateXxx()方法，专门校验 Action 中对应的 xxx()方法。例如，在 Action 中有一个 login()方法，在 Action 中就可以使用 validateLogin()方法来进行验证处理。

如果 Action 中有 validate()方法和 validateXxxx()方法，数据校验时将先执行 validateXxxx()方法后执行 validate()方法，对数据进行两次校验。

3.3.3 Struts2 内置校验器的使用

Struts2 框架中提供了大量的内置校验器，在项目开发中，大部分校验功能都可以通过内置校验器来完成，使用时和使用国际化相似，只需要简单配置即可使用。常用的内置校验器有必填校验器、必填字符串校验器、字符串长度校验器、整数校验器、日期校验器、邮件地址校验器、网址校验器、表达式校验器、字段表达式校验器等。下面将分别介绍常用的内置校验器。在介绍内置校验器使用之前，先介绍校验器的配置风格。

1. 校验器的配置风格

Struts2 框架提供两种配置校验器的方式：字段校验器配置风格和非字段校验器配置风格。这两种配置风格没有本质的区别，只是组织方式和关注点不同。

（1）字段校验器配置风格

使用字段校验器配置风格时，校验文件以<field>元素为基本元素，由于这个基本元素的 name 属性值为被校验的字段，所以是字段优先，因此叫做字段校验器配置风格。该风格的格式如例 3-22 所示。

【例 3-22】 字段校验器配置风格。

```
<validators>
    <field name="被校验的字段">
      <!--用来指定校验器的类型-->
      <field-validator type="校验器的类型">
          <!--用来向校验器传递参数，可以包含多个 param-->
          <param name="参数名">参数值</param>
          <!--用来指定校验失败的提示信息-->
          <message>校验失败提示的信息</message>
      </field-validator>
    </field>
    <!--下一个要验证的字段-->
    ⋮
</validators>
```

（2）非字段校验器配置风格

非字段校验器配置风格是以校验器优先的配置方式。以<validator>为基本元素，在根元素<validators>下可以配置多个<validator >。该风格的格式如例 3-23 所示。

【例 3-23】 非字段校验器配置风格。

```
<validators>
    <!--用来指定校验器的类型-->
    <validator type="校验器的类型" >
```

```
    <!--用来指定要校验的属性-->
    <param name="fildName">需要被校验的字段属性</param>
    <!--用来向校验器传递的参数，可以包含多个param-->
    <param name="参数名">参数值</param>
    <!--用来指定校验失败的提示信息-->
    <message>校验失败提示的信息</message>
</validator>
<!--下一个要验证的字段-->
 ⋮
</validators>
```

在 Struts2 中使用内置校验器时需要在验证文件中配置校验器。验证文件的命名规则是：Action 类名称-别名-validation.xml 或者 Action 类名称-validation.xml。如果该校验器对应的 Action 类名为 Register2Action，那么验证文件的名为 Register2Action-validation.xml。该验证文件一般都与 Action 类保存在相同的目录下，这样对于不同的 Action 处理请求将会加载不同的校验文件。

2. 必填校验器

该校验器的名称为 required，校验字段是否为空，用于要求字段必须有值。在项目中对字段进行校验时，一般使用字符串长度校验器。常用参数：

fieldName：指定校验字段的名称，如果是字段校验风格的配置，则不用指定该参数。

3. 必填字符串校验器

该校验器的名称为 requiredstring，要求字段为一个非空字符串，并且长度需要大于 0。在项目中对字段进行校验时，一般使用字符串长度校验器。常用参数：

（1）fieldName：指定校验字段的名称，如果是字段校验风格的配置，则不用指定该参数。

（2）trim：指定是否在校验之前对字符串进行整理，字符串前后空格，默认值为 true。

4. 字符串长度校验器

该校验器的名称为 stinglength，用于校验字段中字符串长度是否在指定的范围内。常用参数：

（1）fieldname：指定校验字段的名称，如果是字段校验风格的配置，则不用指定该参数。

（2）maxLength：指定字符串的最大长度，可选项，不选则最大长度不限制。

（3）minLength：指定字符串的最小长度，可选项，不选则最小长度不限制。

（4）trim：指定是否在校验之前对字符串进行整理，字符串前后空格，默认值为 true。

该校验器既可以使用字段校验，也可以使用非字段校验，其格式为：

```
<validators>
    <validator type="stringlength">
        <param name="fieldName" >userName</param>
        <param name="maxLength">16</param>
        <param name="minLength">6</param>
```

```
        <message>姓名长度为${minLength}到${maxLength}个字符！</message>
    </validator>
    ⋮
    <field name="userName">
        <field-validator type="stringlength" >
            <param name="maxLength">16</param>
            <param name="minLength">6</param>
                <message>姓名长度为${minLength}到${maxLength}个字符！
            </message>
        </field-validator>
    </field>
    ⋮
</validators>
```

5. 整数校验器

该校验器的名称为 int，用于验证被校验的整数值在指定范围内，否则校验失败。常用参数：

（1）fieldname：指定校验字段的名称，如果是字段校验风格的配置，则不用指定该参数。

（2）max：指定整数的最大值，可选项，不选则最大值不限制。

（3）min：指定整数的最小值，可选项，不选则最小值不限制。

该校验器既可以使用字段校验，也可以使用非字段校验，其格式为：

```
<validators>
    <validator type="int">
        <param name="fieldName" >userAge</param>
        <param name="min">1</param>
        <param name="max">130</param>
        <message>年龄必须在${min}到${max}之间</message>
    </validator>
    ⋮
    <field name="userAge">
        <field-validator type="int" >
            <param name="min">1</param>
            <param name="max">130</param>
            <message>年龄必须在${min}到${max}之间</message>
        </field-validator>
    </field>
    ⋮
</validators>
```

6. 日期校验器

该校验器的名称为 date，该校验器要求字段的日期值在指定的范围内。常用参数：

（1）fieldname：指定校验字段的名称，如果是字段校验风格的配置，则不用指定该参数。

（2）max：指定整数的最大值，可选项，不选则最大值不限制。

（3）min：指定整数的最小值，可选项，不选则最小值不限制。

该校验器既可以使用字段校验，也可以使用非字段校验，其格式为：

```
<validators>
    <validator type="date">
        <param name="fieldName" >userAge</param>
        <param name="min">1882-12-30</param>
        <param name="max">2012-01-01</param>
        <message>年龄必须在${min}到${max}之间</message>
    </validator>
    ⋮
    <field name="userAge">
      <field-validator type="date" >
            <param name="min">1882-12-30</param>
            <param name="max">2012-01-01</param>
            <message>年龄必须在${min}到${max}之间</message>
        </field-validator>
  </field>
    ⋮
</validators>
```

使用日期验证器时，在 JSP 页面中要使用以下格式：

```
<s:form action="date.action" method="post">
    ⋮
    <s:datetimepicker displayFormat="yyyy-MM-dd" label="生日" name =
    "birthday">
    </s:datetimepicker>
    ⋮
    <s:submit value="提交"/>
</s:form>
```

7. 邮件地址校验器

该校验器的名称为 email，该校验器要求指定字段必须满足邮件地址规则，系统的邮件地址正则表达式为：

\\b(^[_A-Za-z0-9-](\\.[_A-Za-z0-9-]))*@([_A-Za-z0-9-]+(\\.com)| (\\.net)| (\\.org)| (\\.info)| (\\.end)| (\\.mil)| (\\.gov)| (\\.ws)| (\\.biz)| (\\.us)| (\\.tv)| (\\.cc)| (\\.aero)| (\\.arpa)| (\\.coop)| (\\.int)| (\\.museum)| (\\.name)| (\\.pro)| (\\.trave)| (\\.nato)| (\\...{2,3})| (\\...{2,3})$|)\\b

随着网络技术的发展，邮件地址格式越来越丰富，上面的正则表达式有可能并没有覆盖实际的所有电子邮件地址，建议开发者自己定义其正则表达式。

该校验器既可以使用字段校验，也可以使用非字段校验，其格式为：

```
<validators>
```

```
<validator type="email">
    <param name="fieldName" >userEmail</param>
    <message>请使用正确的邮件格式！</message>
</validator>
    ⋮
<field name="userEmail">
    <field-validator type="email" >
        <message>请使用正确的邮件格式！</message>
    </field-validator>
</field>
    ⋮
</validators>
```

8. 网址校验器

该校验器的名称为 url，要求被校验字段必须为合法的 URL 地址。

该校验器既可以使用字段校验，也可以使用非字段校验，其格式为：

```
<validators>
    <validator type="url">
        <param name="fieldName" >netURL</param>
        <message>无效的网络地址！</message>
    </validator>
        ⋮
     <field name="netURL">
        <field-validator type="url" >
            <message>无效的网络地址！</message>
        </field-validator>
    </field>
        ⋮
</validators>
```

9. 表达式校验器

该校验器的名称为 expression，是一个非字段校验器，所以不能以字段校验器的配置风格来配置。表达式校验器要求 OGNL 表达式返回的值为 true，否则校验失败。常用参数是 expression，该参数为一个逻辑表达式，使用 OGNL 表达式。

该校验器使用非字段校验，其格式为：

```
<validators>
    <validator type="expression">
        <param name=" expression" >OGNL 表达式 </param>
        <message>无效的 OGNL 表达式</message>
    </validator>
        ⋮
</validators>
```

10. 字段表达式校验器

该校验器的名称为 fieldexpression，要求字段必须满足一个逻辑表达式。常用参数：

（1）fieldname：指定校验字段的名称，如果是字段校验风格的配置，则不用指定该参数。

（2）expression：该参数为一个逻辑表达式，使用 OGNL 表达式。

该校验器既可以使用字段校验，也可以使用非字段校验，其格式为：

```xml
<validators>
    <validator type="fieldexpression">
        <param name="fieldName"> userPassword </param>
        <param name="expression">
            <!--验证两次输入的密码是否相同-->
            <![CDATA[userPassword==ruserPassword]]>
        </param>
        <message>校验失败!</message>
    </validator>
    ⋮
    <field name="userPassword">
        <field-validator type="fieldexpression">
            <param name="expression">
                <!--验证两次输入的密码是否相同-->
                <![CDATA[userPassword==ruserPassword]]>
            </param>
            <message>校验失败!</message>
        </field-validator>
    </field>
    ⋮
</validators>
```

3.3.4 Struts2 内置校验器应用实例

下面以注册项目为例，介绍 Struts2 中常用内置校验器在项目开发中的应用。

1. 项目介绍

本注册实例中使用了 4 个内置校验器，分别为 stringlength、int、email、fieldexpression。项目有一个注册页面（register2.jsp），代码如例 3-24 所示，对应的业务控制器为 Register2Action 类，代码如例 3-26 所示。如果输入的数据经内置验证器验证成功，进入验证成功页面（success2.jsp），代码如例 3-25 所示。此外还需要配置 web.xml，代码如例 1-3 所示；配置 struts.xml，代码如例 3-27 所示；编写验证规则文件（Register2Action-validation.xml），代码如例 3-28 所示。项目的文件结构如图 3-24 所示。

2. 在 web.xml 中配置核心控制器 FilterDispatcher

参照 1.3.1 节中的例 1-3。

3. 编写视图组件（JSP 页面）

编写注册页面（register2.jsp），代码如例 3-24 所示。注册页面如图 3-25 所示。在注册页面中输入数据后单击"提交"按钮，如果数据能够通过验证则跳转到验证成功页面，代码如例 3-25 所示。

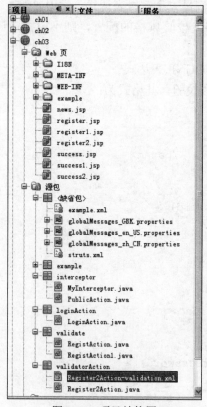

图 3-24　项目结构图

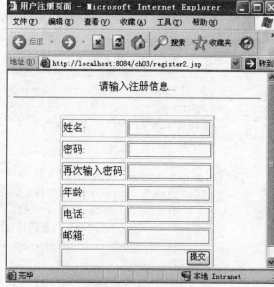

图 3-25　注册页面

【例 3-24】　注册页面（register2.jsp）。

```jsp
<%@ page contentType="text/html; charset=UTF-8" %>
<%@ taglib prefix="s" uri="/struts-tags" %>
<html>
    <head>
        <title>用户注册页面</title>
    </head>
<body>
    <center>
        请输入注册信息…
        <hr>
        <s:form action="register2.action" method="post" >
            <table border="1">
                <tr>
                    <td><s:textfield name="userName" label="姓名"
                        size="16"/></td>
                </tr>
                <tr>
                    <td><s:password name="userPassword" label="密码"
                        size="18"/></td>
```

```
                </tr>
                 <tr>
                    <td><s:password name="ruserPassword"
                        label="再次输入密码" size="18"/></td>
                </tr>
                <tr>
                    <td><s:textfield name="userAge" label="年龄"
                        size="16"/></td>
                </tr>
                <tr>
                    <td><s:textfield name="userTelephone" label="电话"
                        size="16"/></td>
                </tr>
                <tr>
                    <td><s:textfield name="userEmail" label="邮箱"
                        size="16"/></td>
                </tr>
                <tr>
                    <td><s:submit value="提交"/></td>
                </tr>
            </table>
        </s:form>
    </center>
  </body>
</html>
```

【例 3-25】 验证成功页面（success2.jsp）。

```
<%@ page contentType="text/html; charset=UTF-8" %>
<%@ taglib prefix="s" uri="/struts-tags" %>
<html>
    <head>
        <title>校验成功</title>
    </head>
    <body>
        校验通过,用户信息如下:
        <hr>
        姓名: <s:property value="userName"/>
        <br>
        密码: <s:property value="userPassword"/>
        <br>
        年龄: <s:property value="userAge"/>
        <br>
        电话: <s:property value="userTelephone"/>
        <br>
        邮箱: <s:property value="userEmail"/>
    </body>
```

```
</html>
```

4. 编写业务控制器 Action

注册页面（register2.jsp）对应的业务控制器是 Register2Action，代码如例 3-26
所示。

【例 3-26】 注册页面对应的业务控制器（Register2Action.java）。

```java
package validatorAction;
import com.opensymphony.xwork2.ActionSupport;

public class Register2Action  extends ActionSupport{
    private String userName;
    private String userPassword;
    private String ruserPassword;
    private int userAge;
    private int userTelephone;
    private String userEmail;
    public String getUserName() {
        return userName;
    }
    public void setUserName(String userName) {
        this.userName = userName;
    }
    public String getUserPassword() {
        return userPassword;
    }
    public void setUserPassword(String userPassword) {
        this.userPassword = userPassword;
    }
    public String getRuserPassword() {
        return ruserPassword;
    }
    public void setRuserPassword(String ruserPassword) {
        this.ruserPassword = ruserPassword;
    }
    public int getUserAge() {
        return userAge;
    }
    public void setUserAge(int userAge) {
        this.userAge = userAge;
    }
    public int getUserTelephone() {
        return userTelephone;
    }
    public void setUserTelephone(int userTelephone) {
        this.userTelephone = userTelephone;
    }
```

```java
public String getUserEmail() {
    return userEmail;
}
public void setUserEmail(String userEmail) {
    this.userEmail = userEmail;
}
public String execute(){
    return SUCCESS;
}
}
```

5. 修改 struts.xml 配置 Action

配置 struts.xml，代码如例 3-27 所示。

【例 3-27】 在 struts.xml 配置 Action（struts.xml）。

```xml
⋮
<action name="register2" class="validatorAction.Register2Action">
    <result name="input">/register2.jsp</result>
    <result name="success">/success2.jsp</result>
</action>
⋮
```

6. 内置验证器的验证文件

在 Struts2 中使用内置校验器需要在验证文件中进行配置，并把该验证文件与 Action 类放在同一个文件夹下，如图 3-24。验证文件 Register2Action-validation.xml 的代码如例 3-28 所示。

【例 3-28】 验证文件编写（Register2Action-validation.xml）。

```xml
<!DOCTYPE validators PUBLIC
        "-//OpenSymphony Group//XWork Validator 1.0.2//EN"
        "http://www.opensymphony.com/xwork/xwork-validator-1.0.2.dtd">
<validators>
    <validator type="stringlength">
        <param name="fieldName" >userName</param>
        <param name="maxLength">16</param>
        <param name="minLength">6</param>
        <message>姓名长度为${minLength}到${maxLength}个字符！</message>
    </validator>
    <validator type="stringlength">
        <param name="fieldName" >userPassword</param>
        <param name="maxLength">16</param>
        <param name="minLength">6</param>
        <message>密码长度为${minLength}到${maxLength}个字符！</message>
    </validator>
    <validator type="fieldexpression">
        <param name="fieldName"> userPassword </param>
        <param name="expression">
```

```
        <!--验证两次输入的密码是否相同-->
        <![CDATA[userPassword==ruserPassword]]>
    </param>
    <message>两次密码不一致！</message>
</validator>
<validator type="int">
    <param name="fieldName" >userAge</param>
    <param name="min">1</param>
    <param name="max">130</param>
    <message>年龄必须在${min}到${max}之间！</message>
</validator>
<validator type="int">
    <param name="fieldName" >userTelephone</param>
    <param name="min">22222222</param>
    <param name="max">99999999</param>
    <message>电话必须是${min}到${max}之间的八位号码！</message>
</validator>
<validator type="email">
    <param name="fieldName" >userEmail</param>
    <message>请使用正确的邮件格式！</message>
</validator>
</validators>
```

7. 项目部署和运行

项目部署运行后，页面效果如图 3-25 所示，单击"提交"按钮后，在执行 Action 前读取验证文件 RequiredAction-validation.xml 对数据进行验证。在图 3-25 中输入数据，如图 3-26 所示；单击"提交"按钮后，如果输入的数据不符合验证要求，出现如图 3-27 所示页面。如果数据验证成功，跳转到验证成功页面，如图 3-28 所示。

图 3-26　在注册页面中输入数据

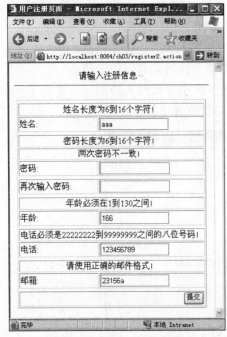

图 3-27　数据不符合要求　　　　　　　　图 3-28　数据校验成功页面

3.4　Struts2 的文件上传和下载

在项目开发中经常会遇到文件上传和下载问题，下面将分别介绍文件上传和文件下载的使用。

3.4.1　文件上传

文件上传是很多 Web 项目中具有的功能。在 Struts2 框架中，提供了文件上传功能。Struts2 框架的类库中提供文件的上传和下载功能的 JAR 文件是：commons-fileupload-1.2.2.jar 和 commons-io-2.0.1.jar，把这两个 JAR 文件加载到类库中即可，有关 JAR 文件的下载和加载请参照 1.1.2 节。

使用 Struts2 的上传文件功能时，只需要使用普通的 Action 即可，但是为了获取一些上传文件的信息，如上传文件名、文件类型，需要按照一定的规则在 Action 中增加一些 getter 和 setter 方法。

在上传文件时，可以对上传文件的大小、格式进行控制。在 Struts2 中提供了文件上传拦截器（fileUpload），实现对上传文件的过滤功能。

fileUpload 拦截器常用属性有：

（1）maximumSize：设置上传文件的最大长度（以字节为单位），默认值为 2MB。

（2）allowedTypes：设置上传的文件类型，以"，"为分隔符可以上传多种数据类型，如 text/html，如果不设置该属性就是允许上传任何类型文件。

如果使用了拦截器对上传文件进行过滤，一旦上传的文件不符合要求时，将在页面中提示异常信息，提示的异常信息在 Struts2 框架中以"健=值"格式设置，常用的"键"有：

（1）struts.messages.error.content.type.not.allowed：设置上传的文件类型不匹配的提示信息。

（2）struts.messages.error.file.too.large：设置上传文件太大时的提示信息。

（3）struts.messages.error.uploading：设置文件不能上传时的通用提示信息。

这些信息可以在国际资源文件中设置，如果不设置将出现如图3-29所示异常提示信息。所以为了能够给用户一个友好的提示，一般都在国际化资源文件中设置。

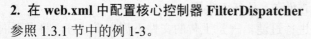

图 3-29　上传异常

下面通过一个实例来理解在 Struts2 框架中怎样实现文件上传功能。

1. 项目介绍

本实例实现文件上传功能。有一个实现文件上传的页面（fileUp.jsp），代码如例 3-29 所示，上传文件页面对应的业务控制器为 UploadAction，该 Action 要封装上传的文件名、文件类型等，代码如例 3-31 所示，如果上传的文件能够经过过滤，进入文件上传成功页面（fileUpSuccess.jsp），代码如例 3-30 所示。还需要配置 web.xml，代码如例 1-3 所示；配置 struts.xml 文件，代码如例 3-32 所示，该配置文件中使用了 Struts2 框架提供的 fileUpload 拦截器，而且使用了国际化资源文件，修改 3.1.2 节中用到的国际化资源文件 globalMessages_GBK.properties，代码如例 3-33 所示，修改过国际资源文件后，使用 native2ascii 工具进行编码，将 globalMessages_ GBK.properties 文件编码成为 globalMessages_zh_ CN.properties，可参考 3.1.1 节。项目的文件结构如图 3-30 所示。

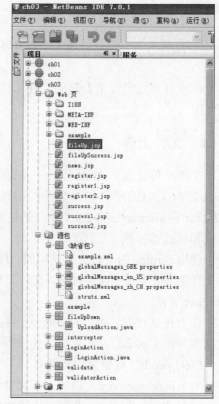

图 3-30　项目文件结构图

2. 在 web.xml 中配置核心控制器 FilterDispatcher

参照 1.3.1 节中的例 1-3。

3. 编写视图组件（JSP 页面）

上传文件页面（fileUp.jsp）如图 3-31 所示，代码如例 3-29 所示。上传成功页面（fileUpSuccess.jsp）的代码如例 3-30 所示。

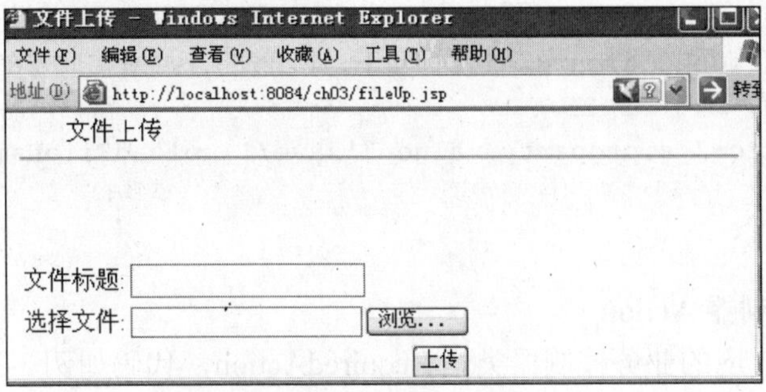

图 3-31 文件上传页面

【例 3-29】 文件上传页面（fileUp.jsp）。

```jsp
<%@ page contentType="text/html; charset=UTF-8" %>
<%@ taglib prefix="s" uri="/struts-tags" %>
<html>
    <head>
        <title>文件上传</title>
    </head>
    <body>
        文件上传
        <hr/>
        <!--enctype 设置为 multipart/form-data,该属性用来设置浏览器采用二进制的方
        式来处理表单数据,上传文件时需要使用该属性-->
        <s:form action="upLoad"  enctype="multipart/form-data">
            <s:textfield name="title" label="文件标题"/><br/>
            <!--Struts2 使用拦截器 fileUpload 显示国际化信息时,这里不需使用 key 值,
             但是在 3.1.2 节中需要使用-->
            <s:file name="upload" label="选择文件" /><br/>
            <s:submit value="上传"/>
        </s:form>
    </body>
</html>
```

【例 3-30】 文件上传成功页面（fileUpSuccess.jsp）。

```jsp
<%@ page contentType="text/html; charset=UTF-8" %>
<%@ taglib prefix="s" uri="/struts-tags" %>
<html>
    <head>
        <title>文件上传成功</title>
    </head>
    <body>
```

```html
        <h3>文件上传成功</h3>
        <hr/>
        文件标题:<s:property value="+ title"/><br/>
        <s:property value="uploadFileName"/><br/>
        <!--save 是在程序目录下创建的文件夹,用来保存上传的文件。上传后文件将被保存在
        Tomcat/webapps/ch03/save 目录下；在开发工具中使用时需在 ch/web/建一个文件
        夹 sava, 参考图 3-26。-->
        <img src="<s:property value="'save'/'+uploadFileName"/>"><br/>
    </body>
</html>
```

4. 编写业务控制器 Action

文件上传页面对应的业务控制器类是 RequiredAction，代码如例 3-31 所示。

【**例 3-31**】 文件上传页面对应的业务控制器（UploadAction.java）。

```java
package fileUpDown;
import com.opensymphony.xwork2.ActionSupport;
import java.io.File;
import java.io.FileInputStream;
import java.io.FileOutputStream;
import org.apache.struts2.ServletActionContext;

public class UploadAction extends ActionSupport{
    //封装文件标题请求参数属性
    private String title;
    //封装上传文件域属性
    private File upload;
    //封装上传文件类型属性
    private String uploadContentType;
    //封装上传文件名属性
    private String uploadFileName;
    //直接在 struts.xml 文件中配置属性
    private String savePath;
    //接受 struts.xml 文件配置的方法
    public void setSavePath(String value){
        this.savePath = value;
    }
    //返回上传文件的保存位置
    private String getSavePath() throws Exception {
        return ServletActionContext.getServletContext().getRealPath(savePath);
    }
    //文件标题的 setter 和 getter 方法
    public void setTitle(String title) {
        this.title = title;
    }
    public String getTitle(){
```

```
        return this.title;
    }
    //上传文件对应文件内容的 setter 和 getter 方法
    public void setUpload(File upload){
        this.upload = upload;
    }
    public File getUpload() {
        return this.upload;
    }
    //上传文件的类型的 setter 和 getter 方法
    public void setUploadContentType(String uploadContentType){
        this.uploadContentType = uploadContentType;
    }
    public String getUploadContentType(){
        return this.uploadContentType;
    }
    //上传文件名的 setter 和 getter 方法
    public void setUploadFileName(String uploadFileName) {
        this.uploadFileName = uploadFileName;
    }
    public String getUploadFileName(){
        return this.uploadFileName;
    }
    public String execute() throws Exception{
        //以服务器的文件保存地址和原文件名建立上传文件输出流
        FileOutputStream fos = new FileOutputStream(getSavePath()
            + "\\" + getUploadFileName());
        //定义输入流对象
        FileInputStream fis = new FileInputStream(getUpload());
        byte[] buffer = new byte[1024];
        int len = 0;
        while ((len = fis.read(buffer))>0){
            fos.write(buffer , 0 , len);
        }
        fos.close();
        return SUCCESS;
    }
}
```

5. 修改 struts.xml 配置 Action

修改配置文件 struts.xml，代码如例 3-32 所示。

【例 3-32】 在 struts.xml 配置 Action（struts.xml）。

```
⋮
<action name="upLoad" class="fileUpDown.UploadAction">
    <!--fileUpload 拦截器配置-->
```

```
<interceptor-ref name="fileUpload">
    <!--设置上传文件的最大字节数-->
    <param name="maximumSize">10000000</param>
    <!--设置上传文件的类型-->
    <param name="allowedTypes">
        image/gif,image/png,image/jpeg,image/jpg,image/pjpeg
    </param>
</interceptor-ref>
<interceptor-ref name="defaultStack" />
<!--设置上传文件保持的文件夹-->
<param name="savePath">/save</param>
<result name="input">/fileUp.jsp</result>
<result name="success">/fileUpSuccess.jsp</result>
</action>
⋮
```

6. 编写国际化资源文件

修改 3.1.2 节中用到的国际化资源文件 globalMessages_GBK.properties，代码如例 3-33 所示。修改后需要重新编译为 globalMessages_zh_CN.properties，原有同名文件先删除。

【例 3-33】 国际化资源文件（globalMessages_GBK.properties）。

```
loginTitle=用户登录
loginName=用户名称
loginPassword=用户密码
loginSubmit=登录
struts.messages.error.content.type.not.allowed=你只能上传图片资料,请重新上传!
struts.messages.error.file.too.large=你上传的文件太大,请重新上传!
```

7. 项目部署和运行

项目部署后，运行效果如图 3-31 所示。在图 3-31 中单击"浏览…"按钮将弹出"选择文件"对话框，可在该对话框中查找要上传的文件，如图 3-32 所示。

图 3-32　选择上传的文件

如果上传的文件不符合拦截器中的配置要求，将使用国际化资源在页面上提示，提示信息如图 3-33 所示。

如果上传的文件符合要求，页面跳转到文件上传成功页面，并把标题和图片显示出来，如图 3-34 所示。

图 3-33　国际化信息提示

图 3-34　文件上传成功页面

3.4.2　文件下载

要在 Struts2 中实现文件下载，需要在 struts.xml 配置文件中先配置用于下载的拦截器 download，然后配置<result name="success" type="stream">中 stream 的参数值。stream 的常用参数有：

（1）contentType：用于指定下载文件的类型，该文件类型与互联网 MIME 标准规定要一致，如 text/xml 表示 XML 类型的文件，text/gif 表示 GIF 图片，text/plain 表示纯文本文件。

（2）inputName：用于指定下载文件的输入流入口，在 Action 中需要指定该输入流入口。如果在 Action 中声明的是 getInputStream()方法，在配置文件 struts.xml 中配置为<param name="inputName">inputStream</param>；如果在 Action 中声明的是 getTargetFile()方法，在配置文件 struts.xml 中配置为<param name="inputName">targetFile</param>。

（3）contentDisposition：用于指定文件下载的处理方式，有内联（inline）和附件（attachment）两种方式。内联方式表示浏览器会尝试直接显示文件，附件方式会弹出文件保存对话框，默认值为内联。

（4）bufferSize：用于设置下载文件时的缓存大小。

文件在下载时也可以进行权限控制，例如，如果用户没有登录就不能下载，需要先登录后下载。

下面通过一个实例来理解在 Struts2 框架中怎样实现文件的下载功能。

1. 项目介绍

本实例实现文件下载功能。有一个下载文件页面（fileDown.jsp），代码如例 3-34 所示，下载页面对应的业务控制器类为 FileDownload，该 Action 中覆盖了getInputStream()方法，代码如例 3-35 所示。还需要配置web.xml，代码如例 1-3 所示；配置 struts.xml，代码如例 3-36 所示，该配置文件中使用了 Struts2 框架提供的download 拦截器。项目的文件结构如图 3-35 所示。

2. 在 web.xml 中配置核心控制器 FilterDispatcher

参照 1.3.1 节中的例 1-3。

3. 编写视图组件（JSP 页面）

下载文件页面（fileDown.jsp）如图 3-36 所示，代码如例 3-34 所示。

图 3-35　项目文件结构图

图 3-36　文件下载页面

【**例 3-34**】　文件下载页面（fileDown.jsp）。

```
<%@ page contentType="text/html; charset=UTF-8" %>
<%@ taglib prefix="s" uri="/struts-tags" %>
<html>
    <head>
        <title>文件下载</title>
    </head>
    <body>
        文件下载
        <hr/>
        <a href="fileDownload.action">单击此处下载风景图片</a>
    </body>
</html>
```

4. 编写业务控制器 Action

文件下载页面对应的业务控制器是 FileDownload，代码如例 3-35 所示。

【**例 3-35**】 文件下载页面对应的业务控制器（FileDownload.java）。

```java
package fileUpDown;
import java.io.InputStream;
import org.apache.struts2.ServletActionContext;
import com.opensymphony.xwork2.ActionSupport;

public class FileDownload extends ActionSupport {
    //指定文件的下载路径
    private String path;
    public String getPath() {
        return path;
    }
    public void setPath(String path) {
        this.path = path;
    }
    //该方法返回一个 InputStream 类型的输入流，是下载目标文件的入口
    public InputStream getInputStream() throws Exception {
        return ServletActionContext.getServletContext().
        getResourceAsStream(path);
    }
    public String execute() throws Exception {
        return SUCCESS;
    }
}
```

5. 修改 struts.xml 配置 Action

修改配置文件 struts.xml，代码如例 3-36 所示。

【**例 3-36**】 在 struts.xml 配置 Action（struts.xml）。

```xml
:
<package name="xxxx " extends="struts-default">
    <!---下载拦截器的配置是在 package 内, 如果该包中有多对 action, 该配置要在所有
    action 前面配置-->
    <default-action-ref name="download"/>
    <action>
        :
    </action>
    <action>
        :
    </action>
    :
<action name="fileDownload" class="fileUpDown.FileDownload">
        <!--设置文件所在的位置, 需要在项目中添加一个名为 download 的文件夹, 位置参考
        图 3-31,该文件夹中有一个名为 "风景.jpg" 的文件 -->
```

```xml
        <param name="path">/download/风景.jpg</param>
        <!--设置 stream 属性-->
        <result name="success" type="stream">
            <!--设置 stream 对应的参数-->
            <param name="contentType">image/jpg</param>
            <param name="inputName">inputStream</param>
            <param name="contentDisposition"> attachment; filename =
            "hlm.jpg"
            </param>
            <param name="bufferSize">40960</param>
        </result>
    </action>
</package>
⋮
```

6. 项目部署和运行

项目部署后，运行效果如图 3-36 所示。在图 3-36 中单击"单击此处下载风景图片"将弹出如图 3-37 所示的"文件下载"页面，可以选择路径下载文件。

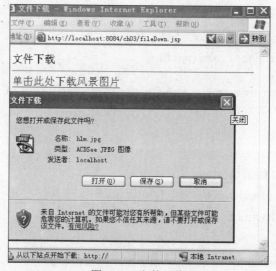

图 3-37　文件下载

3.5　本　章　小　结

本章主要介绍了 Struts2 的高级组件，通过对高级组件的学习，能够为今后的项目开发提供更多的帮助，也为第 4 章的项目练习奠定基础。

通过本章的学习应掌握以下内容：

（1）Struts2 的国际化应用。

（2）Struts2 的拦截器。

（3）Struts2 的输入校验。

（4）Struts2 的文件上传和下载。

3.6 习　　题

3.6.1　选择题

1. Struts2 中用于根据用户语言环境在页面显示不同语言的是（　　）。
   A. 国际化　　　　　　　　　　　　B. 输入验证
   C. 文件上传　　　　　　　　　　　D. 文件下载
2. 加载国际化资源文件时使用的拦截器是（　　）。
   A. I18N　　　　　　　　　　　　　B. fileUpload
   C. download　　　　　　　　　　　D. params
3. 加载文件上传时使用的拦截器是（　　）。
   A. I18N　　　　　　　　　　　　　B. fileUpload
   C. download　　　　　　　　　　　D. params
4. 加载文件下载时使用的拦截器是（　　）。
   A. I18N　　　　　　　　　　　　　B. fileUpload
   C. download　　　　　　　　　　　D. params
5. Struts2 框架中抽象拦截器类是（　　）。
   A. Interceptor　　　　　　　　　　B. FileUploadInterceptor
   C. AbstractInterceptor　　　　　　D. DownloadInterceptor

3.6.2　填空题

1. Struts2 国际化资源文件的后缀是_____。
2. 编译 Struts2 的资源文件使用的工具是_____。
3. 在 Struts2 框架中，拦截器的设计思路来源于_____。
4. Struts2 框架中，对用户输入数据的校验分为两种：客户端校验和_____。

3.6.3　简答题

1. 什么是国际化？为什么使用国际化？
2. 简述 Struts2 中实现国际化的过程。
3. 什么是拦截器？拦截器的作用是什么？
4. 简述 Struts2 输入校验的作用。

3.6.4　实训题

1. 使用自定义拦截器编写登录系统的权限控制，即如果输入的名字为空，提示"没有登录名，请输入登录名"。
2. 使用重写 validateXxx()的方法来完成 3.3.2 节中实例的功能。
3. 编写一个拦截器实现对文件下载权限的控制。

第 4 章　基于 Struts2 的个人信息管理系统项目实训

本章实训是对前 3 章所学 Struts2 框架知识的综合应用，通过本项目的学习能够熟练运用 Struts2 框架的基础知识开发 Java Web 项目。

4.1　项目需求说明

在日常办公中有许多常用的个人数据，如朋友电话、邮件地址、日程安排、日常记事、文件上传和下载，这些都可以用一个个人信息管理系统进行管理。个人信息管理系统可以内置于握在手掌上的数字助理器，以提供电子名片、便条、行程管理等功能。本实训项目基于 B/S 设计，也可以发布到网上，用户可以随时存取个人信息。

用户可以在系统中任意添加、修改、删除个人数据，包括个人的基本信息、个人通讯录、日程安排、个人文件管理。

要实现的功能包括四个方面。

1. 登录与注册

系统的登录和注册功能。

2. 个人基本信息管理模块

系统中对个人基本信息的管理包括：个人的姓名、性别、出生日期、民族、学历、职称、登录名、密码、电话、家庭住址等。

3. 用户个人通讯录模块

系统的个人通讯录保存了个人的通讯录信息，包括自己联系人的姓名、电话、邮箱、工作单位、地址、QQ 等。可以自由添加联系人的信息，查询或删除联系人。

4. 日程安排模块

日程模块记录自己的活动安排或者其他有关事项，如添加从某一时间到另一时间要做什么事，日程标题、内容、开始时间、结束时间。可以自由查询、修改、删除。

5. 个人文件管理模块

该模块实现用户在网上存储临时文件的功能。用户可以新建文件夹，修改、删除、移动文件夹；上传文件、修改文件名、下载文件、删除文件、移动文件等。

4.2　项目系统分析

系统功能描述如下：

1. 用户登录与注册

个人通过用户名和密码登录系统，注册信息包含自己的个人信息。

2. 查看个人信息

主页面显示个人基本信息：登录名、用户密码、用户姓名、用户性别、出生日期、用户民族、用户学历、用户职称、用户电话、用户住址、用户邮箱等。

3. 修改个人信息

用户可以修改自己的基本信息。如果修改了登录名，下次登录时应使用新的登录名。

4. 修改登录密码

用户可以修改登录密码。

5. 查看通讯录

用户可以浏览通讯录列表，按照姓名检索等。

6. 维护通讯录

用户可以增加、修改、删除联系人。

7. 查看日程安排

用户可以查看日程安排列表，可以查看某一日程的内容时间等。

8. 维护日程

一个新的日程安排包括：日程标题、内容。用户可以对日程进行添加、修改、删除等操作。

9. 浏览下载文件

用户可以任意浏览文件、文件夹，并可以下载文件到本地。

10. 维护文件

用户可以新建文件夹，修改、删除、移动文件夹，移动文件到文件夹，修改文件名、上传文件、下载文件、删除文件等。

系统模块结构如图 4-1 所示。

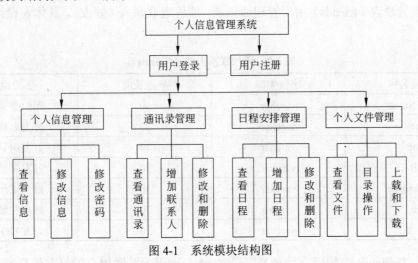

图 4-1　系统模块结构图

4.3 系统设计与实现

4.3.1 数据库设计

如果已经学过某 DBMS，请按照数据库优化的思想设计数据表。本系统提供的表设计仅供参考，读者可根据自己所学知识选择适当 DBMS 对表进行设计和优化。本实训可在数据库中建立如下表，用于存放相关信息。

用户表（user），用于管理 index.jsp 页面中用户登录的信息以及用户注册（register.jsp）的信息。具体表设计如表 4-1 所示。

表 4-1 用户表（user）

字段名称	字段类型	字段长度	字段说明
userName	varchar	30	用户登录名
password	varchar	30	用户登录密码
name	varchar	30	用户真实姓名
sex	varchar	2	用户性别
birth	varchar	10	出生日期
nation	varchar	10	用户民族
edu	varchar	10	用户学历
work	varchar	30	用户职称
phone	varchar	10	用户电话
place	varchar	30	用户住址
email	varchar	30	用户邮箱

通讯录管理表（friends）用于管理通讯录，即管理联系人（好友）。具体表设计如表 4-2 所示。

表 4-2 添加联系人表（friends）

字段名称	字段类型	字段长度	字段说明
userName	varchar	30	用户登录名
name	varchar	30	好友名称
phone	varchar	10	好友电话
email	varchar	30	好友邮箱
workplace	varchar	30	好友工作单位
place	varchar	30	好友住址
QQ	varchar	10	好友 QQ 号

备注：表 friends 中的用户登录名字段 userName 用于关联用户的好友信息列表。

日程安排管理表（date），用于管理用户的日程安排。如表 4-3 所示。

表 4-3 日程安排管理表（date）

字段名称	字段类型	字段长度	字段说明
userName	varchar	30	用户登录名
date	varchar	30	日程时间
thing	varchar	255	日程内容

备注：表 date 中的用户登录名字段 userName 用于关联用户的日程信息。

个人文件管理表（file），用于管理个人文件管理。如表 4-4 所示。

表 4-4 个人文件管理表（file）

字段名称	字段类型	字段长度	字段说明
userName	varchar	30	用户登录名
title	varchar	30	文件标题
name	varchar	30	文件名字
contentType	varchar	30	文件类型
size	varchar	30	文件大小
filePath	varchar	30	文件路径

备注：表 file 中的用户登录名字段 userName 用于关联用户的文件管理信息。

本项目使用 MySQL 数据库系统，该数据库系统可在 www.oracle.com 下载。读者也可以选择自己熟悉的数据库。安装完 MySQL 以后，最好再安装一个 MySQL 的插件"Navicat V8.2.12 For MySQL 简体中文绿色特别版.exe"，插件能够在使用 MySQL 时提供可视化、友好的图形用户界面。该项目数据库名为 personMessage，该数据库的表包括 date、file、friends 和 user，如图 4-2 所示。在项目"库"中添加 MySQL 所要驱动，本书使用的是 MySQL 5.0，在"库"中就添加 5.0 的驱动"mysql-connector-java-5.0.6.jar"（如果使用 MySQL 5.1，或者其他版本的 MySQL，就需要添加和该版本对应的驱动）。

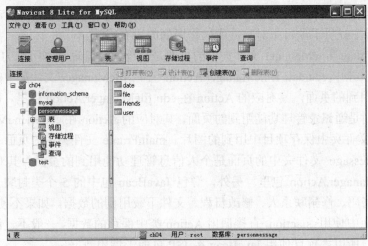

图 4-2 项目中用到的数据库和表

4.3.2 项目代码实现

1. 项目文件结构

项目的页面文件结构如图 4-3 所示。项目的源包文件结构如图 4-4 所示。

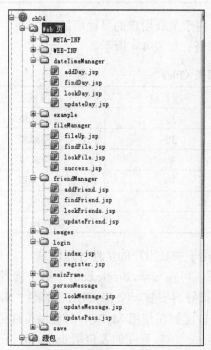

图 4-3　项目的页面文件结构

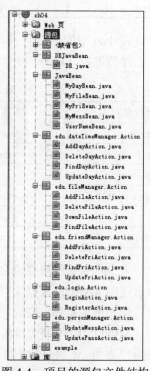

图 4-4　项目的源包文件结构

登录页面（index.jsp）和注册页面（register.jsp）在文件夹 login 中，该文件夹中页面对应的业务控制器 Action 在源包 edu.login.Action 包中，对应的 Action 分别为 LoginAction 和 Register 类；登录和注册时需要连接数据库，对数据库的操作封装到 DBJavaBean 包中的 DB 类中，该类中提供了项目中对数据库操作用到的所有方法。

图 4-3 中，dateTimeManager 文件夹中的页面是日程安排管理功能用到的页面，其对应的 Action 在图 4-4 中 edu.dateTimeManager.Action 包里。fileManager 文件夹中的页面是个人文件管理功能用到的页面，其对应的 Action 在 edu.fileManager.Action 包里。friendManager 文件夹中的页面是通讯录管理功能用到的页面，其对应的 Action 在 edu.friendManager.Action 包里。images 文件夹中保存项目中用到的图片。mainFrame 文件夹中的页面是主页面相关页面。personMessage 文件夹中的页面是个人信息管理功能用到的页面，其对应的 Action 在 edu.personManager.Action 包里。另外，源包 JavaBean 包中的 5 个类封装了修改个人信息、修改个人密码、修删联系人、修改日程、文件下载用到的数据，如果不使用这几个类，可以在 JSP 页面中使用<s:action>直接调用 Action 类中保存的数据，一般不建议在 JSP 页面中调用 Action，所以本项目使用 JavaBean 在 JSP 页面上调用数据。

2. 用户登录和注册功能的实现

本系统有登录界面，如果用户没有注册，需要先注册后登录。登录页面如图 4-5 所示。

图 4-5　系统登录页面

登录页面（index.jsp）代码如下：

```
<%@page contentType="text/html" pageEncoding="UTF-8"%>
<%@ taglib prefix="s" uri="/struts-tags" %>
<html>
    <head>
        <meta http-equiv="Content-Type" content="text/html; charset=UTF-8">
        <title><s:text name="个人信息管理系统"/></title>
    </head>
    <body bgcolor="#CCCCFF">
        <s:form action="loginAction" method="post">
            <table align="center" width="100%">
                <tr>
                    <td align="right" width="50%">
                        <img src="../images/cc.gif" alt="为之则易，不为则难！"
                            height="80"/>
                    </td>
                    <td align="left" width="50%">
                        <h1>个人信息管理系统</h1>
                    </td>
                </tr>
                <tr>
                    <td colspan="2">
                        <hr align="center" width="100%" size="20"
                            color="green"/>
                    </td>
                </tr>
                <tr>
                    <td width="30%" align="center">
                        <image src="../images/a.jpg" alt="长城" height="280"/>
                    </td>
                    <td width="70%">
                        <table border="5" align="center" bgcolor="#99aadd">
                            <tr>
```

```
            <td>
                <s:textfield name="userName"
                    label="登录名" size="16"/>
            </td>
        </tr>
        <tr>
            <td>
                <s:password name="password"
                    label="登录密码" size="18"/>
            </td>
        </tr>
        <tr>
            <td colspan="2" align="center">
                <input type="submit" value="确定"/>
                     
                <input type="reset" value="清空"/>
            </td>
        </tr>
        <tr>
            <td colspan="2" align="center">
                <s:a href="http://localhost:8084/ch04
                    /login/register.jsp">注册</s:a>
            </td>
        </tr>
    </table>
            </td>
        </tr>
    </table>
    </s:form>
    </body>
</html>
```

单击图 4-5 所示页面中的"注册"按钮，出现如图 4-6 所示的注册页面。

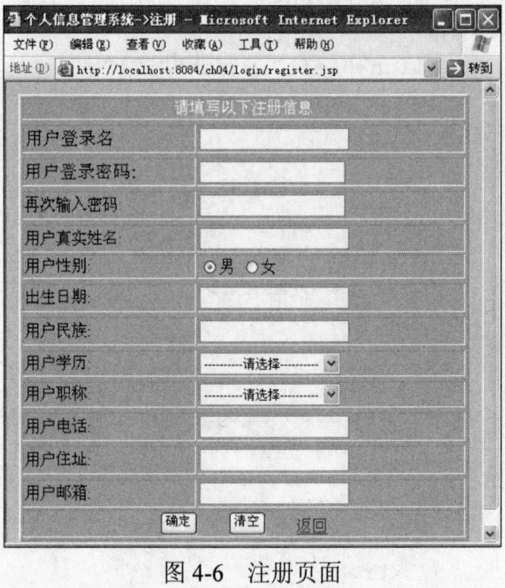

图 4-6　注册页面

用户需先注册后登录，注册页面（register.jsp）代码如下：

```
<%@page contentType="text/html" pageEncoding="UTF-8"%>
<%@taglib prefix="s" uri="/struts-tags" %>
<html>
    <head>
        <meta http-equiv="Content-Type" content="text/html; charset=UTF-8">
        <title><s:text name="个人信息管理系统->注册"/></title>
    </head>
    <body bgcolor="#CCCCFF">
        <s:form action="registerAction" method="post">
            <table align="center">
                <tr>

                    <td width="40%">
                        <table border="2" bgcolor="#AABBCCDD"
                            width="100%" align="center">
                            <tr>
                                <td colspan="2" align="center">
                                    <font color="yellow">
                                        <s:text name="请填写以下注册信息"/>
                                    </font>
                                </td>
                            </tr>
                            <tr>
                                <td>
                                    <s:textfield name="loginname"
                                        label="用户登录名"/>
                                </td>
                            </tr>
                            <tr>
                                <td>
                                    <s:password name="password1"
                                        label="用户登录密码" size="21"/>
                                </td>
                            </tr>
                            <tr>
                                <td>
                                    <s:password name="password2"
                                        label="再次输入密码" size="21"/>
                                </td>
                            </tr>
                            <tr>
                                <td>
                                    <s:textfield name="name"
```

```
                                label="用户真实姓名"/>
                    </td>
                </tr>
                <tr>
                    <td>
                        <s:text name="用户性别:"></s:text>
                    </td>
                    <td>
                        <input type="radio" name="sex"
                            value="男" checked/>男
                        <input type="radio" name="sex"
                            value="女"/>女
                    </td>
                </tr>
                <tr>
                    <td>
                    <s:textfield name="birth" label="出生日期"/>
                    </td>
                </tr>
                <tr>
                    <td>
                        <s:textfield name="nation"
                            label="用户民族"/>
                    </td>
                </tr>
                <tr>
                    <td>
                        <s:select name="edu" label="用户学历"
                          headerValue="-----请选择-------"
                          headerKey="1" list="{'博士',' 硕士',
                          '本科','专科','高中','初中','小学','其他'}">
                            </s:select>
                    </td>
                </tr>
                <tr>
                    <td>
                        <s:select name="work" label="用户职称"
                          headerValue="--------请选择--------"
                          headerKey="1" list="{'软件测试工程师',
                          '软件开发工程师','教师','学生','职员',
                          '经理','老板','公务员','其他'}">
                            </s:select>
                    </td>
                </tr>
                <tr>
```

```
            <td>
                <s:textfield name="phone"
                    label="用户电话"/>
            </td>
        </tr>
        <tr>
            <td>
                <s:textfield name="place"
                    label="用户住址"/>
            </td>
        </tr>
        <tr>
            <td>
                <s:textfield name="email"
                    label="用户邮箱"/>
            </td>
        </tr>
        <tr>
            <td colspan="2" align="center">
                <input type="submit" value="确定"/>
                     
                <input type="reset" value="清空"/>
                      
                <s:a href="http://localhost:8084/ch04/
                    login/index.jsp">返回</s:a>
            </td>
        </tr>
        </table>
    </td>
  </tr>
</table>
        </s:form>
    </body>
</html>
```

登录页面对应的业务控制器类是 LoginAction，注册页面对应的业务控制器类是
RegisterAction。

LoginAction.java 的代码如下：

```
package edu.login.Action;
import DBJavaBean.DB;
import com.opensymphony.xwork2.ActionSupport;
import java.sql.*;
import javax.servlet.http.HttpServletRequest;
import org.apache.struts2.interceptor.ServletRequestAware;
```

```java
public class LoginAction extends ActionSupport implements ServletRequestAware{
    private String userName;
    private String password;
    private ResultSet rs=null;
    private String message=ERROR;
    private HttpServletRequest request;
    public String getUserName() {
        return userName;
    }
    public void setUserName(String userName) {
        this.userName = userName;
    }
    public String getPassword() {
        return password;
    }
    public void setPassword(String password) {
        this.password = password;
    }
    public void setServletRequest(HttpServletRequest hsr) {
        request=hsr;
    }
    public void validate(){
        if(this.getUserName()==null||this.getUserName().length()==0){
            addFieldError("username","请输入登录名字!");
        }else{
            try{
                DB mysql=new DB();
                rs=mysql.selectMess(request, this.getUserName());
                if(!rs.next()){
                    addFieldError("username","此用户尚未注册!");
                }
            }catch(Exception e){
                e.printStackTrace();
            }
        }
        if(this.getPassword()==null||this.getPassword().length()==0){
            addFieldError("password","请输入登录密码!");
        }else{
            try{
                DB mysql=new DB();
                rs=mysql.selectMess(request, this.getUserName());
                if(rs.next()){
                    rs=mysql.selectLogin(request, this.getUserName(),
                                    this.getPassword());
```

```
                    if(!rs.next()){
                        addFieldError("password","登录密码错误! ");
                    }
                }
            }catch(Exception e){
                e.printStackTrace();
            }
        }
    }
    public String execute() throws Exception {
        //实例化对数据操作的封装类
        DB mysql=new DB();
        //调用 DB 类中的方法,实现登录有关操作
        String add=mysql.addList(request, this.getUserName());
        if(add.equals("ok")){
            message="SUCCESS";
        }
        return message;
    }
}
```

RegisterAction.java 的代码如下:

```
package edu.login.Action;
import DBJavaBean.DB;
import com.opensymphony.xwork2.ActionSupport;
import java.sql.ResultSet;
import java.sql.SQLException;
import javax.servlet.http.HttpServletRequest;
import org.apache.struts2.interceptor.ServletRequestAware;

public class RegisterAction extends ActionSupport implements ServletRequestAware{
    private String userName;
    private String password1;
    private String password2;
    private String name;
    private String sex;
    private String birth;
    private String nation;
    private String edu;
    private String work;
    private String phone;
    private String place;
    private String email;
    private ResultSet rs=null;
    private String message="ERROR";
```

```java
    private HttpServletRequest request;
public String getUserName() {
    return userName;
}
public void setUserName(String userName) {
    this.userName = userName;
}
public String getPassword1() {
    return password1;
}
public void setPassword1(String password1) {
    this.password1 = password1;
}
public String getPassword2() {
    return password2;
}
public void setPassword2(String password2) {
    this.password2 = password2;
}
public String getName() {
    return name;
}
public void setName(String name) {
    this.name = name;
}
public String getSex() {
    return sex;
}
public void setSex(String sex) {
    this.sex = sex;
}
public String getBirth() {
    return birth;
}
public void setBirth(String birth) {
    this.birth = birth;
}
public String getNation() {
    return nation;
}
public void setNation(String nation) {
    this.nation = nation;
}
public String getEdu() {
    return edu;
```

```java
}
public void setEdu(String edu) {
    this.edu = edu;
}
public String getWork() {
    return work;
}
public void setWork(String work) {
    this.work = work;
}
public String getPhone() {
    return phone;
}
public void setPhone(String phone) {
    this.phone = phone;
}
public String getPlace() {
    return place;
}
public void setPlace(String place) {
    this.place = place;
}
public String getEmail() {
    return email;
}
public void setEmail(String email) {
    this.email = email;
}
public void setServletRequest(HttpServletRequest hsr) {
    request=hsr;
}
public void validate(){
    if(getUserName()==null||getUserName().length()==0){
        addFieldError("userName","登录名字不允许为空!");
    }else{
        try {
            DB mysql=new DB();
            rs=mysql.selectMess(request, this.getUserName());
            if(rs.next()){
                addFieldError("userName","此登录名字已存在!");
            }
        }. catch (SQLException ex) {
            ex.printStackTrace();
        }
    }
    if(getPassword1()==null||getPassword1().length()==0){
        addFieldError("password1","登录密码不允许为空!");
```

```java
        }
        if(getPassword2()==null||getPassword2().length()==0){
            addFieldError("password2","重复密码不允许为空!");
        }
        if(!(getPassword1().equals(getPassword2()))){
            addFieldError("password2","两次密码不一致!");
        }
        if(getName()==null||getName().length()==0){
            addFieldError("name","用户姓名不允许为空!");
        }
        if(getBirth()==null||getBirth().length()==0||
            getBirth().equals("yyyy-mm-dd")){
            addFieldError("birth","用户生日不允许为空!");
        }else{
            if(getBirth().length()!=10){
                addFieldError("birth","用户生日格式为'yyyy-mm-dd'!");
            }else{
                String an=this.getBirth().substring(4, 5);
                String bn=this.getBirth().substring(7, 8);
                if(!(an.equals("-"))||!(bn.equals("-"))){
                    addFieldError("birth","用户生日格式为'yyyy-mm-dd'!");
                }
            }
        }
        if(getNation()==null||getNation().length()==0){
            addFieldError("nation","用户民族不允许为空!");
        }
        if(getEdu().equals("1")){
            addFieldError("edu","请选择用户学历!");
        }
        if(getWork().equals("1")){
            addFieldError("work","请选择用户工作!");
        }
        if(getPhone()==null||getPhone().length()==0){
            addFieldError("phone","用户电话不允许为空!");
        }
        if(getPlace()==null||getPlace().length()==0){
            addFieldError("place","用户地址不允许为空!");
        }
        if(getEmail()==null||getEmail().length()==0){
            addFieldError("email","用户email不允许为空!");
        }
    }
    public String execute() throws Exception{
        DB mysql=new DB();
        String mess=mysql.insertMess(request, this.getUserName(),
```

```
                                        this.getPassword1(), this.getName(),
                                        this.getSex(), this.getBirth(),
                                        this.getNation(), this.getEdu(),
                                        this.getWork(), this.getPhone(),
                                        this.getPlace(), this.getEmail());
        if(mess.equals("ok")){
            message="SUCCESS";
        }else if(mess.equals("one")){
            message="input";
        }
        return message;
    }
}
```

Action 需要在 struts.xml 中进行配置，项目中用到的配置文件 struts.xml 代码如下（该配置文件包含对项目中所有 Action 的配置）：

```xml
<!DOCTYPE struts PUBLIC
"-//Apache Software Foundation//DTD Struts Configuration 2.0//EN"
"http://struts.apache.org/dtds/struts-2.0.dtd">
<struts>
    <include file="example.xml"/>
    <!-- Configuration for the default package. -->
    <package name="default" extends="struts-default">
        <action name="loginAction" class="edu.login.Action.LoginAction">
            <result name="SUCCESS">/mainFrame/main.jsp</result>
            <result name="input">/login/index.jsp</result>
            <result name="ERROR">/login/index.jsp</result>
        </action>
        <action name="registerAction" class= "edu.login.Action.RegisterAction">
            <result name="SUCCESS">/login/index.jsp</result>
            <result name="input">/login/register.jsp</result>
            <result name="ERROR">/login/register.jsp</result>
        </action>
        <action name="upMessAction" class=
                "edu.personManager.Action.UpdateMessAction">
            <result name="SUCCESS">/personMessage/lookMessage.jsp</result>
            <result name="input">/personMessage/updateMessage.jsp</result>
            <result name="ERROR">/personMessage/updateMessage.jsp</result>
        </action>
        <action name="upPassAction" class =
                "edu.personManager.Action.UpdatePassAction">
            <result name="SUCCESS">/personMessage/lookMessage.jsp</result>
            <result name="input">/personMessage/updatePass.jsp</result>
        </action>
        <action name="addFriAction" class =
                "edu.friendManager.Action.AddFriAction">
```

```
        <result name="SUCCESS">/friendManager/lookFriends.jsp</result>
        <result name="input">/friendManager/addFriend.jsp</result>
    </action>
    <action name="findFriAction" class=
            "edu.friendManager.Action.FindFriAction">
        <result name="SUCCESS">/friendManager/findFriend.jsp</result>
        <result name="ERROR">/friendManager/lookFriends.jsp</result>
        <result name="input">/friendManager/lookFriends.jsp</result>
    </action>
    <action name="upFriAction" class=
            "edu.friendManager.Action.UpdateFriAction">
        <result name="SUCCESS">/friendManager/lookFriends.jsp</result>
        <result name="input">/friendManager/updateFriend.jsp</result>
    </action>
    <action name="deleteFriAction" class=
            "edu.friendManager.Action.DeleteFriAction">
        <result name="SUCCESS">/friendManager/lookFriends.jsp</result>
    </action>
    <action name="addDayAction" class=
            "edu.dateTimeManager.Action.AddDayAction">
        <result name="SUCCESS">/dateTimeManager/lookDay.jsp</result>
        <result name="input">/dateTimeManager/addDay.jsp</result>
        <result name="ERROR">/dateTimeManager/addDay.jsp</result>
    </action>
    <action name="findDayAction" class=
            "edu.dateTimeManager.Action.FindDayAction">
        <result name="SUCCESS">/dateTimeManager/findDay.jsp</result>
        <result name="input">/dateTimeManager/lookDay.jsp</result>
        <result name="ERROR">/dateTimeManager/lookDay.jsp</result>
    </action>
    <action name="upDayAction" class=
            "edu.dateTimeManager.Action.UpdateDayAction">
        <result name="SUCCESS">/dateTimeManager/lookDay.jsp</result>
        <result name="input">/dateTimeManager/updateDay.jsp</result>
        <result name="ERROR">/dateTimeManager/updateDay.jsp</result>
    </action>
    <action name="deleteDayAction" class=
            "edu.dateTimeManager.Action.DeleteDayAction">
        <result name="SUCCESS">/dateTimeManager/lookDay.jsp</result>
    </action>
    <action name="addFileAction" class=
            "edu.fileManager.Action.AddFileAction">
        <interceptor-ref name="fileUpload">
            <param name="maximumSize">1024000000</param>
        </interceptor-ref>
        <interceptor-ref name="defaultStack"/>
            <param name="savePath">/save</param>
```

```
        <result name="SUCCESS">/fileManager/success.jsp</result>
        <result name="input">/fileManager/fileUp.jsp</result>
        <result name="ERROR">/fileManager/fileUp.jsp</result>
    </action>
    <action name="findFileAction" class=
            "edu.fileManager.Action.FindFileAction">
        <result name="SUCCESS">/fileManager/findFile.jsp</result>
        <result name="input">/fileManager/lookFile.jsp</result>
        <result name="ERROR">/fileManager/lookFile.jsp</result>
    </action>
    <action name="deleteFileAction" class=
            "edu.fileManager.Action.DeleteFileAction">
        <result name="SUCCESS">/fileManager/lookFile.jsp</result>
        <result name="ERROR">/fileManager/findFile.jsp</result>
    </action>
    <action name="downFileAction"  class=
            "edu.fileManager.Action.DownFileAction">
        <param name="path">/save/${downloadFileName}</param>
        <result name="SUCCESS" type="stream">
            <param name="contentType">
                    application/octet-stream;charset=ISO8859-1
            </param>
            <param name="inputName">InputStream</param>
            <param name="contentDisposition">
                    attachment;filename="${downloadFileName}"
            </param>
            <param name="bufferSize">40960</param>
        </result>
    </action>
    </package>
</struts>
```

为了实现登录和注册，在登录和注册对应的 Action 中，都要用到 DB 类中的方法进行数据库连接并通过 DB 类中的方法实现对数据库中的数据的操作，即 DB 类封装了项目中所有与数据操作有关功能。

DB.java 类的代码如下：

```
package DBJavaBean;
import JavaBean.UserNameBean;
import JavaBean.MyDayBean;
import JavaBean.MyFileBean;
import JavaBean.MyFriBean;
import JavaBean.MyMessBean;
import java.sql.*;
import java.util.ArrayList;
import javax.servlet.http.HttpServletRequest;
import javax.servlet.http.HttpSession;
```

```java
import javax.swing.JOptionPane;
import org.apache.struts2.interceptor.ServletRequestAware;

//以 IoC 方式直接访问 Servlet,通过 request 获取 session 对象
public class DB implements ServletRequestAware{
    private String driverName="com.mysql.jdbc.Driver";
    /*url 后面加的?useUnicode=true&characterEncoding=gbk 是为了处理向数据库中
    添加中文数据时出现乱码的问题*/
    private String url="jdbc:mysql://localhost:3306/ personmessage?useUnicode=
            true&characterEncoding=gbk";
    private String user="root";
    private String password="root";
    private Connection con=null;
    private Statement st=null;
    private ResultSet rs=null;
    private HttpServletRequest request;
    public DB(){
    }
    public String getDriverName() {
        return driverName;
    }
    public void setDriverName(String driverName) {
        this.driverName = driverName;
    }
    public String getUrl() {
        return url;
    }
    public void setUrl(String url) {
        this.url = url;
    }
    public String getUser() {
        return user;
    }
    public void setUser(String user) {
        this.user = user;
    }
    public String getPassword() {
        return password;
    }
    public void setPassword(String password) {
        this.password = password;
    }
    public void setServletRequest(HttpServletRequest hsr) {
        request=hsr;
    }
    //完成连接数据库操作,生成容器并返回
    public Statement getStatement(){
```

```java
        try{
            Class.forName(getDriverName());
            con=DriverManager.getConnection(getUrl(), getUser(),
                                        getPassword());
            return con.createStatement();
        }catch(Exception e){
            e.printStackTrace();
            return null;
        }
    }
    //完成注册,把用户的注册信息录入到数据库中
    public String insertMess(HttpServletRequest  request,String  userName,
            String password,String name,String sex,String birth,String
            nation,String edu,String work,String phone,String place,
            String email){
        try{
        String sure=null;
        rs=selectMess(request,userName);
        //判断用户名是否已存在,如果存在返回 one
        if(rs.next()){
            sure="one";
        }else{
            String sql="insert into user"
                        +"(userName,password,name,sex,birth,nation,
                        edu, work,phone, place, email)"+"values("+"'"+
                        userName+"'"+", "+"'"+password+"'"+", "+"'"+
                        name+"'"+","+"'"+sex+"'"+", "+"'"+birth+"'"+",
                        "+"'"+nation+"'"+","+"'"+edu+"'"+", "+"'"+
                        work+"'"+","+"'"+phone+"'"+", "+"'"+place+"'"+",
                        "+"'"+email+"'"+")";
            st=getStatement();
            int row=st.executeUpdate(sql);
            if(row==1){
                //调用 myMessage()方法,更新 session 中保存的用户信息
                String mess=myMessage(request,userName);
                if(mess.equals("ok")){
                    sure="ok";
                }else{
                    sure=null;
                }
            }else{
                sure=null;
            }
        }
        return sure;
    }catch(Exception e){
        e.printStackTrace();
```

```
            return null;
        }
    }
//更新注册的个人信息
public String updateMess(HttpServletRequest request,String userName,
                         String name, String sex,String birth,String
                         nation,String edu,String work,String phone,
                         String place,String email){
    try{
        String sure=null;
        String sql="update user set name='"
                         +name+"',sex='"+sex+"',birth='"+birth+"',
                         nation='"+nation+"',edu='"+edu+"',work='"+
                         work+"',phone='"+phone+"',place='"+place+"',
                         email='"+email+"'where userName='"+ userName
                         + "'";
        st=getStatement();
        int row=st.executeUpdate(sql);
        if(row==1){
            //调用 myMessage 方法,更新 session 中保存的用户信息
            String mess=myMessage(request,userName);
            if(mess.equals("ok")){
                sure="ok";
            }else{
                sure=null;
            }
        }else{
            sure=null;
        }
        return sure;
    }catch(Exception e){
        e.printStackTrace();
        return null;
    }
}
//查询个人信息,并返回结果集 rs
public ResultSet selectMess(HttpServletRequest request,String userName){
    try{
        String sql="select * from user where userName='"+userName+"'";
        st=getStatement();
        return st.executeQuery(sql);
    }catch(Exception e){
        e.printStackTrace();
        return null;
    }
}
//把个人信息通过 myMessBean 保存到 session 对象中
```

```java
public String myMessage(HttpServletRequest request,String userName){
    try{
        ArrayList listName=null;
        HttpSession session=request.getSession();
        listName=new ArrayList();
        rs=selectMess(request,userName);
        while(rs.next()){
            MyMessBean mess=new MyMessBean();
            mess.setName(rs.getString("name"));
            mess.setSex(rs.getString("sex"));
            mess.setBirth(rs.getString("birth"));
            mess.setNation(rs.getString("nation"));
            mess.setEdu(rs.getString("edu"));
            mess.setWork(rs.getString("work"));
            mess.setPhone(rs.getString("phone"));
            mess.setPlace(rs.getString("place"));
            mess.setEmail(rs.getString("email"));
            listName.add(mess);
            session.setAttribute("MyMess", listName);
        }
        return "ok";
    }catch(Exception e){
        e.printStackTrace();
        return null;
    }
}
//添加联系人
public String insertFri(HttpServletRequest request,String userName,
        String name, String phone,String email,String workplace,
        String place, String QQ){
    try{
        String sure=null;
        rs=selectFri(request,userName,name);
        //判断联系人姓名是否已存在
        if(rs.next()){
            sure="one";
        }else{
            String sql="insert into friends"+
                    "(userName,name,phone,email,workplace,place,QQ)" +
                    "values("+"'"+userName+"'"+","+"'"+name+"'"+","+"'"+
                    phone+"'"+","+"'"+email+"'"+","+"'"+workplace+"'"+",
                    "+"'"+place+"'"+","+"'"+QQ+"'"+")";
            st=getStatement();
            int row=st.executeUpdate(sql);
            if(row==1){
                //调用myFridnds()方法,更新 session 中通讯录中的信息
                String fri=myFriends(request,userName);
```

```
                    if(fri.equals("ok")){
                        sure="ok";
                    }else{
                        sure=null;
                    }
                }else{
                    sure=null;
                }
            }
            return sure;
        }catch(Exception e){
            e.printStackTrace();
            return null;
        }
    }
//删除联系人
public String deleteFri(HttpServletRequest request,String userName,
        String name){
    try{
        String sure=null;
        String sql="delete from friends where userName='"+userName+"' and
                    name='"+name+"'";
        st=getStatement();
        int row=st.executeUpdate(sql);
        if(row==1){
            //调用myFridnds()方法，更新session中保存的通讯录中的信息
            String fri=myFriends(request,userName);
            if(fri.equals("ok")){
                sure="ok";
            }else{
                sure=null;
            }
        }else{
            sure=null;
        }
        return sure;
    }catch(Exception e){
        e.printStackTrace();
        return null;
    }
}
//修改联系人
public String updateFri(HttpServletRequest request,String userName,
                    String friendName,String name,String phone,
                    String email,String workplace,String place,
                    String QQ){
    try{
```

```
            String sure=null;
            //先删除该联系人的信息
            String del=deleteFri(request,userName,friendName );
            if(del.equals("ok")){
                //重新录入修改后的信息
                String in=insertFri(request,userName,
                                    name,phone,email,workplace,place,QQ);
                if(in.equals("ok")){
                    //调用 myFridnds()方法,更新 session 中的通讯录信息
                    String fri=myFriends(request,userName);
                    if(fri.equals("ok")){
                        sure="ok";
                    }else{
                        sure=null;
                    }
                }else{
                    sure=null;
                }
            }else{
                sure=null;
            }
            return sure;
        }catch(Exception e){
            e.printStackTrace();
            return null;
        }
    }
    //查询联系人
    public ResultSet selectFri(HttpServletRequest request,String userName,
        String name){
        try{
            String sql="select * from friends where userName='"+userName+"'
                        and name='"+name+"'";
            st=getStatement();
            return st.executeQuery(sql);
        }catch(Exception e){
            e.printStackTrace();
            return null;
        }
    }
    //获取通讯录中所有联系人的信息
    public ResultSet selectFriAll(HttpServletRequest request,String userName){
        try{
            String sql="select * from friends where userName='"+userName+"'";
            st=getStatement();
            return st.executeQuery(sql);
        }catch(Exception e){
```

```java
            e.printStackTrace();
            return null;
        }
}
//获取通讯录中所有联系人的信息,并把他们保存到session对象中
public String myFriends(HttpServletRequest request,String userName){
    try{
        ArrayList listName=null;
        HttpSession session=request.getSession();
        listName=new ArrayList();
        rs=selectFriAll(request,userName);
        if(rs.next()){
            rs=selectFriAll(request,userName);
            while(rs.next()){
                MyFriBean mess=new MyFriBean();
                mess.setName(rs.getString("name"));
                mess.setPhone(rs.getString("phone"));
                mess.setEmail(rs.getString("email"));
                mess.setWorkplace(rs.getString("workplace"));
                mess.setPlace(rs.getString("place"));
                mess.setQQ(rs.getString("QQ"));
                listName.add(mess);
                session.setAttribute("friends", listName);
            }
        }else{
            session.setAttribute("friends", listName);
        }
        return "ok";
    }catch(Exception e){
        e.printStackTrace();
        return null;
    }
}
//添加日程
public String insertDay(HttpServletRequest request,String userName,
        String date,String thing){
    try{
        String sure=null;
        rs=selectDay(request,userName,date);
        //判断日程是否已有安排
        if(rs.next()){
            sure="one";
        }else{
            String sql="insert into date"+
                    "(userName,date,thing)"+"values ("+"'"+
                    userName+ "'"+","+"'"+date+"'"+", "+"'"+ thing+
                    "'"+")";
```

```java
        st=getStatement();
        int row=st.executeUpdate(sql);
        if(row==1){
            //调用myDayTime()方法,更新session对象中的日程信息
            String day=myDayTime(request,userName);
            if(day.equals("ok")){
                sure="ok";
            }else{
                sure=null;
            }
        }else{
            sure=null;
        }
    }
    return sure;
}catch(Exception e){
    e.printStackTrace();
    return null;
}
}
//删除日程
public String deleteDay(HttpServletRequest request,String userName,
        String date){
    try{
        String sure=null;
        String sql="delete from date where userName='"+userName+"' and
                    date='"+date+"'";
        st=getStatement();
        int row=st.executeUpdate(sql);
        if(row==1){
            //调用myDayTime()方法,更新session对象中保存的日程信息
            String day=myDayTime(request,userName);
            if(day.equals("ok")){
                sure="ok";
            }else{
                sure=null;
            }
        }else{
            sure=null;
        }
        return sure;
    }catch(Exception e){
        e.printStackTrace();
        return null;
    }
}
//修改日程
```

```java
    public String updateDay(HttpServletRequest request,String userName,
            String Day,String date,String thing){
        try{
            String sure=null;
            //先删除该日程
            String del=deleteDay(request,userName,Day);
            if(del.equals("ok")){
                //重新录入修改后的信息
                String in=insertDay(request,userName,date,thing);
                if(in.equals("ok")){
                    //调用myDayTime方法,更新session对象中的日程信息
                    String day=myDayTime(request,userName);
                    if(day.equals("ok")){
                        sure="ok";
                    }else{
                        sure=null;
                    }
                }else{
                    sure=null;
                }
            }else{
                sure=null;
            }
            return sure;
        }catch(Exception e){
            e.printStackTrace();
            return null;
        }
    }
    //查询日程
    public ResultSet selectDay(HttpServletRequest request,String userName,
            String date){
        try{
            String sql="select * from date where userName='"+userName+"' and
                        date='"+date+"'";
            st=getStatement();
            return st.executeQuery(sql);
        }catch(Exception e){
            e.printStackTrace();
            return null;
        }
    }
    //查询所有的日程信息
    public ResultSet selectDayAll(HttpServletRequest request,String userName){
        try{
            String sql="select * from date where userName='"+userName+"'";
            st=getStatement();
```

```
            return st.executeQuery(sql);
        }catch(Exception e){
            e.printStackTrace();
            return null;
        }
    }
    //查询所有的日程信息,并把它们保存到session对象中
    public String myDayTime(HttpServletRequest request,String userName){
        try{
            ArrayList listName=null;
            HttpSession session=request.getSession();
            listName=new ArrayList();
            rs=selectDayAll(request,userName);
            if(rs.next()){
                rs=selectDayAll(request,userName);
                while(rs.next()){
                    MyDayBean mess=new MyDayBean();
                    mess.setDay(rs.getString("date"));
                    mess.setThing(rs.getString("thing"));
                    listName.add(mess);
                    session.setAttribute("day", listName);
                }
            }else{
                session.setAttribute("day", listName);
            }
            return "ok";
        }catch(Exception e){
            e.printStackTrace();
            return null;
        }
    }
    //保存上传文件的信息
    public String insertFile(HttpServletRequest request,String userName,
          String title,String name,String contentType,String size,String
          filePath){
        try{
            String sure=null;
            //查询文件标题是否已存在
            rs=selectFile(request,userName,"title",title);
            if(rs.next()){
                sure="title";
            }else{
                //查询文件名是否已存在
                rs=selectFile(request,userName,"name",name);
                if(rs.next()){
                    sure="name";
                }else{
```

```
                    String sql="insert into file"+
                            "(userName, title, name, contentType, size,
                            filePath)" + "values("+"'"+userName+"'"+ ","+
                            "'"+ title+"'"+","+"'"+name+"'"+", "+"'"+
                            contentType+"'"+","+"'"+size+ "'"+","+ "'"+
                            filePath+"'"+")";
                st=getStatement();
                int row=st.executeUpdate(sql);
                if(row==1){
                    //调用myFile()方法,更新session中保存的文件信息
                    String file=myFile(request,userName);
                    if(file.equals("ok")){
                        sure="ok";
                    }else{
                        sure=null;
                    }
                }else{
                    sure=null;
                }
            }
        }
        return sure;
    }catch(Exception e){
        e.printStackTrace();
        return null;
    }
}
//删除文件
public String deleteFile(HttpServletRequest request,String userName,
        String title){
    try{
        String sure=null;
        String sql="delete from file where userName='"+userName+"' and
                title='"+title+"'";
        st=getStatement();
        int row=st.executeUpdate(sql);
        if(row==1){
            //调用myFile()方法,更新session中保存的文件信息
            String file=myFile(request,userName);
            if(file.equals("ok")){
                sure="ok";
            }else{
                sure=null;
            }
        }else{
            sure=null;
        }
```

```java
                return sure;
            }catch(Exception e){
                e.printStackTrace();
                return null;
            }
        }
        //修改文件
        public String updateFile(HttpServletRequest request,String userName,
                String Title,String title,String name,String contentType,String
                size,String filePath){
            try{
                String sure=null;
                //先删除该文件
                String del=deleteFile(request,userName,Title);
                if(del.equals("ok")){
                    //重新录入修改后的信息
                    String in=insertFile(request,userName,title,
                            name,contentType,size,filePath);
                    if(in.equals("ok")){
                        //调用 myFile()方法,更新 session 中保存的文件信息
                        String file=myFile(request,userName);
                        if(file.equals("ok")){
                            sure="ok";
                        }else{
                            sure=null;
                        }
                    }else{
                        sure=null;
                    }
                }else{
                    sure=null;
                }
                return sure;
            }catch(Exception e){
                e.printStackTrace();
                return null;
            }
        }
        //查询文件
        public ResultSet selectFile(HttpServletRequest request,String userName,
                String type,String name){
            try{
                String sql="select * from file where userName='"+userName+"' and
                        "+type+"='"+name+"'";
                st=getStatement();
                return st.executeQuery(sql);
            }catch(Exception e){
```

```
            e.printStackTrace();
            return null;
        }
    }
    //查询所有的文件信息
    public ResultSet selectFileAll(HttpServletRequest request,String userName){
        try{
            String sql="select * from file where userName='"+userName+"'";
            st=getStatement();
            return st.executeQuery(sql);
        }catch(Exception e){
            e.printStackTrace();
            return null;
        }
    }
    //查询所有的文件信息,并把它们保存到session对象中
    public String myFile(HttpServletRequest request,String userName){
        try{
            ArrayList listName=null;
            HttpSession session=request.getSession();
            listName=new ArrayList();
            rs=selectFileAll(request,userName);
            if(rs.next()){
                rs=selectFileAll(request,userName);
                while(rs.next()){
                    MyFileBean mess=new MyFileBean();
                    mess.setTitle(rs.getString("title"));
                    mess.setName(rs.getString("name"));
                    mess.setContentType(rs.getString("contentType"));
                    mess.setSize(rs.getString("size"));
                    listName.add(mess);
                    session.setAttribute("file", listName);
                }
            }else{
                session.setAttribute("file", listName);
            }
            return "ok";
        }catch(Exception e){
            e.printStackTrace();
            return null;
        }
    }
    //查询登录名和密码是否存在
    public ResultSet selectLogin(HttpServletRequest request,String userName,
        String password){
        try{
        String sql="select * from user where userName='"+userName+"' and
```

```
                    password='"+password+"'";
        st=getStatement();
        return st.executeQuery(sql);
    }catch(Exception e){
        e.printStackTrace();
        return null;
    }
}
//把登录人的信息保存到 session 对象中
public String myLogin(HttpServletRequest request,String userName){
    try{
        ArrayList listName=null;
        HttpSession session=request.getSession();
        listName=new ArrayList();
        rs=selectMess(request,userName);
        if(rs.next()){
            rs=selectMess(request,userName);
            while(rs.next()){
                UserNameBean mess=new UserNameBean();
                mess.setUserName(rs.getString("userName"));
                mess.setPassword(rs.getString("password"));
                listName.add(mess);
                session.setAttribute("userName", listName);
            }
        }else{
            session.setAttribute("userName", listName);
        }
        return "ok";
    }catch(Exception e){
        e.printStackTrace();
        return null;
    }
}
//返回登录用户的用户名
public String returnLogin(HttpServletRequest request){
    String LoginName=null;
    HttpSession session=request.getSession();
    ArrayList login=(ArrayList)session.getAttribute("userName");
        if(login==null||login.size()==0){
            LoginName=null;
        }else{
            for(int i=login.size()-1;i>=0;i--){
                UserNameBean nm=(UserNameBean)login.get(i);
                LoginName=nm.getUserName();
            }
        }
        return LoginName;
```

```
    }
    /*调用myLogin()、myMessage()、myFriends()、myDayTime()、myFile()方法,把
    所有和用户有关的信息全部保存到session对象中。该方法在登录成功后调用*/
    public String addList(HttpServletRequest request,String userName){
        String sure=null;
        String login=myLogin(request,userName);
        String mess=myMessage(request,userName);
        String fri=myFriends(request,userName);
        String day=myDayTime(request,userName);
        String file=myFile(request,userName);
        if(login.equals("ok")&&mess.equals("ok")&&fri.equals("ok")
            &&day.equals("ok")&&file.equals("ok")){
                sure="ok";
        }else{
            sure=null;
        }
        return sure;
    }
    //修改用户密码
    public String updatePass(HttpServletRequest request,String userName,
            String password){
        try{
            String sure=null;
            String sql="update user set password='"+password+"' where
                    userName='"+userName+"'";
            st=getStatement();
            int row=st.executeUpdate(sql);
            if(row==1){
                String mess=myLogin(request,userName);
                if(mess.equals("ok")){
                    sure="ok";
                }else{
                    sure=null;
                }
            }else{
                sure=null;
            }
            return sure;
        }catch(Exception e){
            e.printStackTrace();
            return null;
        }
    }
    //查找联系人,并将其信息保存到session对象中
    public String findFri(HttpServletRequest request,String userName,String
            name){
        try{
```

```
            ArrayList listName=null;
            HttpSession session=request.getSession();
            listName=new ArrayList();
            rs=selectFri(request,userName,name);
            if(rs.next()){
                rs=selectFri(request,userName,name);
                while(rs.next()){
                    MyFriBean mess=new MyFriBean();
                    mess.setName(rs.getString("name"));
                    mess.setPhone(rs.getString("phone"));
                    mess.setEmail(rs.getString("email"));
                    mess.setWorkplace(rs.getString("workplace"));
                    mess.setPlace(rs.getString("place"));
                    mess.setQQ(rs.getString("QQ"));
                    listName.add(mess);
                    session.setAttribute("findfriend", listName);
                }
            }else{
                session.setAttribute("findfriend", listName);
            }

            return "ok";
        }catch(Exception e){
            e.printStackTrace();
            return null;
        }
    }
//从查找到的联系人 session 对象中获取联系人姓名,并返回
public String returnFri(HttpServletRequest request){
    String FriendName=null;
    HttpSession session=request.getSession();
    ArrayList login=(ArrayList)session.getAttribute("findfriend");
        if(login==null||login.size()==0){
            FriendName=null;
        }else{
            for(int i=login.size()-1;i>=0;i--){
                MyFriBean nm=(MyFriBean)login.get(i);
                FriendName=nm.getName();
            }
        }
        return FriendName;
}
//查找日程,并把日程信息保存到 session 对象中
public String findDay(HttpServletRequest request,String userName,String
        date){
    try{
        ArrayList listName=null;
```

```java
        HttpSession session=request.getSession();
        listName=new ArrayList();
        rs=selectDay(request,userName,date);
        if(rs.next()){
            rs=selectDay(request,userName,date);
            while(rs.next()){
                MyDayBean mess=new MyDayBean();
                mess.setDay(rs.getString("date"));
                mess.setThing(rs.getString("thing"));
                listName.add(mess);
                session.setAttribute("findday", listName);
            }
        }else{
            session.setAttribute("findday", listName);
        }

        return "ok";
    }catch(Exception e){
        e.printStackTrace();
        return null;
    }
}
//从查找到的日程session中获取日程信息,并返回
public String returnDay(HttpServletRequest request){
    String date=null;
    HttpSession session=request.getSession();
    ArrayList login=(ArrayList)session.getAttribute("findday");
    if(login==null||login.size()==0){
        date=null;
    }else{
        for(int i=login.size()-1;i>=0;i--){
            MyDayBean nm=(MyDayBean)login.get(i);
            date=nm.getDay();
        }
    }
    return date;
}
//查找文件信息,并把文件的信息保存到session对象中
public String findFile(HttpServletRequest request,String userName,
        String title){
    try{
        ArrayList listName=null;
        HttpSession session=request.getSession();
        listName=new ArrayList();
        rs=selectFile(request,userName,"title",title);
        if(rs.next()){
            rs=selectFile(request,userName,"title",title);
```

```java
            while(rs.next()){
                MyFileBean mess=new MyFileBean();
                mess.setTitle(rs.getString("title"));
                mess.setName(rs.getString("name"));
                mess.setContentType(rs.getString("contentType"));
                mess.setSize(rs.getString("size"));
                mess.setFilePath(rs.getString("filePath"));
                listName.add(mess);
                session.setAttribute("findfile", listName);
            }
        }else{
            session.setAttribute("findfile", listName);
        }

        return "ok";
    }catch(Exception e){
        e.printStackTrace();
        return null;
    }
}
//根据不同的条件,从查找到的文件session对象中获取相应的文件信息
public String returnFile(HttpServletRequest request,String face){
    String file=null;
    HttpSession session=request.getSession();
    ArrayList login=(ArrayList)session.getAttribute("findfile");
        if(login==null||login.size()==0){
            file=null;
        }else{
            for(int i=login.size()-1;i>=0;i--){
                MyFileBean nm=(MyFileBean)login.get(i);
                if(face.equals("title")){
                    file=nm.getTitle();
                }else if(face.equals("filePath")){
                    file=nm.getFilePath();
                }if(face.equals("fileName")){
                    file=nm.getName();
                }
            }
        }
        return file;
}
//一个带参数的信息提示框,供调试使用
public void message(String msg){
    int type=JOptionPane.YES_NO_OPTION;
    String title="信息提示";
    JOptionPane.showMessageDialog(null,msg,title,type);
}
```

}

3. 系统主页面功能的实现

如果注册成功，将返回登录页面。在图 4-5 所示页面中输入登录名和登录密码，单击"登录"后进入"个人信息管理系统"的主页面（main.jsp），如图 4-7 所示。

主页面（main.jsp）代码如下：

```
<%@page contentType="text/html" pageEncoding="UTF-8"%>
<%@ taglib prefix="s" uri="/struts-tags" %>
<html>
    <head>
        <meta http-equiv="Content-Type" content="text/html; charset=UTF-8">
        <title><s:text name="个人信息管理系统"/></title>
    </head>
    <frameset cols="20%,*" framespacing="0" border="no" frameborder="0">
        <frame src="../mainFrame/left.jsp" name="left" scrolling="no">
        <frameset rows="20%,10%,*">
            <frame src="../mainFrame/top.jsp" name="top" scrolling="no">
                <frame src="../mainFrame/toop.jsp" name="toop" scrolling="no">
            <frame src="../mainFrame/about.jsp" name="main">
        </frameset>
    </frameset>
</html>
```

图 4-7 中的页面是使用框架进行分割的，子窗口分别连接 left.jsp、top.jsp、toop.jsp 和 about.jsp 页面。

图 4-7　系统主页面

left.jsp 页面代码如下：

```
<%@page contentType="text/html" pageEncoding="UTF-8"%>
<%@ taglib prefix="s" uri="/struts-tags" %>
<html>
    <head>
        <meta http-equiv="Content-Type" content="text/html; charset=UTF-8">
        <title><s:text name="个人信息管理系统"/></title>
    </head>
    <body bgcolor="#CCCCFF">
        <table>
            <tr align="center">
                <td>
                    <img src="../images/top.jpg" alt="清华大学出版社"
                        height="100" width="200">
                </td>
            </tr>
            <tr>
                <td>
                    <img src="../images/a.jpg" alt="长城" width="200">
                </td>
            </tr>
        </table>
    </body>
</html>
```

top.jsp 页面代码如下：

```
<%@page contentType="text/html" pageEncoding="UTF-8"%>
<%@taglib prefix="s" uri="/struts-tags" %>
<html>
    <head>
        <meta http-equiv="Content-Type" content="text/html; charset=UTF-8">
        <title><s:text name="个人信息管理系统"/></title>
    </head>
    <body bgcolor="#CCCCFF">
        <table width="100%" align="center">
          <tr align="center">
            <td align="right">
                <img src="../images/cc.gif" alt="为之则易,不为则难！"
                    height="80">
            </td>
            <td align="left">
                <h1>
                    <font color="blue">欢迎使用个人信息管理平台</font>
                </h1>
            </td>
          </tr>
```

```
        </table>
    </body>
</html>
```

toop.jsp 页面代码如下：

```
<%@page import="JavaBean.UserNameBean"%>
<%@page import="java.util.ArrayList"%>
<%@page contentType="text/html" pageEncoding="UTF-8"%>
<%@taglib prefix="s" uri="/struts-tags" %>
<html>
    <head>
        <meta http-equiv="Content-Type" content="text/html; charset=UTF-8">
        <title><s:text name="个人信息管理系统"/></title>
    </head>
    <body bgcolor="#CCDDEE">
        <%
            String loginname=null;
            /*DB 类中通过 myLogin()方法把登录人的信息保存到 session 对象中,在该页面
            中获取保存在 session 对象中的用户登录名,并把登录名输出到该页面上*/
            ArrayList login=(ArrayList)session.getAttribute("userName");
            if(login==null||login.size()==0){
                loginname="水木清华";
            }else{
                for(int i=login.size()-1;i>=0;i--){
                    UserNameBean nm=(UserNameBean)login.get(i);
                    loginname=nm.getUserName();
                }
            }
        %>
        <table width="100%" align="right" bgcolor="blue">
            <tr height="10" bgcolor="gray" align="center">
                <td><a href="http://localhost:8084/ch04/personMessage
                    /lookMessage.jsp" target="main">个人信息管理</a>
                </td>
                <td><a href="http://localhost:8084/ch04/friendManager
                    /lookFriends.jsp" target="main">通讯录管理</a>
                </td>
                <td><a href="http://localhost:8084/ch04/dateTimeManager
                    /lookDay.jsp" target="main">日程安排管理</a>
                </td>
                <td><a href="http://localhost:8084/ch04/fileManager
                    /lookFile.jsp" target="main">个人文件管理</a>
                </td>
                <td><a href="http://localhost:8084/ch04
                    /login/index.jsp" target="_top">退出主页面</a>
                </td>
```

```
        <td>欢迎<%=loginname%>使用本系统! </td>
      </tr>
    </table>
  </body>
</html>
```

about.jsp 页面代码如下：

```
<%@page contentType="text/html" pageEncoding="UTF-8"%>
<%@ taglib prefix="s" uri="/struts-tags" %>
<html>
  <head>
    <meta http-equiv="Content-Type" content="text/html; charset=UTF-8">
    <title><s:text name="个人信息管理系统"/></title>
  </head>
  <body bgcolor="#AABBCCDD">
  </body>
</html>
```

toop.jsp 页面中用到的 UserNameBean 类的主要功能是通过 DB 类中的 myLogin()方法把用户登录名保存在 session 里，并在 JSP 页面中通过调用 session 的方法，获取在 DB 类中 myLogin()方法保存的数据。

UserNameBean.java 的代码如下：

```
package JavaBean;
public class UserNameBean {
    private String userName;
    private String password;
    public UserNameBean(){
    }
    public String getUserName() {
        return userName;
    }
    public void setUserName(String userName) {
        this.userName = userName;
    }
    public String getPassword() {
        return password;
    }
    public void setPassword(String password) {
        this.password = password;
    }
}
```

主页面中包括个人信息管理、通讯录管理、日程安排管理、个人文件管理、退出系统等模块。

4. 个人信息管理功能实现

单击图 4-7 所示页面中的"个人信息管理",出现如图 4-8 所示的个人信息相关页面。

图 4-8　个人信息页面

请参照 toop.jsp 页面代码中的 " <a href="http://localhost:8084/ch04/personMessage /lookMessage.jsp" target="main">个人信息管理</a>"。lookMessage.jsp 页面用于获取用户的信息,并把用户信息输出到页面中。

lookMessage.jsp 代码如下:

```
<%@page import="JavaBean.MyMessBean"%>
<%@page import="java.util.ArrayList"%>
<%@page contentType="text/html" pageEncoding="UTF-8"%>
<%@taglib prefix="s" uri="/struts-tags" %>
<html>
  <head>
    <meta http-equiv="Content-Type" content="text/html; charset=UTF-8">
    <title><s:text name="个人信息管理系统"></s:text></title>
  </head>
<body bgcolor="gray">
  <hr noshade/>
  <s:div align="center">
  <table border="0" cellspacing="0" cellpadding="0" width="100%"
        align="center">
      <tr>
        <td width="33%">
          <s:a href="http://localhost:8084/ch04/personMessage
              /updateMessage.jsp">修改个人信息</s:a>
        </td>
        <td width="33%">
          <s:text name="查看个人信息"></s:text>
```

```
            </td>
        <td width="33%">
            <s:a href="http://localhost:8084/ch04/personMessage
                /updatePass.jsp">修改个人密码</s:a>
        </td>
    </tr>
</table>
</s:div>
<hr noshade/>
<table border="5" cellspacing="0" cellpadding="0" bgcolor="#95BDFF"
    width="60%" align="center">
    <%
        /*通过 DB 类中的 myMessage()方法,把登录用户的信息保存到 session 对象
        中,在该页面中获取保存在 session 对象中的用户个人信息,并把用户信息输
        出到页面上,如图 4-8 所示*/
        ArrayList MyMessage=(ArrayList)session.getAttribute("MyMess");
        if(MyMessage==null||MyMessage.size()==0){
            response.sendRedirect("http://localhost:8084/ch04
            /login/index.jsp");
        }else{
            for(int i=MyMessage.size()-1;i>=0;i--){
                MyMessBean mess=(MyMessBean)MyMessage.get(i);
                %>
                  <tr>
                      <td height="30">
                          <s:text name="用户姓名"></s:text>
                      </td>
                    <td><%=mess.getName()%></td>
                </tr>
                <tr>
                    <td height="30">
                        <s:text name="用户性别"></s:text>
                    </td>
                    <td><%=mess.getSex()%></td>
                </tr>
                <tr>
                    <td height="30">
                        <s:text name="出生日期"></s:text>
                    </td>
                    <td><%=mess.getBirth()%></td>
                </tr>
                <tr>
                    <td height="30">
                        <s:text name="用户民族"></s:text>
                    </td>
                    <td><%=mess.getNation()%></td>
                </tr>
```

```
        <tr>
          <td height="30">
                <s:text name="用户学历"></s:text>
          </td>
          <td><%=mess.getEdu()%></td>
        </tr>
        <tr>
          <td height="30">
                <s:text name="用户职称"></s:text>
          </td>
          <td><%=mess.getWork()%></td>
        </tr>
        <tr>
          <td height="30">
                <s:text name="用户电话"></s:text>
          </td>
          <td><%=mess.getPhone()%></td>
        </tr>
        <tr>
          <td height="30">
                <s:text name="家庭住址"></s:text>
          </td>
          <td><%=mess.getPlace()%></td>
        </tr>
        <tr>
          <td height="30">
                <s:text name="邮箱地址"></s:text>
          </td>
          <td><%=mess.getEmail()%></td>
        </tr>
        <%
          }
        }
      %>
    </table>
  </body>
</html>
```

lookMessage.jsp 页面中使用 MyMessBean 类保存的数据，在该页面上通过 JavaBean 的调用把数据输出到页面上。

MyMessBean.java 的代码如下：

```
package JavaBean;
public class MyMessBean {
    private String name;
    private String sex;
    private String birth;
```

```java
private String nation;
private String edu;
private String work;
private String phone;
private String place;
private String email;
public MyMessBean(){
}
public String getName() {
    return name;
}
public void setName(String name) {
    this.name = name;
}
public String getSex() {
    return sex;
}
public void setSex(String sex) {
    this.sex = sex;
}
public String getBirth() {
    return birth;
}
public void setBirth(String birth) {
    this.birth = birth;
}
public String getNation() {
    return nation;
}
public void setNation(String nation) {
    this.nation = nation;
}
public String getEdu() {
    return edu;
}
public void setEdu(String edu) {
    this.edu = edu;
}
public String getWork() {
    return work;
}
public void setWork(String work) {
    this.work = work;
}
public String getPhone() {
    return phone;
}
```

```
    public void setPhone(String phone) {
        this.phone = phone;
    }
    public String getPlace() {
        return place;
    }
    public void setPlace(String place) {
        this.place = place;
    }
    public String getEmail() {
        return email;
    }
    public void setEmail(String email) {
        this.email = email;
    }
}
```

单击图 4-8 中个人信息页面中的"修改个人信息"，出现如图 4-9 所示的"修改个人信息"页面（updateMessage.jsp），可以对个人信息进行修改。

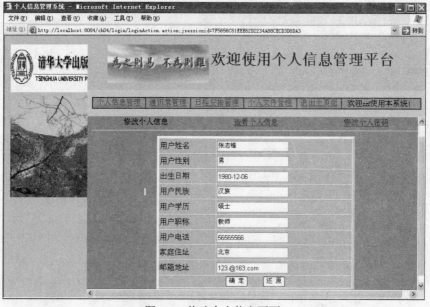

图 4-9　修改个人信息页面

updateMessage.jsp 代码如下：

```
<%@page import="JavaBean.MyMessBean"%>
<%@page import="java.util.ArrayList"%>
<%@page contentType="text/html" pageEncoding="UTF-8"%>
<%@taglib prefix="s" uri="/struts-tags" %>
<html>
    <head>
```

```
        <meta http-equiv="Content-Type" content="text/html; charset=UTF-8">
        <title><s:text name="个人信息管理系统->修改信息"></s:text></title>
</head>
<body bgcolor="gray">
    <hr noshade/>
  <s:div align="center">
  <table border="0" cellspacing="0" cellpadding="0" width="100%"
        align="center">
      <tr>
          <td width="33%">
              <s:text name="修改个人信息"></s:text>
          </td>
          <td width="33%">
              <s:a href="http://localhost:8084/ch04/personMessage
                  /lookMessage.jsp">查看个人信息</s:a>
          </td>
          <td width="33%">
              <s:a href="http://localhost:8084/ch04/personMessage
                  /updatePass.jsp">修改个人密码</s:a>
          </td>
      </tr>
  </table>
  </s:div>
  <hr noshade/>
  <s:form action="upMessAction" method="post">
  <table border="5" cellspacing="0" cellpadding="0" bgcolor="#95BDFF"
        width="60%" align="center">
      <%
        ArrayList MyMessage=(ArrayList)session.getAttribute("MyMess");
        if(MyMessage==null||MyMessage.size()==0){
            response.sendRedirect("http://localhost:8084/ch04
                        /login/index.jsp");
        }else{
            for(int i=MyMessage.size()-1;i>=0;i--){
                MyMessBean mess=(MyMessBean)MyMessage.get(i);
                %>
                  <tr>
                      <td height="30">
                          <s:text name="用户姓名"></s:text>
                      </td>
                      <td><input type="text" name="name"
                          value="<%=mess.getName()%>"/>
                      </td>
                  </tr>
                  <tr>
                      <td height="30">
                          <s:text name="用户性别"></s:text>
```

```
                        </td>
        <td><input type="text" name="sex"
            value="<%=mess.getSex()%>"/>
        </td>
    </tr>
    <tr>
        <td height="30">
            <s:text name="出生日期"></s:text>
        </td>
        <td><input type="text" name="birth"
            value="<%=mess.getBirth()%>"/>
        </td>
    </tr>
    <tr>
        <td height="30">
            <s:text name="用户民族"></s:text>
        </td>
        <td><input type="text" name="nation"
            value="<%=mess.getNation()%>"/>
        </td>
    </tr>
    <tr>
        <td height="30">
            <s:text name="用户学历"></s:text>
        </td>
        <td><input type="text" name="edu"
            value="<%=mess.getEdu()%>"/>
        </td>
    </tr>
    <tr>
        <td height="30">
            <s:text name="用户职称"></s:text>
        </td>
        <td><input type="text" name="work"
            value="<%=mess.getWork()%>"/>
        </td>
    </tr>
    <tr>
        <td height="30">
            <s:text name="用户电话"></s:text>
        </td>
        <td><input type="text" name="phone"
            value="<%=mess.getPhone()%>"/>
        </td>
    </tr>
    <tr>
        <td height="30">
```

```
            <s:text name="家庭住址"></s:text>
        </td>
        <td><input type="text" name="place"
            value="<%=mess.getPlace()%>"/>
        </td>
    </tr>
    <tr>
        <td height="30">
            <s:text name="邮箱地址"></s:text>
        </td>
        <td><input type="text" name="email"
            value="<%=mess.getEmail()%>"/>
        </td>
    </tr>
    <tr>
        <td colspan="2" align="center">
         <input type="submit" value="确 定"/>
               
         <input type="reset" value="还 原"/>
        </td>
    </tr>
    <%
        }
    }
    %>
    </table>
    </s:form>
    </body>
</html>
```

updateMessage.jsp 页面对应的业务控制器类为 UpdateMessAction。
UpdateMessAction.java 的代码如下：

```
package edu.personManager.Action;
import DBJavaBean.DB;
import com.opensymphony.xwork2.ActionSupport;
import javax.servlet.http.HttpServletRequest;
import org.apache.struts2.interceptor.ServletRequestAware;
public class UpdateMessAction extends ActionSupport implements
ServletRequestAware {
    private String name;
    private String sex;
    private String birth;
    private String nation;
    private String edu;
    private String work;
    private String phone;
```

```java
private String place;
private String email;
private String userName;
private HttpServletRequest request;
private String message="ERROR";
/*下面"…"表示省略了属性name、sex、birth、nation、edu、work、phone、place、
email的setter和getter方法*/
…
//实现了接口ServletRequestAware中的方法
public void setServletRequest(HttpServletRequest hsr) {
    request=hsr;
}
public void validate(){
    if(getName()==null||getName().length()==0){
        addFieldError("name","用户姓名不允许为空!");
    }
    if(getSex()==null||getSex().length()==0){
        addFieldError("sex","用户性别不允许为空!");
    }
    if(getBirth()==null||getBirth().length()==0){
        addFieldError("birth","用户生日不允许为空!");
    }else{
        if(getBirth().length()!=10){
            addFieldError("birth","用户生日格式为'yyyy-mm-dd'!");
        }else{
            String an=this.getBirth().substring(4, 5);
            String bn=this.getBirth().substring(7, 8);
            if(!(an.equals("-"))|||!(bn.equals("-"))){
                addFieldError("birth","用户生日格式为'yyyy-mm-dd'!");
            }
        }
    }
    if(getNation()==null||getNation().length()==0){
        addFieldError("nation","用户民族不允许为空!");
    }
    if(getEdu()==null||getEdu().length()==0){
        addFieldError("edu","用户学历不允许为空!");
    }
    if(getWork()==null||getWork().length()==0){
        addFieldError("work","用户工作不允许为空!");
    }
    if(getPhone()==null||getPhone().length()==0){
        addFieldError("phone","用户电话不允许为空!");
    }
    if(getPlace()==null||getPlace().length()==0){
        addFieldError("place","用户地址不允许为空!");
    }
```

```
            if(getEmail()==null||getEmail().length()==0){
                addFieldError("email","用户email不允许为空!");
            }
        }
    public String execute() throws Exception {
        DB mysql=new DB();
        userName=mysql.returnLogin(request);
        String mess=mysql.updateMess(request, userName, this.getName(),
                                    this.getSex(),this.getBirth(),
                                    this.getNation(), this.getEdu(),
                                    this.getWork(), this.getPhone(),
                                    this.getPlace(), this.getEmail());
        if(mess.equals("ok")){
            message="SUCCESS";
        }
        return message;
    }
}
```

单击图 4-9 所示页面中的"修改个人密码",出现如图 4-10 所示的"修改个人密码"页面(updatePass.jsp),在该页面中可以对登录密码进行修改。

图 4-10 修改密码页面

updatePass.jsp 代码如下:

```
<%@page import="java.util.ArrayList"%>
<%@page import="JavaBean.UserNameBean"%>
<%@page contentType="text/html" pageEncoding="UTF-8"%>
<%@taglib prefix="s" uri="/struts-tags" %>
<html>
    <head>
        <meta http-equiv="Content-Type" content="text/html; charset=UTF-8">
```

```
        <title><s:text name="个人信息管理系统->修改密码"></s:text></title>
</head>
<body bgcolor="gray">
  <hr noshade/>
  <s:div align="center">
  <table border="0" cellspacing="0" cellpadding="0" width="100%"
        align="center">
      <tr>
          <td width="33%">
              <s:a href="http://localhost:8084/ch04/personMessage
                  /updateMessage.jsp">修改个人信息</s:a>
          </td>
          <td width="33%">
              <s:a href="http://localhost:8084/ch04/personMessage
                  /lookMessage.jsp">查看个人信息</s:a>
          </td>
          <td width="33%">
              <s:text name="修改个人密码"></s:text>
          </td>
      </tr>
  </table>
  </s:div>
  <hr noshade/>
  <s:form action="upPassAction" method="post">
  <table border="5" cellspacing="0" cellpadding="0" bgcolor="#95BDFF"
        width="60%" align="center">
      <%
      ArrayList login=(ArrayList)session.getAttribute("userName");
      if(login==null||login.size()==0){
          response.sendRedirect("http://localhost:8084/ch04
                              /login/index.jsp");
      }else{
          for(int i=login.size()-1;i>=0;i--){
              UserNameBean nm=(UserNameBean)login.get(i);
              %>
                <tr>
                    <td height="30">
                        <s:text name="用户密码"></s:text>
                    </td>
                  <td><input type="text" name="password1"
                        value="<%=nm.getPassword()%>"/>
                    </td>
                </tr>
                <tr>
                    <td height="30">
                        <s:text name="重复密码"></s:text>
                    </td>
```

```
                    <td><input type="text" name="password2"
                        value="<%=nm.getPassword()%>"/>
                    </td>
                </tr>
                <tr>
                    <td colspan="2" align="center">
                        <input type="submit" value="确 定" size="12"/>
                              
                        <input type="reset" value="清 除" size="12"/>
                    </td>
                </tr>
            <%
                }
            }
            %>
        </table>
    </s:form>
    </body>
</html>
```

updatePass.jsp 页面对应的业务控制器类为 UpdatePassAction。
UpdatePassAction.java 的代码如下：

```
package edu.personManager.Action;
import DBJavaBean.DB;
import com.opensymphony.xwork2.ActionSupport;
import javax.servlet.http.HttpServletRequest;
import javax.swing.JOptionPane;
import org.apache.struts2.interceptor.ServletRequestAware;

public class UpdatePassAction extends ActionSupport implements
 ServletRequestAware{
    private String password1;
    private String password2;
    private String userName;
    private HttpServletRequest request;
    private String message="ERROR";
    public String getPassword1() {
        return password1;
    }
     //省略 password1 和 password2 的 setter 和 getter 方法
    :
    public void setServletRequest(HttpServletRequest hsr) {
        request=hsr;
    }
    public void message(String msg){
        int type=JOptionPane.YES_NO_OPTION;
```

```
    String title="信息提示";
    JOptionPane.showMessageDialog(null,msg,title,type);
}
public void validate(){
    if(!(password1.equals(password2))){
        message("两次密码不同! ");
        addFieldError("password2","两次密码不同! ");
    }
}
public String execute() throws Exception {
    DB mysql=new DB();
    userName=mysql.returnLogin(request);
    String pass=mysql.updatePass(request, userName, this.getPassword1());
    if(pass.equals("ok")){
        message="SUCCESS";
    }
    return message;
}
}
```

5. 通讯录管理功能实现

单击图 4-10 所示页面中的"通讯录管理",出现如图 4-11 所示的"查看联系人"页面,可以对通讯录进行相关操作。lookFriends.jsp 页面用于获取通讯录的信息,并把通讯录信息输出到主页面中。

图 4-11 "查看联系人"页面

lookFriends.jsp 代码如下:

```
<%@page import="JavaBean.MyFriBean"%>
<%@page import="java.util.ArrayList"%>
<%@page contentType="text/html" pageEncoding="UTF-8"%>
```

```jsp
<%@taglib prefix="s" uri="/struts-tags" %>
<html>
    <head>
        <meta http-equiv="Content-Type" content="text/html; charset=UTF-8">
        <title><s:text name="个人信息管理系统->查看联系人"></s:text></title>
    </head>
    <body bgcolor="gray">
      <hr noshade/>
      <s:div align="center">
      <s:form action="findFriAction" method="post">
      <table border="0" cellspacing="0" cellpadding="0" width="100%"
             align="center">
          <tr>
              <td width="33%">
                  <s:a href="http://localhost:8084/ch04/friendManager
                       /addFriend.jsp">增加联系人</s:a>
              </td>
              <td width="33%">
                  <s:text name="查看联系人"></s:text>
              </td>
              <td width="33%">
                  <s:text name="修删联系人:"></s:text>
                  <input type="text" name="friendname"/>
                  <input type="submit" value="查找"/>
              </td>
          </tr>
      </table>
      </s:form>
      </s:div>
      <hr noshade/>
      <table border="5" cellspacing="0" cellpadding="0" bgcolor="#95BDFF"
             width="60%" align="center">
          <tr>
              <th height="30">好友姓名</th>
              <th height="30">好友电话</th>
              <th height="30">邮箱地址</th>
              <th height="30">工作单位</th>
              <th height="30">家庭住址</th>
              <th height="30">QQ</th>
          </tr>
          <%
          ArrayList friends=(ArrayList)session.getAttribute("friends");
          if(friends==null||friends.size()==0){
          %>
          <s:div align="center"><%="您还没有添加联系人！"%></s:div>
          <%
          }else{
```

```
               for(int i=friends.size()-1;i>=0;i--){
                   MyFriBean ff=(MyFriBean)friends.get(i);
                   %>
               <tr>
                   <td><%=ff.getName()%></td>
                   <td><%=ff.getPhone()%></td>
                   <td><%=ff.getEmail()%></td>
                   <td><%=ff.getWorkplace()%></td>
                   <td><%=ff.getPlace()%></td>
                   <td><%=ff.getQQ()%></td>
               </tr>
               <%
               }
           }
           %>
       </table>
   </body>
</html>
```

lookFriends.jsp 页面对应的业务控制器类为 FindFriAction。
FindFriAction.java 的代码如下：

```
package edu.friendManager.Action;
import DBJavaBean.DB;
import com.opensymphony.xwork2.ActionSupport;
import java.sql.ResultSet;
import javax.servlet.http.HttpServletRequest;
import javax.swing.JOptionPane;
import org.apache.struts2.interceptor.ServletRequestAware;

public class FindFriAction extends ActionSupport implements ServletRequestAware{
    private String friendname;
    private String userName;
    private ResultSet rs=null;
    private String message="ERROR";
    private HttpServletRequest request;
    public String getFriendname() {
        return friendname;
    }
    public void setFriendname(String friendname) {
        this.friendname = friendname;
    }
    public void setServletRequest(HttpServletRequest hsr) {
        request=hsr;
    }
    public void message(String msg){
        int type=JOptionPane.YES_NO_OPTION;
```

```java
        String title="信息提示";
        JOptionPane.showMessageDialog(null,msg,title,type);
    }
    public void validate(){
        if(this.getFriendname().equals("")||this.getFriendname().length()
            ==0){
            message("联系人姓名不允许为空! ");
            addFieldError("friendname","联系人姓名不允许为空! ");
        }else{
            try{
                DB mysql=new DB();
                userName=mysql.returnLogin(request);
                rs=mysql.selectFri(request, userName,
                                this.getFriendname());
                if(!rs.next()){
                    message("联系人姓名不存在! ");
                    addFieldError("friendname","联系人姓名不存在! ");
                }
            }catch(Exception e){
                e.printStackTrace();
            }
        }
    }
    public String execute() throws Exception {
        DB mysql=new DB();
        userName=mysql.returnLogin(request);
        String fri=mysql.findFri(request, userName, this.getFriendname());
        if(fri.equals("ok")){
            message="SUCCESS";
        }
        return message;
    }
}
```

lookFriends.jsp 页面使用到的 JavaBean 是 MyFriBean。

MyFriBean.java 的代码如下：

```java
package JavaBean;
public class MyFriBean{
    private String name;
    private String phone;
    private String email;
    private String workplace;
    private String place;
    private String QQ;
    //省略了 setter 和 getter 方法
    :
```

```
    }
```

单击图 4-11 中通讯录页面中的"增加联系人",出现如图 4-12 所示的"增加联系人"信息页面(addFriend.jsp),在该页面中可以增加联系人。

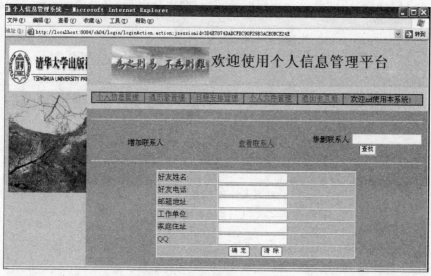

图 4-12   "增加联系人"页面

addFriend.jsp 代码如下:

```
<%@page contentType="text/html" pageEncoding="UTF-8"%>
<%@taglib prefix="s" uri="/struts-tags" %>
<html>
    <head>
        <meta http-equiv="Content-Type" content="text/html; charset=UTF-8">
        <title><s:text name="个人信息管理系统->增加联系人"></s:text></title>
    </head>
    <body bgcolor="gray">
        <hr noshade/>
        <s:div align="center">
        <s:form action="findFriAction" method="post">
            <table border="0" cellspacing="0" cellpadding="0" width="100%"
            align="center">
            <tr>
                <td width="33%">
                    <s:text name="增加联系人"></s:text>
                </td>
                <td width="33%">
                    <s:a href="http://localhost:8084/ch04/friendManager
                        /lookFriends.jsp">查看联系人</s:a>
                </td>
                <td width="33%">
                    <s:text name="修删联系人:"></s:text>
```

```html
                <input type="text" name="friendname"/>
                <input type="submit" value="查找"/>
            </td>
        </tr>
    </table>
  </s:form>
</s:div>
<hr noshade/>
<form action="addFriAction" method="post">
    <table border="2" cellspacing="0" cellpadding="0" bgcolor="95BDFF"
           width="60%" align="center">
        <tr>
            <td>
                <s:textfield name="name" label="好友姓名"> </s:textfield>
            </td>
        </tr>
        <tr>
            <td>
                <s:textfield name="phone" label="好友电话"> </s:textfield>
            </td>
        </tr>
        <tr>
            <td>
                <s:textfield name="email" label="邮箱地址"></s:textfield>
            </td>
        </tr>
        <tr>
            <td>
                <s:textfield name="workplace" label="工作单位">
                </s:textfield>
            </td>
        </tr>
        <tr>
            <td>
                <s:textfield name="place" label="家庭住址"> </s:textfield>
            </td>
        </tr>
        <tr>
            <td>
                <s:textfield name="QQ" label="QQ"></s:textfield>
            </td>
        </tr>
        <tr>
          <td colspan="2" align="center">
              <input type="submit" value="确 定" size="12">
                       
              <input type="reset" value="清 除" size="12">
```

```
            </td>
          </tr>
        </table>
      </form>
   </body>
</html>
```

addFriend.jsp 页面对应的业务控制器类为 AddFriAction。

AddFriAction.java 的代码如下：

```java
package edu.friendManager.Action;
import DBJavaBean.DB;
import com.opensymphony.xwork2.ActionSupport;
import java.sql.*;
import javax.servlet.http.HttpServletRequest;
import org.apache.struts2.interceptor.ServletRequestAware;

public class AddFriAction extends ActionSupport implements ServletRequestAware{
    private String name;
    private String phone;
    private String email;
    private String workplace;
    private String place;
    private String QQ;
    private ResultSet rs=null;
    private String message="ERROR";
    private HttpServletRequest request;
    private String userName=null;
    //省略了 name、phone、email、workplace、place、QQ 的 setter 和 getter 方法
    ┊
    public void setServletRequest(HttpServletRequest hsr) {
        request=hsr;
    }
    public void validate(){
        if(getName()==null||getName().length()==0){
            addFieldError("name","用户姓名不允许为空");
        }else{
            try {
                DB mysql=new DB();
                userName=mysql.returnLogin(request);
                rs=mysql.selectFri(request, userName, this.getName());
                if(rs.next()){
                    addFieldError("name","此用户已存在!");
                }
            } catch (SQLException ex) {
                ex.printStackTrace();
            }
```

```
        }
        if(getPhone()==null||getPhone().length()==0){
            addFieldError("phone","用户电话不允许为空");
        }
        if(getEmail()==null||getEmail().length()==0){
            addFieldError("email","邮箱地址不允许为空");
        }
        if(getWorkplace()==null||getWorkplace().length()==0){
            addFieldError("workplace","工作单位不允许为空");
        }
        if(getPlace()==null||getPlace().length()==0){
            addFieldError("place","家庭住址不允许为空");
        }
        if(getQQ()==null||getQQ().length()==0){
            addFieldError("QQ","用户 QQ 不允许为空");
        }
    }
    public String execute() throws Exception{
        DB mysql=new DB();
        userName=mysql.returnLogin(request);
        String fri=mysql.insertFri(request, userName, this.getName(),
                T his.getEmail(), this.getWorkplace(), this.getPlace(),
                this.getQQ());
        if(fri.equals("ok")){
            message="SUCCESS";
        }else if(fri.equals("one")){
            message="input";
        }
        return message;
    }
}
```

在图 4-12 所示页面中的"修删联系人"后,输入数据并单击"查找"按钮后,出现如图 4-13 所示的修改和删除联系人页面(findFriend.jsp)。单击"查找"后请求提交到业务控制器类 FindFriAction,请参考 addFriend.jsp 页面中的<s:form>中的属性。FindFriAction 类代码上面已经给出。请求提交后可以修改联系人。

findFriend.jsp 代码如下:

```
<%@page import="JavaBean.MyFriBean"%>
<%@page import="java.util.ArrayList"%>
<%@page contentType="text/html" pageEncoding="UTF-8"%>
<%@taglib prefix="s" uri="/struts-tags" %>
<html>
    <head>
        <meta http-equiv="Content-Type" content="text/html; charset=UTF-8">
        <title><s:text name="个人信息管理系统->查找"></s:text></title>
    </head>
```

```
<body bgcolor="gray">
  <hr noshade/>
  <s:div align="center">
  <s:form action="findFriAction" method="post">
  <table border="0" cellspacing="0" cellpadding="0" width="100%"
        align="center">
      <tr>
        <td width="33%">
          <s:a href="http://localhost:8084/ch04/friendManager
              /addFriend.jsp">增加联系人</s:a>
        </td>
        <td width="33%">
          <s:a href="http://localhost:8084/ch04/friendManager
              /lookFriends.jsp">查看联系人</s:a>
        </td>
        <td width="33%">
          <s:text name="修删联系人:"></s:text>
          <input type="text" name="friendname"/>
          <input type="submit" value="查找"/>
        </td>
      </tr>
  </table>
  </s:form>
  </s:div>
  <hr noshade/>
  <table border="5" cellspacing="0" cellpadding="0" bgcolor="#95BDFF"
        width="60%" align="center">
      <tr>
        <th height="30">用户姓名</th>
        <th height="30">用户电话</th>
        <th height="30">邮箱地址</th>
        <th height="30">用户职称</th>
        <th height="30">家庭住址</th>
        <th height="30">用户 QQ</th>
        <th height="30">用户操作</th>
      </tr>
      <%
      ArrayList friends=(ArrayList)session.getAttribute("findfriend");
      if(friends==null||friends.size()==0){
      %>
      <s:div align="center"><%="您还没有添加联系人！"%></s:div>
      <%
      }else{
          for(int i=friends.size()-1;i>=0;i--){
            MyFriBean ff=(MyFriBean)friends.get(i);
            %>
            <tr>
```

```
            <td><%=ff.getName()%></td>
            <td><%=ff.getPhone()%></td>
            <td><%=ff.getEmail()%></td>
            <td><%=ff.getWorkplace()%></td>
            <td><%=ff.getPlace()%></td>
            <td><%=ff.getQQ()%></td>
            <td>
                <s:a href="http://localhost:8084/ch04/friendManager
                    /updateFriend.jsp">修改</s:a>
                <s:a href="deleteFriAction">删除</s:a>
            </td>
        </tr>
        <%
            }
        }
        %>
    </table>
    </body>
</html>
```

图 4-13　"联系人修删"页面

findFriend.jsp 页面使用到的 JavaBean 类 MyFriBean 代码前面已经给出。单击图 4-13
中联系人后面的"修改"，出现如图 4-14 所示的"修改联系人"页面（updateFriend.jsp），
可对好友信息进行修改。

updateFriend.jsp 代码如下：

```
<%@page import="JavaBean.MyFriBean"%>
<%@page import="java.util.ArrayList"%>
<%@page contentType="text/html" pageEncoding="UTF-8"%>
<%@taglib prefix="s" uri="/struts-tags" %>
<html>
    <head>
        <meta http-equiv="Content-Type" content="text/html; charset=UTF-8">
```

```
        <title><s:text name="个人信息管理系统->修改联系人"></s:text></title>
</head>
<body bgcolor="gray">
  <hr noshade/>
  <s:div align="center">
  <s:form action="findFriAction" method="post">
  <table border="0" cellspacing="0" cellpadding="0" width="100%"
        align="center">
    <tr>
        <td width="33%">
            <s:a href="http://localhost:8084/ch04/friendManager
                /addFriend.jsp">增加联系人</s:a>
        </td>
        <td width="33%">
            <s:a href="http://localhost:8084/ch04/friendManager
                /lookFriends.jsp">查看联系人</s:a>
        </td>
        <td width="33%">
            <s:text name="修删联系人:"></s:text>
            <input type="text" name="friendname"/>
            <input type="submit" value="查找"/>
        </td>
    </tr>
  </table>
  </s:form>
  </s:div>
  <hr noshade/>
  <s:form action="upFriAction" method="post">
    <table border="2" cellspacing="0" cellpadding="0" bgcolor="95BDFF"
        width="60%" align="center">
      <%
    ArrayList delemess=(ArrayList)session.getAttribute("findfriend");
    if(delemess==null||delemess.size()==0){
    %>
    <s:div align="center"><%="您还没有添加联系人！"%></s:div>
    <%
    }else{
        for(int i=delemess.size()-1;i>=0;i--){
            MyFriBean ff=(MyFriBean)delemess.get(i);
            %>
        <tr>
            <td><s:text name="用户姓名"></s:text></td>
            <td>
                <input type="text" name="name"
                        value="<%=ff.getName()%>"/>
            </td>
        </tr>
```

```html
<tr>
   <td><s:text name="用户电话"></s:text></td>
     <td>
        <input type="text" name="phone"
               value="<%=ff.getPhone()%>"/>
     </td>
</tr>
<tr>
   <td><s:text name="邮箱地址"></s:text></td>
     <td>
        <input type="text" name="email"
               value="<%=ff.getEmail()%>"/>
     </td>
</tr>
<tr>
   <td><s:text name="工作单位"></s:text></td>
     <td>
        <input type="text" name="workplace"
               value="<%=ff.getWorkplace()%>"/>
     </td>
</tr>
<tr>
   <td><s:text name="家庭住址"></s:text></td>
     <td>
        <input type="text" name="place"
               value="<%=ff.getPlace()%>"/>
     </td>
</tr>
<tr>
   <td><s:text name="用户QQ"></s:text></td>
     <td>
        <input type="text" name="QQ"
               value="<%=ff.getQQ()%>"/>
     </td>
</tr>
<tr>
  <td colspan="2" align="center">
     <input type="submit" value="确 定"
            size="12">     
     <input type="reset" value="清 除" size="12">
  </td>
</tr>
<%
   }
 }
%>
</table>
```

```
        </s:form>
    </body>
</html>
```

图 4-14 "修改联系人"页面

updateFriend.jsp 页面使用到的 JavaBean 类 MyFriBean 的代码前面已经给出。updateFriend.jsp 页面对应的业务控制器类为 UpdateFriAction。该业务控制器对应的代码如下。

UpdateFriAction.java 的代码如下:

```
package edu.friendManager.Action;
import DBJavaBean.DB;
import com.opensymphony.xwork2.ActionSupport;
import java.sql.ResultSet;
import javax.servlet.http.HttpServletRequest;
import org.apache.struts2.interceptor.ServletRequestAware;

public class UpdateFriAction extends ActionSupport implements
    ServletRequestAware{
    private String name;
    private String phone;
    private String email;
    private String workplace;
    private String place;
    private String QQ;
    private String message="ERROR";
    private HttpServletRequest request;
    private ResultSet rs=null;
    private String userName;
    private String friendname;
    //省略了 name、phone、email、workplace、place、QQ 的 getter 和 setter 方法
```

```
        ⋮
    public void setServletRequest(HttpServletRequest hsr) {
        request=hsr;
    }
    public void validate(){
        if(getName()==null||getName().length()==0){
            addFieldError("name","用户姓名不允许为空");
        }
        if(getPhone()==null||getPhone().length()==0){
            addFieldError("phone","用户电话不允许为空");
        }
        if(getEmail()==null||getEmail().length()==0){
            addFieldError("email","邮箱地址不允许为空");
        }
        if(getWorkplace()==null||getWorkplace().length()==0){
            addFieldError("workplace","工作单位不允许为空");
        }
        if(getPlace()==null||getPlace().length()==0){
            addFieldError("place","家庭住址不允许为空");
        }
        if(getQQ()==null||getQQ().length()==0){
            addFieldError("QQ","用户 QQ 不允许为空");
        }
    }
    public String execute() throws Exception {
        DB mysql=new DB();
        userName=mysql.returnLogin(request);
        friendname=mysql.returnFri(request);
        String fri=mysql.updateFri(request, userName,friendname,
                                   this.getName(), this.getPhone(),
                                   this.getEmail(), this.getWorkplace(),
                                   this.getPlace(), this.getQQ());
        if(fri.equals("ok")){
            message="SUCCESS";
        }
        return message;
    }
}
```

单击图 4-13 所示页面中的"删除"按钮，参考 findFriend.jsp 代码中"<s:a href="deleteFriAction">删除</s:a>"，请求提交到 DeleteFriAction，该类是一个业务控制器，实现联系人删除功能。

DeleteFriAction.java 的代码如下：

```
package edu.friendManager.Action;
import DBJavaBean.DB;
import com.opensymphony.xwork2.ActionSupport;
```

```
import javax.servlet.http.HttpServletRequest;
import org.apache.struts2.interceptor.ServletRequestAware;

public class DeleteFriAction extends ActionSupport implements
    ServletRequestAware{
    private String message="ERROR";
    private String userName;
    private String name;
    private HttpServletRequest request;
    public void setServletRequest(HttpServletRequest hsr) {
        request=hsr;
    }
    public String execute() throws Exception {
        DB mysql=new DB();
        userName=mysql.returnLogin(request);
        name=mysql.returnFri(request);
        String del=mysql.deleteFri(request, userName, name);
        if(del.equals("ok")){
            message="SUCCESS";
        }
        return message;
    }
}
```

6. 日程安排管理功能实现

单击系统主页面中的"日程安排管理",出现如图 4-15 所示的日程信息页面 (lookDay.jsp),可以对日程进行相关操作。

图 4-15 "查看日程"页面

lookDay.jsp 代码如下:

```
<%@page import="JavaBean.MyDayBean"%>
<%@page import="java.util.ArrayList"%>
<%@page contentType="text/html" pageEncoding="UTF-8"%>
```

```jsp
<%@taglib prefix="s" uri="/struts-tags" %>
<html>
    <head>
        <meta http-equiv="Content-Type" content="text/html; charset=UTF-8">
        <title><s:text name="个人信息管理系统->查看"></s:text></title>
    </head>
    <body bgcolor="gray">
      <hr noshade/>
      <s:div align="center">
       <s:form action="findDayAction" method="post">
        <table border="0" cellspacing="0" cellpadding="0" width="100%"
            align="center">
          <tr>
            <td width="30%">
                <s:a href="http://localhost:8084/ch04/dateTimeManager
                    /addDay.jsp">增加日程</s:a>
            </td>
            <td width="30%">
                <s:text name="查看日程"></s:text>
            </td>
            <td width="40%">
                <s:text name="日程时间:"></s:text>
                20<input type="text" size="1" name="year"/>年
                <input type="text" size="1" name="month"/>月
                <input type="text" size="1" name="day"/>日
                <input type="submit" value="修删日程"/>
            </td>
          </tr>
         </table>
        </s:form>
      </s:div>
      <hr noshade/>
      <table border="5" cellspacing="0" cellpadding="0" bgcolor="#95BDFF"
            width="60%" align="center">
          <tr>
                <th width="40%">日程时间</th>
                <th width="60%">日程内容</th>
          </tr>
          <%
          ArrayList day=(ArrayList)session.getAttribute("day");
          if(day==null||day.size()==0){
          %>
          <s:div align="center"><%="您还没有任何日程安排! "%></s:div>
          <%
          }else{
              for(int i=day.size()-1;i>=0;i--){
                  MyDayBean dd=(MyDayBean)day.get(i);
```

```
                %>
                    <tr>
                        <td><%=dd.getDay()%></td>
                        <td><%=dd.getThing()%></td>
                    </tr>
                    <%
                }
            }
        %>
        </table>
    </body>
</html>
```

lookDay.jsp 页面使用的 JavaBean 类是 MyDayBean。

MyDayBean.java 的代码如下：

```
package JavaBean;
import java.sql.ResultSet;
import javax.servlet.http.HttpServletRequest;
import org.apache.struts2.interceptor.ServletRequestAware;

public class MyDayBean implements ServletRequestAware{
    private String Day;
    private String thing;
    private ResultSet rs=null;
    private HttpServletRequest request;
    //省略了 Day、thing 的 getter 和 setter 方法
    ⋮
    public void setServletRequest(HttpServletRequest hsr) {
        request=hsr;
    }
}
```

单击图 4-15 所示页面中的"增加日程"，出现如图 4-16 所示的"添加日程"页面（addDay.jsp），可以添加日程。

addDay.jsp 代码如下：

```
<%@page contentType="text/html" pageEncoding="UTF-8"%>
<%@taglib prefix="s" uri="/struts-tags" %>
<html>
    <head>
        <meta http-equiv="Content-Type" content="text/html; charset=UTF-8">
        <title><s:text name="个人信息管理系统->添加日程"></s:text></title>
    </head>
    <body bgcolor="gray">
        <hr noshade/>
        <s:div align="center">
```

```
<s:form action="findDayAction" method="post">
<table border="0" cellspacing="0" cellpadding="0" width="100%"
        align="center">
    <tr>
        <td width="30%">
            <s:text name="增加日程"></s:text>
        </td>
        <td width="30%">
            <s:a href="http://localhost:8084/ch04/dateTimeManager
                /lookDay.jsp">查看日程</s:a>
        </td>
        <td width="40%">
            <s:text name="日程时间:"></s:text>
            20<input type="text" size="1" name="year"/>年
            <input type="text" size="1" name="month"/>月
            <input type="text" size="1" name="day"/>日
            <input type="submit" value="修删日程"/>
        </td>
    </tr>
</table>
</s:form>
</s:div>
<hr noshade/>
<s:form action="addDayAction" method="post">
    <table border="5" cellspacing="0" cellpadding="0" bgcolor=
        "#95BDFF" width="60%" align="center">
        <tr>
            <td height="30" width="50%" align="right">日程时间</td>
            <td width="50%">
                20<input type="text" size="1" name="year"/>年
                <input type="text" size="1" name="month"/>月
                <input type="text" size="1" name="day"/>日
            </td>
        </tr>
        <tr>
            <td height="30" width="50%" align="right">日程内容</td>
            <td width="50%">
                <input type="text" size="30" name="thing"/>
            </td>
        </tr>
        <tr>
            <td colspan="2" align="center">
                <input type="submit" value="确 定" size="12">
                     
                <input type="reset" value="清 除" size="12">
            </td>
        </tr>
```

```
        </table>
      </s:form>
    </body>
</html>
```

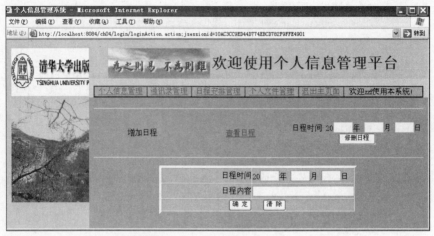

图 4-16   "添加日程"页面

addDay.jsp 页面对应的业务控制器类为 AddDayAction。
AddDayAction.java 代码如下:

```java
package edu.dateTimeManager.Action;
import DBJavaBean.DB;
import com.opensymphony.xwork2.ActionSupport;
import java.sql.ResultSet;
import java.text.SimpleDateFormat;
import java.util.Date;
import java.util.StringTokenizer;
import javax.servlet.http.HttpServletRequest;
import javax.swing.JOptionPane;
import org.apache.struts2.interceptor.ServletRequestAware;

public class AddDayAction extends ActionSupport implements ServletRequestAware{
    private String year;
    private String month;
    private String day;
    private String thing;
    private String date;
    private String userName;
    private ResultSet rs=null;
    private String message="ERROR";
    private HttpServletRequest request;
       //省略了 year、month、day、thing 的 getter 和 setter 方法
    ⋮
    public String getTime(){
```

```java
    String time="";
    SimpleDateFormat ff=new SimpleDateFormat("yyyy-MM-dd");
    Date d=new Date();
    time=ff.format(d);
    return time;
}
public void message(String msg){
    int type=JOptionPane.YES_NO_CANCEL_OPTION;
    String title="信息提示";
    JOptionPane.showMessageDialog(null, msg, title, type);
}
public void setServletRequest(HttpServletRequest hsr) {
    request=hsr;
}
public void validate(){
    String mess="";
    boolean Y=true,M=true,D=true;
    boolean DD=false;
    String time=getTime();
    StringTokenizer token=new StringTokenizer(time,"-");
    if(this.getYear()==null||this.getYear().length()==0){
        Y=false;
        mess=mess+"*年份";
        addFieldError("year","年份不允许为空! ");
    }else if(Integer.parseInt("20"+this.getYear())<Integer.parseInt(
            token.nextToken())||this.getYear().length()!=2){
        DD=true;
        addFieldError("year","请正确填写年份! ");
    }
    if(this.getMonth()==null||this.getMonth().length()==0){
        M=false;
        mess=mess+"*月份";
        addFieldError("month","月份不允许为空! ");
    }else if(this.getMonth().length()>2||Integer.parseInt(
            this.getMonth())<0||Integer.parseInt(this.getMonth())>12){
        DD=true;
        addFieldError("month","请正确填写月份! ");
    }
    if(this.getDay()==null||this.getDay().length()==0){
        D=false;
        mess=mess+"*日期";
        addFieldError("day","日期不允许为空! ");
    }else if(this.getDay().length()>2||Integer.parseInt(
            this.getDay())<0||Integer.parseInt(this.getDay())>31){
        DD=true;
        addFieldError("day","请正确填写日程! ");
    }
```

```
        if(Y&&M&&D){
            try{
                DB mysql=new DB();
                userName=mysql.returnLogin(request);
                date="20"+this.getYear()+"-"+this.getMonth()+"-"+
                    this.getDay();
                rs=mysql.selectDay(request, userName, date);
                if(rs.next()){
                    message("该日程已有安排！");
                    addFieldError("year","该日程已有安排！");
                }
            }catch(Exception e){
                e.printStackTrace();
            }
        }
        if(this.getThing()==null||this.getThing().length()==0){
            mess=mess+"*日程安排";
            addFieldError("thing","日程安排不允许为空！");
        }
        if(!mess.equals("")){
            mess=mess+"不允许为空！";
            message(mess);
        }
        if(DD){
            message("填写的日程无效！");
        }
    }
    public String execute() throws Exception{
        DB mysql=new DB();
        userName=mysql.returnLogin(request);
        date="20"+this.getYear()+"-"+this.getMonth()+"-"+this.getDay();
        String dd=mysql.insertDay(request, userName, date, this.getThing());
        if(dd.equals("ok")){
            message="SUCCESS";
        }else if(dd.equals("one")){
            message="input";
        }
        return message;
    }
}
```

在图 4-16 所示页面的"日程时间"后输入数据后单击"修删日程"，出现如图 4-17 所示的"修改和删除日程"页面（findDay.jsp）。单击"修删日程"后请求提交到业务控制器类 FindDayAction。请求提交后可以修改日程。

图 4-17 "修改和删除日程"页面

findDay.jsp 代码如下：

```
<%@page import="JavaBean.MyDayBean"%>
<%@page import="java.util.ArrayList"%>
<%@page contentType="text/html" pageEncoding="UTF-8"%>
<%@taglib prefix="s" uri="/struts-tags" %>
<html>
    <head>
        <meta http-equiv="Content-Type" content="text/html; charset=UTF-8">
        <title><s:text name="个人信息管理系统->查找"></s:text></title>
    </head>
<body bgcolor="gray">
  <hr noshade/>
  <s:div align="center">
   <s:form action="findDayAction" method="post">
    <table border="0" cellspacing="0" cellpadding="0" width="100%"
        align="center">
      <tr>
        <td width="30%">
            <s:a href="http://localhost:8084/ch04/dateTimeManager
                /addDay.jsp">增加日程</s:a>
        </td>
        <td width="30%">
            <s:a href="http://localhost:8084/ch04/dateTimeManager
                /lookDay.jsp">查看日程</s:a>
        </td>
        <td width="40%">
            <s:text name="日程时间:"></s:text>
            20<input type="text" size="1" name="year"/>年
          <input type="text" size="1" name="month"/>月
          <input type="text" size="1" name="day"/>日
            <input type="submit" value="修删日程"/>
        </td>
```

```
            </tr>
        </table>
      </s:form>
    </s:div>
    <hr noshade/>
    <table border="5" cellspacing="0" cellpadding="0" bgcolor="#95BDFF"
            width="60%" align="center">
        <tr>
            <th width="40%">日程时间</th>
            <th width="40%">日程内容</th>
            <th width="20%">用户操作</th>
        </tr>
        <%
        ArrayList day=(ArrayList)session.getAttribute("findday");
        if(day==null||day.size()==0){
        %>
        <s:div align="center"><%="您还没有任何日程安排！"%></s:div>
        <%
      }else{
        for(int i=day.size()-1;i>=0;i--){
            MyDayBean dd=(MyDayBean)day.get(i);
            %>
            <tr>
                <td><%=dd.getDay()%></td>
                <td><%=dd.getThing()%></td>
                <td>
                 <s:a href="http://localhost:8084/ch04
                        /dateTimeManager/updateDay.jsp">修改</s:a>
                 <s:a href="deleteDayAction">删除</s:a>
                </td>
            </tr>
            <%
        }
      }
    %>
    </table>
  </body>
</html>
```

findDay.jsp 页面使用的 JavaBean 类是 MyDayBean，其代码前面已给出。findDay.jsp 页面对应的业务控制器类为 FindDayAction。

FindDayAction.java 的代码如下：

```
package edu.dateTimeManager.Action;
import DBJavaBean.DB;
import com.opensymphony.xwork2.ActionSupport;
import java.sql.ResultSet;
import java.text.SimpleDateFormat;
```

```java
import java.util.Date;
import java.util.StringTokenizer;
import javax.servlet.http.HttpServletRequest;
import javax.swing.JOptionPane;
import org.apache.struts2.interceptor.ServletRequestAware;

public class FindDayAction extends ActionSupport implements ServletRequestAware{
    private String year;
    private String month;
    private String day;
    private String userName;
    private String date;
    private ResultSet rs=null;
    private String message="ERROR";
    private HttpServletRequest request;
    //省略了 year、month、day 的 getter 和 setter 方法
        ⋮
      public void setServletRequest(HttpServletRequest hsr) {
        request=hsr;
    }
    public String getTime(){
        String time="";
        SimpleDateFormat ff=new SimpleDateFormat("yyyy-MM-dd");
        Date d=new Date();
        time=ff.format(d);
        return time;
    }
    public void message(String msg){
        int type=JOptionPane.YES_NO_CANCEL_OPTION;
        String title="信息提示";
        JOptionPane.showMessageDialog(null, msg, title, type);
    }
    public void validate(){
        String mess="";
        boolean Y=true,M=true,D=true;
        boolean DD=false;
        String time=getTime();
        StringTokenizer token=new StringTokenizer(time,"-");
        if(this.getYear()==null||this.getYear().length()==0){
            Y=false;
            mess=mess+"*年份";
            addFieldError("year","年份不允许为空! ");
        }else if(Integer.parseInt("20"+this.getYear())<Integer.parseInt(
                token.nextToken())||this.getYear().length()!=2){
            DD=true;
            addFieldError("year","请正确填写年份! ");
        }
        if(this.getMonth()==null||this.getMonth().length()==0){
```

```java
            M=false;
            mess=mess+"*月份";
            addFieldError("month","月份不允许为空！");
        }else if(this.getMonth().length()>2||Integer.parseInt(
                this.getMonth())<0||Integer.parseInt(this.getMonth())>12){
            DD=true;
            addFieldError("month","请正确填写月份！");
        }
        if(this.getDay()==null||this.getDay().length()==0){
            D=false;
            mess=mess+"*日期";
            addFieldError("day","日期不允许为空！");
        }else if(this.getDay().length()>2||Integer.parseInt(
                this.getDay())<0||Integer.parseInt(this.getDay())>31){
            DD=true;
            addFieldError("day","请正确填写日程！");
        }
        if(Y&&M&&D){
            try{
                DB mysql=new DB();
                userName=mysql.returnLogin(request);
                date="20"+this.getYear()+"-"+this.getMonth()+"-"+
                        this.getDay();
                rs=mysql.selectDay(request, userName, date);
                if(!rs.next()){
                    message("该日程暂无安排！");
                    addFieldError("year","该日程暂无安排！");
                }
            }catch(Exception e){
                e.printStackTrace();
            }
        }
        if(!mess.equals("")){
            mess=mess+"不允许为空！";
            message(mess);
        }
        if(DD){
            message("填写的日程无效！");
        }
    }
    public String execute() throws Exception {
        DB mysql=new DB();
        userName=mysql.returnLogin(request);
        date="20"+this.getYear()+"-"+this.getMonth()+"-"+this.getDay();
        String dd=mysql.findDay(request, userName, date);
        if(dd.equals("ok")){
            message="SUCCESS";
```

```
        }
        return message;
    }
}
```

单击图 4-17 所示页面中日程后面的"修改"，出现如图 4-18 所示的"修改日程"页面
（updateDay.jsp）。可对日程信息进行修改。updateDay.jsp 页面对应的业务控制器类为
UpDayAction。

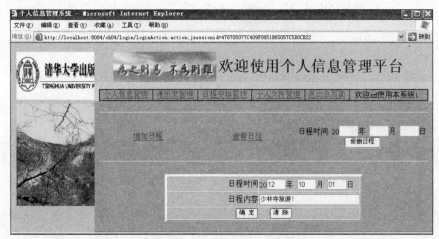

图 4-18　"修改日程"页面

updateDay.jsp 代码如下：

```
<%@page import="JavaBean.MyDayBean"%>
<%@page import="java.util.StringTokenizer"%>
<%@page import="java.util.ArrayList"%>
<%@page contentType="text/html" pageEncoding="UTF-8"%>
<%@taglib prefix="s" uri="/struts-tags"%>
<html>
    <head>
        <meta http-equiv="Content-Type" content="text/html; charset=UTF-8">
        <title><s:text name=""></s:text></title>
    </head>
<body bgcolor="gray">
    <hr noshade/>
  <s:div align="center">
  <s:form action="findDayAction" method="post">
  <table border="0" cellspacing="0"cellpadding="0"
        width="100%"align="center">
    <tr>
        <td width="30%">
            <s:a href="http://localhost:8084/ch04/dateTimeManager
            /addDay.jsp">增加日程</s:a>
        </td>
```

```html
    <td width="30%">
        <s:a href="http://localhost:8084/ch04/dateTimeManager
            /lookDay.jsp">查看日程</s:a>
    </td>
    <td width="40%">
        <s:text name="日程时间:"></s:text>
        20<input type="text" size="1" name="year"/>年
        <input type="text" size="1" name="month"/>月
        <input type="text" size="1" name="day"/>日
        <input type="submit" value="修删日程"/>
    </td>
    </tr>
</table>
</s:form>
</s:div>
<hr noshade/>
<s:form action="upDayAction" method="post">
    <table border="5" cellspacing="0" cellpadding="0" bgcolor=
        "#95BDFF" width="60%" align="center">
    <%
    ArrayList day=(ArrayList)session.getAttribute("findday");
    if(day==null||day.size()==0){
    %>
    <s:div align="center"><%="您还没有任何日程安排！"%>
    </s:div>
    <%
    }else{
        for(int i=day.size()-1;i>=0;i--){
            MyDayBean dd=(MyDayBean)day.get(i);
            StringTokenizer token=new StringTokenizer(dd.getDay().
                    substring(2, dd.getDay().length()),"-");
        %>
        <tr>
            <td height="30" width="50%" align="right">
                    日程时间
            </td>
            <td width="50%">
                20<input type="text" size="1" name="year"
                    value="<%=token.nextToken()%>"/>年
                <input type="text" size="1" name="month"
                    value="<%=token.nextToken()%>"/>月
                <input type="text" size="1" name="day"
                    value="<%=token.nextToken()%>"/>日
            </td>
        </tr>
        <tr>
            <td height="30" width="50%" align="right">日程内容
```

```html
          </td>
          <td width="50%"><input type="text" size="30"
            name="thing" value="<%=dd.getThing()%>"/>
          </td>
        </tr>
        <tr>
          <td colspan="2" align="center">
            <input type="submit" value="确 定" size="12">
                  
            <input type="reset" value="清 除" size="12">
          </td>
        </tr>
        <%
        }
      }
    %>
      </table>
    </s:form>
  </body>
</html>
```

UpDayAction.java 的代码如下：

```java
package edu.dateTimeManager.Action;
import DBJavaBean.DB;
import com.opensymphony.xwork2.ActionSupport;
import java.sql.ResultSet;
import java.text.SimpleDateFormat;
import java.util.Date;
import java.util.StringTokenizer;
import javax.servlet.http.HttpServletRequest;
import javax.swing.JOptionPane;
import org.apache.struts2.interceptor.ServletRequestAware;

public class UpdateDayAction extends ActionSupport implements
    ServletRequestAware{
    private String year;
    private String month;
    private String day;
    private String thing;
    private String message="ERROR";
    private HttpServletRequest request;
    private String userName;
    private String Day;
    private String date;
    private ResultSet rs=null;
    //省略了 year、month、day、thing 的 getter 和 setter 方法
```

```
    ⋮
public void setServletRequest(HttpServletRequest hsr) {
    request=hsr;
}
public String getTime(){
    String time="";
    SimpleDateFormat ff=new SimpleDateFormat("yyyy-MM-dd");
    Date d=new Date();
    time=ff.format(d);
    return time;
}
public void message(String msg){
    int type=JOptionPane.YES_NO_OPTION;
    String title="信息提示";
    JOptionPane.showMessageDialog(null,msg,title,type);
}
public void validate(){
    String mess="";
    boolean DD=false;
    String time=getTime();
    StringTokenizer token=new StringTokenizer(time,"-");
    if(this.getYear()==null||this.getYear().length()==0){
        mess=mess+"*年份";
        addFieldError("year","年份不允许为空! ");
    }else if(Integer.parseInt("20"+this.getYear())
            <Integer.parseInt(
            token.nextToken())||this.getYear().length()!=2){
        DD=true;
        addFieldError("year","请正确填写年份! ");
    }
    if(this.getMonth()==null||this.getMonth().length()==0){
        mess=mess+"*月份";
        addFieldError("month","月份不允许为空! ");
    }else if(this.getMonth().length()>2||Integer.parseInt(
        this.getMonth())<0||Integer.parseInt(this.getMonth())>12){
        DD=true;
        addFieldError("month","请正确填写月份! ");
    }
    if(this.getDay()==null||this.getDay().length()==0){
        mess=mess+"*日期";
        addFieldError("day","日期不允许为空! ");
    }else if(this.getDay().length()>2||Integer.parseInt(
        this.getDay())<0||Integer.parseInt(this.getDay())>31){
        DD=true;
        addFieldError("day","请正确填写日程! ");
    }
    if(this.getThing()==null||this.getThing().length()==0){
```

```
        mess=mess+"*日程安排";
        addFieldError("thing","日程安排不允许为空! ");
    }
    if(!mess.equals("")){
        mess=mess+"不允许为空! ";
        message(mess);
    }
    if(DD){
        message("填写的日程无效! ");
    }
}
public String execute() throws Exception {
    DB mysql=new DB();
    userName=mysql.returnLogin(request);
    Day=mysql.returnDay(request);
    date="20"+this.getYear()+"-"+this.getMonth()+"-"+this.getDay();
    String D=mysql.updateDay(request, userName,Day, date, thing);
    if(D.equals("ok")){
        message="SUCCESS";
    }else if(D.equals("one")){
        message="input";
    }
    return message;
}
}
```

单击图 4-17 所示页面中的"删除",请求提交到 DeleteFriAction,该类是一个业务控制器 DeleteDayAction,实现日程删除功能。

DeleteDayAction.java 的代码如下:

```
package edu.dateTimeManager.Action;
import DBJavaBean.DB;
import com.opensymphony.xwork2.ActionSupport;
import javax.servlet.http.HttpServletRequest;
import org.apache.struts2.interceptor.ServletRequestAware;

public class DeleteDayAction extends ActionSupport implements
    ServletRequestAware{
    private String message="ERROR";
    private String userName;
    private String day;
    private HttpServletRequest request;
        public void setServletRequest(HttpServletRequest hsr) {
        request=hsr;
    }
    public String execute() throws Exception {
        DB mysql=new DB();
```

```
userName=mysql.returnLogin(request);
day=mysql.returnDay(request);
String dd=mysql.deleteDay(request, userName, day);
if(dd.equals("ok")){
    message="SUCCESS";
}
return message;
    }
}
```

7. 个人文件管理功能实现

单击图 4-18 所示页面中的"个人文件管理",出现如图 4-19 所示的文件列表页面
(lookFile.jsp)。

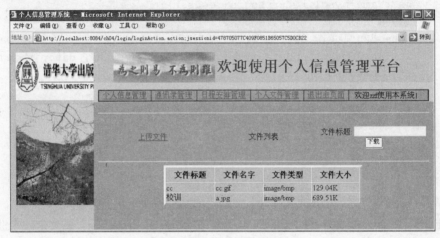

图 4-19 文件列表页面

单击图 4-19 所示页面中的"上传文件",出现如图 4-20 所示的文件上传页面
(fileUp.jsp)。

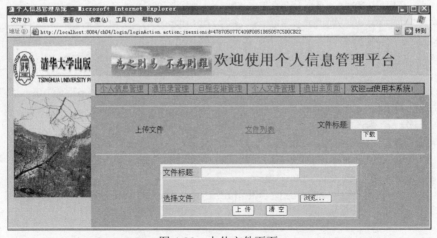

图 4-20 上传文件页面

在图 4-19 所示页面中的"文件标题"中输入文件名字后单击"下载"按钮，出现如图 4-21 所示的页面（findFile.jsp）可以下载和删除文件。

图 4-21　文件下载和删除页面

以上页面对应的 JavaBean 以及业务控制器类分别为 MyFileBean.java、AddFileAction.java、FindFileAction.java、DeleteFileAction.java、DownFileAction.java。

4.4　本章小结

本章主要讲解基于 Struts2 的个人信息管理系统的开发过程，通过本章实训的练习，能够在掌握所学理论知识的同时，提高基于 Struts2 的项目开发能力，激发基于 Struts2 的项目开发兴趣，并为集成 Hibernate 框架和 Spring 框架进行项目开发奠定基础。

4.5　习　　题

4.5.1　实验题

1. 请根据自己对个人信息的管理经验进一步完善和扩展本章实训项目的功能。
2. 请使用内置验证器对本项目进行校验。
3. 请自己编程实现"个人文件管理"功能。

第5章 Hibernate 框架技术入门

在 Java Web 项目开发中，有许多功能模块需要连接数据库，实现对数据库的操作。在以前学习 Java 程序设计和 JSP 程序设计技术时，使用的是 JDBC 连接数据库。为了实现与数据库的高效连接，提高 Java Web 项目的性能，可以使用 Hibernate 框架技术。本章主要介绍 Hibernate 的基本内容。

本章主要内容：

（1）Hibernate 的发展与特点。

（2）Hibernate 的下载与配置。

（3）Hibernate 的核心组件。

（4）Hibernate 的工作原理。

（5）基于 Struts2 和 Hibernate 的应用实例。

5.1 Hibernate 基础知识

Hibernate 是封装了 JDBC 的一种开放源代码的对象/关系映射（Object-Relation Mapping，ORM）框架，使程序员可以使用面向对象的思想来操作数据库。Hibernate 是一种对象/关系映射的解决方案，即将 Java 对象与对象之间的关系映射到数据库表与表之间的关系。

5.1.1 Hibernate 的发展与特点

目前，Hibernate 是 Java Web 软件人才招聘中要求必备的一门技术，也是 Java Web 三大经典框架之一。

2001 年，Hibernate1 发布，即 Hibernate 的第一个版本；2003 年，Hibernate2 发布，并在当年获得 Jolt2003 大奖（Jolt 大奖素有"软件业界的奥斯卡"之美誉，共设通用类图书、技术类图书、语言和开发环境、框架库和组件、开发者网站等十余个分类大奖），2003 年 Hibernate 被 JBoss 公司收购，成为该公司的子项目之一；2005 年，JBoss 发布 Hibernate3；2006 年，JBoss 公司被 Redhat 公司收购；2011 年 9 月发布 Hibernate4。

Hibernate 是封装 JDBC 与 ORM 技术的数据持久性解决方案。在 Java 世界中，Hibernate 是众多 ORM 软件中获得关注最多、使用最广泛的框架。它成功地实现了透明持久化，以面向对象的 HQL 封装 SQL，为开发人员提供了一个简单灵活且面向对象的数据访问接口。Hibernate 是一个开源软件，开发人员可以很方便地获得软件源代码。当遇到问题时，程序员可以深入到源代码中查看究竟，甚至修改 Hibernate 内部错误并将修改方案提供给 JBoss

组织，从而帮助 Hibernate 改进。

Hibernate 自发布以来受到业界的欢迎，目前有成千上万的程序员学习和使用它来开发商业应用软件。另外，网络上有大量介绍和讨论 Hibernate 应用的文章，JBoss 网站也提供了一个完善的社区，所以一旦在使用中遇到问题，开发者可以轻松地在网络上搜索到相应的解决方法，这又进一步吸引了更多的程序员来学习 Hibernate，吸引更多的公司采用 Hibernate 开发软件。

Hibernate 为使用者考虑得十分周全，对于一个普通的程序员来说，只需学习不到 10 个类的用法就可以进行开发，实际使用起来十分方便。

Hibernate 提供了透明持久化功能，支持第三方框架，即能与其他框架进行整合，如 Struts、Spring 等，不但提供面向对象的 HQL，而且支持传统的 SQL 语句。

在基于 MVC 设计模式的 Java Web 应用中，Hibernate 可以作为应用的数据访问层或持久层。它具有以下特点：

（1）Hibernate 是一个开放源代码的对象关系映射框架，它对 JDBC 进行了非常轻量级的对象封装，使得 Java 程序员可以随心所欲地使用面向对象编程思维来操纵数据库。Hibernate 可以应用在任何使用 JDBC 的场合，既可以在 Java 的客户端程序使用，也可以在 Servlet/JSP 的 Web 应用中使用，最具革命意义的是，Hibernate 可以在 Java EE 框架中取代 CMP，完成数据持久化的重任。

（2）Hibernate 的目标是成为 Java 中管理数据持久性问题的一种完整解决方案。它协调应用程序与关系型数据库的交互，把开发者解放出来专注于项目的业务逻辑问题。

（3）Hibernate 是一种非强迫性的解决方案。开发者在写业务逻辑和持久化类时；不会被要求遵循许多 Hibernate 特定的规则和设计模式。这样，Hibernate 就可以与大多数新的和现有的应用程序进行集成，而不需要对应用程序的其余部分做破坏性的改动。

5.1.2 Hibernate 软件包的下载和配置

由于许多软件公司现在主要使用的是 Hibernate3 版本，本书的实例和项目也使用 Hibernate3 版本（本书使用的是 Hibernate 3.6.0）。Hibernate4 于 2011 年 9 月发布，如需使用 Hibernate4 进行 Web 项目开发，可以在其官方网站下载。

1. 软件包下载

由于 Hibernate 先被 JBoss 公司收购，后来 JBoss 被 Redhat 公司收购，所以 Hibernate 可以在以下 3 个网站下载：www.redhat.com、www.jboss.org、www.hibernate.org。请根据需要在上述 3 个网站下载自己要使用的 Hibernate 版本。下载页面如图 5-1 所示。

单击图 5-1 所示页面的上边或者右侧的 Download，出现如图 5-2 所示的下载页面。

单击图 5-2 所示页面左侧的 Hibernate Core 4.0.0.CR4 Release，出现如图 5-3 所示的下载地址页面。

单击图 5-3 所示页面中的 Download，出现如图 5-4 所示的页面，选择 hibernate-release-4.0.0.CR4.zip 进行下载。

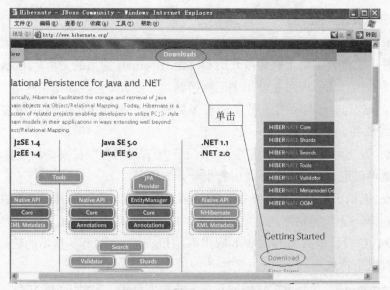

图 5-1　Hibernate4 下载页面

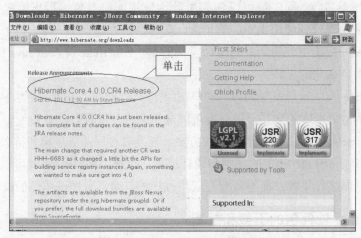

图 5-2　Hibernate 4.0.0 下载页面

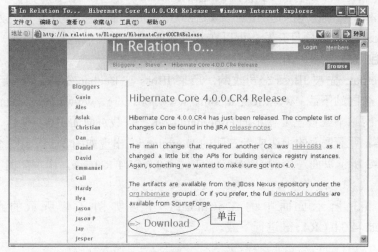

图 5-3　Download 下载地址页面

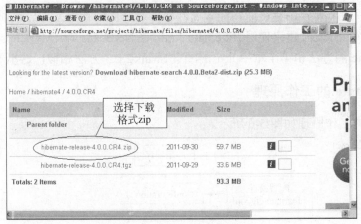

图 5-4　选择下载文件下载

2．Hibernate4 软件包中的主要文件

解压缩 zip 文件后得到一个 hibernate-release-4.0.0.CR4 的文件夹，该文件夹结构如图 5-5 所示。

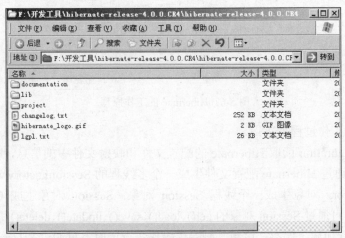

图 5-5　Hibernate4 文件夹结构

（1）documentation 文件夹：该路径下存放了 Hibernate4 的相关文档，包括 Hibernate4 的参考文档和 API 文档等。

（2）lib 文件夹：该文件夹存放 Hibernate4 框架的核心类库以及 Hibernate4 的第三方类库。该文件夹下的 required 子目录存放运行 Hibernate4 项目时必需的核心类库。

（3）project 文件夹：该文件夹存放 Hibernate4 各种相关项目的源代码。

3．Hibernate 的配置

Hibernate 的 lib 文件夹有 4 个子目录，需要在项目的类库中添加 required 和 jpa 子目录下面的所有 JAR 文件，其他目录中的 JAR 文件是根据项目的实际需要选择添加。例如，使用连接池需要添加"lib\optional\c3p0"下面的 JAR 文件。

由于 NetBeans 7.0、MyEclipse 9.1 和 Eclipse 中都集成有 Hibernate，所以可以使用工具中自带的 Hibernate，集成的 Hibernate 版本一般不是 Hibernate 最新版本。由于 Hibernate 各版

本之间存在一些细节差异，有可能在配置文件和映射文件中存在差异导致项目无法运行，参考本书进行项目开发时建议使用 Hibernate 3.6.0。在 NetBeans 7.0、MyEclipse 9.1 和 Eclipse 中配置 Hibernate 的方法和第 1 章中介绍的配置 Struts 2.2.3 方法相似，这里不再介绍。

5.1.3　Hibernate 的工作原理

Hibernate 的工作原理如图 5-6 所示。

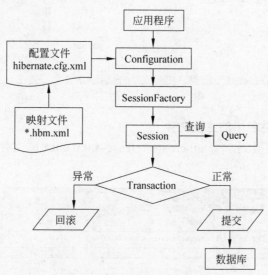

图 5-6　Hibernate 的工作原理

Hibernate 的工作过程如下：

首先，Configuration 读取 Hibernate 的配置文件和映射文件中的信息，即加载配置文件和映射文件，并通过 Hibernate 配置文件生成一个多线程的 SessionFactory 对象；然后，多线程 SessionFactory 对象生成一个线程 Session 对象；Session 对象生成 Query 对象或者 Transaction 对象；可通过 Session 对象的 get()、load()、save()、update()、delete() 和 saveOrUpdate() 等方法对 PO 进行加载、保存、更新、删除等操作；查询时，可通过 Session 对象生成一个 Query 对象，然后利用 Query 对象执行查询操作；如果没有异常，Transaction 对象将提交查询数据到数据库中。

5.2　Hibernate 的核心组件

在项目中使用 Hibernate 框架时，非常关键的一点就是要使用 Hibernate 的核心类和接口，即核心组件。Hibernate 接口位于业务层和持久化层之间。Hibernate 除核心组件外还有 Hibernate 配置文件（hibernate.cfg.xml 或 hibernate.properties）、映射文件（xxx.hbm.xml）和持久化类（PO）。

1．Configuration 类

Configuration 类负责配置并启动 Hibernate，创建 SessionFactory 对象。在 Hibernate 的启动过程中，Configuration 类的实例首先定位映射文档位置、读取配置，然后创建

SessionFactory 对象。

2．SessionFactory 接口

SessionFactroy 接口负责初始化 Hibernate。它充当数据存储源的代理，并负责创建 Session 对象，这里用到了工厂模式。需要注意的是 SessionFactory 并不是轻量级的，因为一般情况下，一个项目通常只需要一个 SessionFactory 就可以了，当需要操作多个数据库时，可以为每个数据库指定一个 SessionFactory 线程对象。SessionFactroy 是产生 Session 实例的工厂。

3．Session 接口

Session 接口负责执行持久化对象的操作，它用 get()、load()、save()、update()和 delete() 等方法对 PO 进行加载、保存、更新及删除等操作。但需要注意的是，Session 对象是非线程安全的。同时，Hibernate 的 Session 不同于 JSP 应用中的 HttpSession。这里使用 Session 术语时，其实指的是 Hibernate 中的 Session。

4．Transaction 接口

Transaction 接口负责事务相关的操作，用来管理 Hibernate 事务，它的主要方法有 commit()和 rollback()，它是可选的，开发人员也可以设计编写自己的底层事务处理代码。

5．Query 接口

Query 接口负责执行各种数据库查询。它可以使用 HQL 语言对 PO 进行查询操作。Query 对象可以使用 Session 的 createQuery()方法生成。

6．Hibernate 的配置文件

Hibernate 配置文件主要用来配置数据库连接参数，例如，数据库的驱动程序、URL、用户名和密码、数据库方言等。它有两种格式：hibernate.cfg.xml 和 hibernate.properties。两者的配置内容基本相同，但前者比后者使用方便一些，例如，hibernate.cfg.xml 可以在其 <mapping>子元素中定义用到的 xxx.hbm.xml 映射文件列表，而使用 hibernate.properties 则需要在程序中以编码方式指明映射文件。一般情况下，hibernate.cfg.xml 是 Hibernate 的默认配置文件。

7．映射文件

映射文件（xxx.hbm.xml）用来把 PO 与数据库中的表、PO 之间的关系与数据表之间的关系以及 PO 的属性与表字段一一映射起来，它是 Hibernate 的核心文件。

8．持久化对象

持久化对象（Persistent Objects，PO）可以是普通的 JavaBean，唯一特殊的是它们与 Session 相关联。PO 在 Hibernate 中存在三种状态：临时状态（transient）、持久化状态 （persistent）和脱管状态（detached）。当一个 JavaBean 对象在内存中孤立存在不与数据库中的数据有任何关联关系时，那么这个 JavaBean 对象就称为临时对象（Transient Object）；当它与一个 Session 相关联时，就变成持久化对象（Persistent Object）；在这个 Session 被关闭的同时，这个对象也会脱离持久化状态，变成脱管对象（Detached Object），这时可以被应用程序的任何层自由使用。例如，可用作与表示层（V）打交道的数据传输对象。

5.3 基于 Struts2+Hibernate 的应用实例

下面使用 Struts 2.2.3 和 Hibernate 3.6.0 开发一个实现登录和注册功能的项目，该项目的文件结构如图 5-7 所示。将项目中使用到的 Struts 2.2.3、Hibernate 3.6.0 以及 MySQL 5.0 驱动的 JAR 文件添加到项目 ch05 的"库"中，如图 5-8 所示。

图 5-7　项目文件结构图

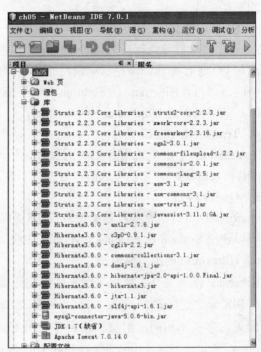

图 5-8　项目所需的 JAR 文件

1. 项目介绍

本实例实现用户登录和用户注册功能。有一个登录页面（login.jsp），代码如例 5-1 所示，登录页面对应的业务控制器为 LoginAction，该 Action 中覆盖了 validate()方法，使用手工验证对登录页面进行验证，该业务控制器类代码如例 5-4 所示，如果输入的用户名和密码正确，进入登录成功页面（success.jsp），代码如例 5-2 所示；如果用户没有注册要先注册，注册页面（register.jsp）代码如例 5-3 所示，该注册页面对应的业务控制器为 RegisterAction，代码如例 5-5 所示，注册成功后返回登录页面。还需要配置 web.xml，代码如例 1-3 所示；在 struts.xml 中配置 Action，代码如例 5-6 所示。

该项目使用 MySQL 数据库。该项目有一张名为 info 的表，表的字段名称、类型以及长度，如图 5-9 所示。

在基于 Struts2+Hibernate 的应用中，连接数据库需要 Hibernate 的配置文件 hibernate.cfg.xml 或者 hibernate.properties，该项目使用的是 hibernate.cfg.xml，代码如例 5-7 所示，配置文件主要用于加载数据库的驱动以及与数据库建立连接，是使用 Hibernate 时必需的文件，该配置文件一般与 struts.xml 文件放在同一位置（参考图 5-7）。该配置文件在项目运行时需要加载，本项目编写一个加载该配置文件的类，该类为 HibernateSessionFactory，代码如例 5-8 所示。

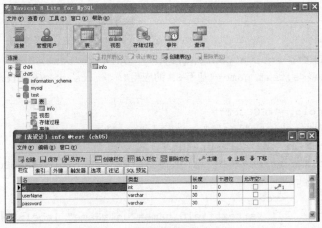

图 5-9 项目数据库及表结构

另外，在使用 Hibernate 时，每一个数据库的表都对应一个持久化对象。通过持久化对象把页面中的数据保存起来并把数据存到数据库中。该项目中为了简化开发，登录页面和注册页面都使用同一张表，登录页面和注册页面中的数据都保存在同一个持久化对象 UserInfoPO 中，代码如例 5-9 所示。每个持久化对象会对应一个映射文件 UserInfoPO.hbm.xml，代码如例 5-10 所示，映射文件配置持久化对象与数据库中的表之间的映射关系。为了封装登录和注册功能对数据的操作，本项目编写一个 LoginRegisterInfo 类提供登录和注册方法，实现登录和注册的持久化业务操作，代码如例 5-11 所示。

以上文件所在的路径可以参考项目文件结构图 5-7。

2．在 web.xml 中配置核心控制器 FilterDispatcher

参照 1.3.1 节中的例 1-3。

3．编写视图组件（JSP 页面）

登录页面（login.jsp）效果如图 5-10 所示，代码如例 5-1 所示。

图 5-10 登录页面

【例 5-1】 登录页面（login.jsp）。

```jsp
<%@page contentType="text/html" pageEncoding="UTF-8"%>
<%@taglib prefix="s" uri="/struts-tags" %>
<html>
    <head>
        <meta http-equiv="Content-Type" content="text/html; charset=UTF-8">
        <title><s:text name="基于 SH 的应用"></s:text></title>
    </head>
    <body bgcolor="#CCCCFF">
        <s:form action="login" method="post">
            <br><br><br><br><br><br>
            <table border="1" align="center" bgcolor="#AABBCCDD">
                <tr>
                    <td>
                        <s:textfield name="userName" label="用户名字"
                            size="16"/>
                    </td>
                </tr>
                <tr>
                    <td>
                        <s:password name="password" label="用户密码"
                            size="18"/>
                    </td>
                </tr>
                <tr>
                    <td colspan="2" align="center">
                        <s:submit value="登录"/>
                    </td>
                </tr>
                <tr>
                    <td colspan="2" align="center">
                     <s:a href="http://localhost:8084/ch05/register.jsp">注册
                     </s:a>
                    </td>
                </tr>
            </table>
        </s:form>
    </body>
</html>
```

登录成功页面（success.jsp）代码如例 5-2 所示。

【例 5-2】 登录成功页面（success.jsp）。

```jsp
<%@page contentType="text/html" pageEncoding="UTF-8"%>
<%@taglib prefix="s" uri="/struts-tags" %>
<html>
```

```
<head>
    <meta http-equiv="Content-Type" content="text/html; charset=UTF-8">
    <title><s:text name="基于 SH 的应用"></s:text></title>
</head>
<body bgcolor="#CCCCFF">
    <hr>
    <table border="0" align="center" bgcolor="#AABBCCDD">
        <tr>
            <td>
                欢迎${userName},登录成功!
            </td>
        </tr>
    </table>
    <hr>
</body>
</html>
```

注册页面（register.jsp）效果如图 5-11 所示，代码如例 5-3 所示。

图 5-11　注册页面

【例 5-3】　注册页面（register.jsp）。

```
<%@page contentType="text/html" pageEncoding="UTF-8"%>
<%@taglib prefix="s" uri="/struts-tags" %>
<html>
    <head>
        <meta http-equiv="Content-Type" content="text/html; charset=UTF-8">
        <title><s:text name="基于 SH 的应用"></s:text></title>
    </head>
    <body bgcolor="#CCCCFF">
        <s:form action="register" method="post">
            <br><br><br><br><br><br>
            <table border="1" align="center" bgcolor="#AABBCCDD">
```

```
    <tr>
        <td>
            <s:textfield name="userName" label="用户名字"
                size="16"/>
        </td>
    </tr>
    <tr>
        <td>
            <s:password name="password1" label="用户密码"
                size="18"/>
        </td>
    </tr>
    <tr>
        <td>
            <s:password name="password2" label="再次输入密码"
                size="18"/>
        </td>
    </tr>
    <tr>
        <td colspan="2" align="center">
            <input type="submit" value="提交"/>  
                   
            <input type="reset" value="清空"/>
        </td>
    </tr>
    <tr>
        <td colspan="2" align="center">
            <s:a href="http://localhost:8084/ch05/login.jsp">返回
            </s:a>
        </td>
    </tr>
    </table>
    </s:form>
    </body>
</html>
```

4. 编写业务控制器 Action

登录页面对应的业务控制器是 LoginAction，代码如例 5-4 所示。

【例 5-4】 登录页面对应的业务控制器（LoginAction.java）。

```
package loginRegisterAction;
import com.opensymphony.xwork2.ActionSupport;
import loginRegisterDao.LoginRegisterInfo;
import PO.UserInfoPO;
import java.util.List;


public class LoginAction extends ActionSupport{
```

· 228 ·

```java
private String userName;
private String password;
private String message="error";
private List list;
public String getUserName() {
    return userName;
}
public void setUserName(String userName) {
    this.userName = userName;
}
public String getPassword() {
    return password;
}
public void setPassword(String password) {
    this.password = password;
}
public void validate(){
    if(this.getUserName()==null||this.getUserName().length()==0){
        addFieldError("userName","用户名不能为空！");
    }else{
        LoginRegisterInfo info=new LoginRegisterInfo();
        list=info.queryInfo("userName", this.getUserName());
        if(list.size()==0){
            addFieldError("userName","该用户尚未注册！");
        }else{
            UserInfoPO ui=new UserInfoPO();
            int count=0;
            for(int i=0;i<list.size();i++){
                count++;
                ui=(UserInfoPO)list.get(i);
                if(this.getUserName().equals(ui.getUserName())){
                    if(ui.getPassword().equals(this.getPassword())){
                        message="success";
                    }else{
                        addFieldError("password","登录密码不正确！");
                    }
                }
            }
        }
    }
}
public String execute() throws Exception{
    return message;
}
}
```

【例5-5】 注册页面对应的业务控制器（RegisterAction.java）。

```
package loginRegisterAction;
import PO.UserInfoPO;
import com.opensymphony.xwork2.ActionSupport;
import loginRegisterDao.LoginRegisterInfo;
import java.util.List;

public class RegisterAction extends ActionSupport{
    private String userName;
    private String password1;
    private String password2;
    private String mess="error";
    private List list;
    public String getUserName() {
        return userName;
    }
    public void setUserName(String userName) {
        this.userName= userName;
    }
    public String getPassword1() {
        return password1;
    }
    public void setPassword1(String password1) {
        this.password1 = password1;
    }
    public String getPassword2() {
        return password2;
    }
    public void setPassword2(String password2) {
        this.password2 = password2;
    }
    public void validate(){
        if(this.getUserName()==null||this.getUserName().length()==0){
            addFieldError("userName","用户名不能为空！");
        }else{
            LoginRegisterInfo info=new LoginRegisterInfo();
            list=info.queryInfo("userName", this.getUserName());
            UserInfoPO ui=new UserInfoPO();
            for(int i=0;i<list.size();i++){
                ui=(UserInfoPO)list.get(i);
                if(ui.getUserName().equals(this.getUserName())){
                    addFieldError("userName","用户名已存在！");
                }
            }
        }
        if(this.getPassword1()==null||this.getPassword1().length()==0){
            addFieldError("password1","登录密码不允许为空！");
        }else
```

```
if(this.getPassword2()==null||this.getPassword2().length()==0){
        addFieldError("password2","重复密码不允许为空! ");
    }else if(!this.getPassword1().equals(this.getPassword2())){
        addFieldError("password2","两次密码不一致! ");
    }
}
public UserInfoPO userInfo(){
    UserInfoPO info=new UserInfoPO();
    info.setUserName(this.getUserName());
    info.setPassword(this.getPassword1());
    return info;
}
public String execute() throws Exception{
    LoginRegisterInfo lr=new LoginRegisterInfo();
    String ri=lr.saveInfo(userInfo());
    if(ri.equals("success")){
        mess="success";
    }
    return mess;
}
}
```

5. 修改 struts.xml 配置 Action

修改配置文件 struts.xml，代码如例 5-6 所示。

【例 5-6】 在 struts.xml 配置 Action（struts.xml）。

```
<!DOCTYPE struts PUBLIC
"-//Apache Software Foundation//DTD Struts Configuration 2.0//EN"
"http://struts.apache.org/dtds/struts-2.0.dtd">
<struts>
    <include file="example.xml"/>
    <package name="default" extends="struts-default">
        <action name="register" class="loginRegisterAction.RegisterAction">
            <result name="success">/login.jsp</result>
            <result name="input">/register.jsp</result>
            <result name="error">/register.jsp</result>
        </action>
        <action name="login" class="loginRegisterAction.LoginAction">
            <result name="success">/success.jsp</result>
            <result name="input">/login.jsp</result>
            <result name="error">/login.jsp</result>
        </action>
    </package>
</struts>
```

6. Hibernate 的配置文件

使用 Hibernate 需要通过 Hibernate 的配置文件加载数据库的驱动以及与数据库建立连

接，配置文件为 hibernate.cfg.xml，代码如例 5-7 所示。

【例 5-7】 Hibernate 的配置文件（hibernate.cfg.xml）。

<!--表明解析本 XML 文件的 DTD 文档位置，DTD 是 Document Type Definition 的缩写，即文档类型的定义，XML 解析器使用 DTD 文档来检查 XML 文件的合法性。Hibernate 版本不一样配置文件中的 DTD 信息会有一定的差异，例如，把 Hibernate 3.2 配置文件的 DTD 信息在 Hibernate 3.6.0 的配置文件中使用时将导致找不到配置文件信息的异常或者其他异常。Hibernate 配置文件可以在下载 Hibernate 的文件夹中找到。切记，使用与版本相对应的 DTD 信息-->

```xml
<!DOCTYPE hibernate-configuration PUBLIC "-//Hibernate/Hibernate
Configuration DTD 3.0//EN" "http://hibernate.sourceforge.net/hibernate-
configuration-3.0.dtd">
<!--Hibernate 配置文件的根元素,其他元素应在其中-->
<hibernate-configuration>
    <!-- 指定初始化 Hibernate 参数的元素,其中指定 Hibernate 初始化参数,表明以下的配
置是针对 session-factory 配置,SessionFactory 是 Hibernate 中的一个接口,这个接口主
要负责保存 Hibernate 的配置信息,以及对 Session 的操作 -->
        <session-factory>
        <!-- 指定连接数据库所用的驱动,本例中的 com.mysql.jdbc.Driver 是 MySQL 的
        驱动名字-->
        <property name="connection.driver_class">com.mysql.jdbc.Driver
        </property>
        <!--设置数据库连接使用的 url,"jdbc:mysql://localhost:port/test",其
中,localhost 表示 MySQL 服务器名称,即连接地址,此处为本机。port 代表 MySQL 服务器的端
口号,默认是 3306。test 是数据库名,即要连接的数据库名-->
         <property name="connection.url">jdbc:mysql://localhost:3306/
         test</property>
        <!-- 指定数据库的用户名(登录名) -->
        <property name="connection.username">root</property>
        <!-- 指定数据库的连接密码 -->
        <property name="connection.password">root</property>
        <!-- 指定数据库的方言,每种数据库都有对应的方言 -->
        <property name="dialect">org.hibernate.dialect.MySQLInnoDBDialect
         </property>
        <!-- 加入映射文件,可以加入多个映射文件 -->
        <mapping resource="PO/UserInfoPO.hbm.xml"/>
    </session-factory>
</hibernate-configuration>
```

7. 加载 Hibernate 配置文件的类

加载 hibernate.cfg.xml 文件的类为 HibernateSessionFactory，代码如例 5-8 所示。

【例 5-8】 加载 hibernate.cfg.xml 文件的类（HibernateSessionFactory.java）。

```java
package addHibernateFile;
import org.hibernate.Session;
import org.hibernate.SessionFactory;
```

```
import org.hibernate.cfg.Configuration;

public class HibernateSessionFactory {
    private SessionFactory sessionFactory;
    public HibernateSessionFactory(){
    }
    public SessionFactory config(){
        try{
            Configuration configuration=new Configuration();
            Configuration configure = configuration.configure("hibernate.
            cfg.xml");
            return configure.buildSessionFactory();
        }catch(Exception e){
            e.getMessage();
            return null;
        }
    }
    public Session getSession(){
        sessionFactory=config();
        return sessionFactory.openSession();
    }
}
```

8. PO 对象以及对应的映射文件

PO 对象的类为 UserInfoPO，代码如例 5-9 所示。

【例 5-9】 PO 对象的类（UserInfoPO.java）。

```
package PO;

public class UserInfoPO {
    private int id;
    private String userName;
    private String password;
    public int getId() {
        return this.id;
    }
    public void setId(int id) {
        this.id = id;
    }
    public String getUserName() {
        return this.userName;
    }
    public void setUserName(String userName) {
        this.userName = userName;
    }
    public String getPassword() {
        return this.password;
```

```
        }
    public void setPassword(String password) {
        this.password = password;
    }
}
```

PO 对应的映射文件 UserInfoPO.hbm.xml，代码如例 5-10 所示。

【例 5-10】 PO 对应的映射文件（UserInfoPO.hbm.xml）。

```
<?xml version="1.0" encoding="UTF-8"?>
<!--映射文件的 DTD-->
<!DOCTYPE hibernate-mapping PUBLIC "-//Hibernate/Hibernate Mapping DTD
3.0//EN" "http://hibernate.sourceforge.net/hibernate-mapping-3.0.dtd">
<!--映射文件的根元素-->
<hibernate-mapping>
    <!--配置 PO 对象与数据库中表的对应关系使用 class 元素,ame 配置 PO 对象对应的
类,able 配置该 PO 对象在数据库中对应的表名,atalog 配置表对应的数据库名-->
    <class name="PO.UserInfoPO" table="info" catalog="test">
    <!--id 元素配置 PO 对象与数据库中表的 id 字段, name 配置 PO 对象对应的属性,ype 指定
PO 对象属性的类型,olumn 元素配置表和 PO 对象属性对应的字段,把 PO 对象中的指定属性存到表
中指定字段中,generator 元素对主键自动加入序列-->
    <id name="id" type="int">
            <column name="id"/>
            <generator class="assigned"/>
    </id>
    <!--property 元素配置 PO 对象中的某个属性对应的表中某个字段名,即实现一一对应的映
射关系。name 指定 PO 对象的属性,type 指定属性的类型-->
    <property name="userName" type="string">
        !--column 元素配置对应的表中字段,name 指定对应表的字段,length 指定字段长
度,not-null 设置字段是否为空-->
        <column name="userName" length="30" not-null="true"/>
    </property>
    <property name="password" type="string">
            <column name="password" length="30" not-null="true"/>
        </property>
    </class>
</hibernate-mapping>
```

9. 封装对数据操作的类

为了封装登录和注册功能对数据的操作提供的类为 LoginRegisterInfo，代码如例 5-11
所示。

【例 5-11】 数据库操作类（LoginRegisterInfo.java）。

```
package loginRegisterDao;
import addHibernateFile.HibernateSessionFactory;
import PO.UserInfoPO;
import java.util.List;
```

```java
import javax.swing.JOptionPane;
import org.hibernate.Query;
import org.hibernate.Session;
import org.hibernate.Transaction;

public class LoginRegisterInfo {
    private Session session;
    private Transaction transaction;
    private Query query;
    HibernateSessionFactory getSession;
    public LoginRegisterInfo(){
    }
    public String saveInfo(UserInfoPO info){
        String mess="error";
        getSession=new HibernateSessionFactory();
        session=getSession.getSession();
        try{
            transaction=session.beginTransaction();
            session.save(info);
            transaction.commit();
            mess="success";
            return mess;
        }catch(Exception e){
            message("RegisterInfo.error:"+e);
            e.printStackTrace();
            return null;
        }
    }
    public List queryInfo(String type,Object value){
        getSession=new HibernateSessionFactory();
        session=getSession.getSession();
        try{
            String hqlsql="from UserInfoPO as u where u.userName=?";
            query=session.createQuery(hqlsql);
            query.setParameter(0, value);
            List list=query.list();
            transaction=session.beginTransaction();
            transaction.commit();
            return list;
        }catch(Exception e){
            message("LoginRegisterInfo类中有异常，异常为:"+e);
            e.printStackTrace();
            return null;
        }
    }
    public void message(String mess){
        int type=JOptionPane.YES_NO_OPTION;
```

```
    String title="提示信息";
    JOptionPane.showMessageDialog(null, mess, title, type);
    }
}
```

10. 项目部署和运行

项目部署后，登录页面运行效果如图 5-10 所示。如果用户没有注册，单击图 5-10 所示页面中的"注册"，出现如图 5-11 所示的注册页面，在图 5-11 所示页面中注册，数据如图 5-12 中所示。然后单击"提交"按钮，如果注册成功返回登录页面，如图 5-13 所示，并把用户名返回到用户名字文本区域中。在图 5-13 所示页面中输入密码后单击"登录"按钮，如果登录成功就进入登录成功页面，如图 5-14 所示。

图 5-12　输入数据注册用户

图 5-13　用户注册成功返回登录页面

图 5-14　登录成功页面

5.4　本 章 小 结

　　本章主要介绍了 Hibernate 框架的基础知识，通过本章的学习应对 Hibernate 框架有了一定的了解，在后续两章中将对 Hibernate 进行深入讲解。通过本章的学习应了解和掌握以下内容：

　　（1）Hibernate 的发展与特点。

　　（2）Hibernate 的下载和配置。

　　（3）Hibernate 的工作原理。

　　（4）Hibernate 的核心组件。

　　（5）能够开发基于 Struts2+Hibernate 的简单 Web 应用程序。

5.5　习　　题

5.5.1　选择题

1．Hibernate1 版本发布于（　　　）年。

　　A．2001　　　　　　　　B．2003　　　　　　C．2006　　　　　　D．2011

2．Hibernate 中存放类库的子目录是（　　　）。

　　A．documentation　　　　　　　　　　B．lib

　　C．project　　　　　　　　　　　　　　D．apps

3．Hibernate 中用于加载配置文件的是（　　　）。

　　A．Configuration　　　　　　　　　　B．SessionFactory

　　C．Session　　　　　　　　　　　　　　D．Transaction

5.5.2　填空题

1．Hibernate 是封装了_____和_____的持久层解决方案。

2．Hibernate 的配置文件格式有_____和_____。

3. Hibernate 中映射文件的格式是_____。

4. Hibernate 中 PO 对象的三种状态是：_____、_____和_____。

5.5.3 简答题

1. 简述 Hibernate 的特点。
2. 简述 Hibernate 的工作原理。

5.5.4 实训题

1. 完成一个简单的 Struts2+Hibernate 的 Web 项目。
2. 把 5.3 节中的手工验证改为内置验证器验证。
3. 把例 5-8 中的类 HibernateSessionFactory 改为用静态方法加载 Hibernate 配置文件。

第 6 章　Hibernate 核心组件详解

本章将深入介绍 Hibernate 框架的核心组件功能。

本章主要内容：

（1）Hibernate 的配置文件。

（2）Hibernate 的 PO 对象。

（3）Hibernate 的映射文件。

（4）Hibernate 的核心类和接口。

（5）Hibernate 的扩展类。

6.1　Hibernate 的配置文件

Hibernate 框架的配置文件用来为程序配置连接数据库的参数，例如，数据库的驱动程序名、URL、用户名和密码等。Hibernate 的基本配置文件有两种形式：hibernate.cfg.xml 和 hibernate.properties。hibernate.cfg.xml 包含了 Hibernate 与数据库的基本连接信息，在 Hibernate 工作的初始阶段，这些信息被先后加载到 Configuration 和 SessionFactory 实例中；其还包含了 Hibernate 的基本映射信息，即系统中每一个类和与其对应的数据库表之间的关联信息，在 Hibernate 工作的初始阶段，这些信息通过 hibernate.cfg.xml 的 mapping 元素被加载到 Configuration 和 SessionFactory 实例中。这两种文件包含了 Hibernate 运行期间用到的所有参数。两者的配置内容基本相同，但前者的使用稍微方便一些，例如，在 hibernate.cfg.xml 中可以定义要用到的 xxx.hbm.xml 映射文件，而使用 hibernate.properties 则需要在程序中以编码方式指明映射文件。hibernate.cfg.xml 是 Hibernate 的默认配置文件。

下面分别对这两种格式的 Hibernate 配置文件进行介绍，在 Hibernate 下载文件夹下的 "\project\etc" 中有这两种配置文件的模板。

6.1.1　hibernate.cfg.xml

hibernate.cfg.xml 配置文件定义了连接各种数据库所需要的参数，而且还定义了程序中用到的映射文件。一般把它作为 Hibernate 的默认配置文件。

在第 5 章中已经对 hibernate.cfg.xml 配置文件有了简单的了解，下面看一下 hibernate.cfg.xml 配置文件的文件结构，如例 6-1 所示。

【例 6-1】　hibernate.cfg.xml 配置文件的基本结构（hibernate.cfg.xml）。

```
<?xml version='1.0' encoding='utf-8'?>
<!--表明解析本 XML 文件的 DTD 文档位置,DTD 是 Document Type Definition 的缩写,即文
档类型的定义,XML 解析器使用 DTD 文档来检查 XML 文件的合法性。Hibernate 版本不一样配置
文件中的 DTD 信息会有一定的差异,例如,把 Hibernate 3.2 配置文件的 DTD 信息在 Hibernate
```

3.6.0 的配置文件中使用时将导致找不到配置文件信息的异常或者其他异常。Hibernate 配置文件可以在下载 Hibernate 的文件夹中找到。切记,使用与版本相对应的 DTD 信息-->
```xml
<!DOCTYPE    hibernate-configuration    PUBLIC    "-//Hibernate/Hibernate
Configuration DTD 3.0//EN" "http://hibernate.sourceforge.net/hibernate-
configuration-3.0.dtd">
```
`<!--Hibernate 配置文件的根元素,其他元素应包含在其中-->`
```xml
<hibernate-configuration>
```
    `<!-- 指定初始化 Hibernate 参数的元素,表明以下的配置针对 session-factory 配置,SessionFactory 是 Hibernate 中的一个接口,这个接口主要负责保存 Hibernate 的配置信息,以及对 Session 的操作 -->`
```xml
<session-factory>
```
        `<!-- 指定连接数据库所用的驱动 ,本例中的 com.mysql.jdbc.Driver 是 MySQL 驱动-->`
```xml
<property    name="connection.driver_class">com.mysql.jdbc.Driver
</property>
```
        `<!-- 设 置 数 据 库 的 连 接  url:jdbc:mysql://localhost:port/test,其中,localhost 表示 mysql 服务器为本机。port 代表 mysql 服务器的端口号,默认是 3306。test 是数据库名,即要连接的数据库名-->`
```xml
<property name="connection.url">jdbc:mysql://localhost:3306/test
</property>
```
        `<!-- 指定连据库的用户名(登录名) -->`
```xml
<property name="connection.username">root</property>
```
        `<!-- 指定数据库的连接密码 -->`
```xml
<property name="connection.password">root</property>
```
        `<!-- 指定连接池里最大连接个数,使用连接池需要加载所用的连接池的 JAR 文件,JAR 文件在 Hibernate 文件夹下的"lib\optional\c3p0"中-->`
```xml
<property name="hibernate.c3p0.max_size">20</property>
```
        `<!-- 指定连接池里最小连接个数 -->`
```xml
<property name="hibernate.c3p0.min_size">1</property>
```
        `<!-- 指定连接池里连接的超时时长,即最大时间 -->`
```xml
<property name="hibernate.c3p0.timeout">5000</property>
```
        `<!-- 指定数据库的方言,每种数据库都有对应的方言 -->`
```xml
<property name="dialect">org.hibernate.dialect.MySQLInnoDBDialect
</property>
```
        `<!-- 根据需要自动创建数据表 -->`
```xml
<property name="hbm2ddl.auto">update</property>
```
        `<!--设置是否将 Hibernate 发送给数据库的 SQL 显示出来,这是非常有用的功能。在调试 Hibernate 的时候,让 Hibernate 打印 SQL 语句,有助于迅速解决问题-->`
```xml
<property name="show_sql">true</property>
```
        `<!-- 开启二级缓存 -->`
```xml
<property    name="hibernate.cache.use_second_level_cache">true
</property>
```
        `<!-- 指定缓存产品所需的类 -->`
```xml
<propertyname="hibernate.cache.provider_class">
    org.hibernate.cache.EhCacheProvider
</property>
```
        `<!-- 启用查询缓存 -->`

```
<property name="hibernate.cache.use_query_cache">true</property>
<property name="hibernate.jdbc.fetch_size">30</property>
<property name="hibernate.jdbc.batch_size">5</property>
<!-- 加入映射文件,可以加入多个映射文件 -->
<mapping resource=" aaa(路径)/xxx.hbm.xml"/>
    </session-factory>
</hibernate-configuration>
```

上述 hibernate.cfg.xml 文件包含一个根元素<hibernate-configuration>,该元素有一个子元素<session-factory>。<session-factory>元素有两个子元素: <property>和<mapping>。<property>元素用来指定数据库连接参数,其属性 name 用来指定数据库连接参数的名字,这些参数名字由 Hibernate 框架定义,都代表特定意义,例如,connection.driver_class 表示加载驱动,元素后面的 com.mysql.jdbc.Driver 代表加载的驱动,数据库不一样后面加载的驱动名字也不一样。<mapping>元素用来指定要用到的映射文件,其属性 resource 用来指定要用到的映射文件的路径和映射文件的名字。

其中,hibernate.jdbc.fetch_size 和 hibernate.jdbc.batch_size 的设置非常重要,与 Hibernate 的 CRUD(C=create, R=read, U=update, D=delete)性能紧密相关。

hibernate.jdbc.fetch_size 设定 JDBC 的 Statement(处理查询数据结果集的接口)读取数据时每次从数据库中取出的记录条数。例如, 一次查询 1 万条记录,对于 Oracle 的 JDBC 驱动来说,是不会一次性把 1 万条记录取出来的,而只会取出 FetchSize 条记录,当记录集遍历完了这些记录后,再去数据库取出 FetchSize 条记录,因此大大减少了无谓的内存消耗。当然, FetchSize 设得越大, 读数据库的次数越少, 速度越快; 而 FetchSize 设得越小, 读数据库的次数越多, 速度越慢。

Oracle 数据库的 JDBC 驱动默认 FetchSize=10,这是一个非常保守的设定。根据测试,当 FetchSize=50 时, 性能会提升一倍多; 当 FetchSize=100 时, 性能还能继续提升 20%; 如果 FetchSize 继续增大, 性能提升就不显著了。因此, 建议使用 Oracle 时将 FetchSize 设定为 50。但不是所有数据库都支持 FetchSize 特性,例如 MySQL 就不支持。MySQL 的表现就像前面说的最坏的情况, 总是一下就把 1 万条记录完全取出来, 内存消耗非常惊人。

BatchSize 设定对数据库进行批量删除、批量更新和批量插入时的批次大小,有点类似于设置 Buffer 缓冲区大小的意思。BatchSize 越大, 批量操作向数据库发送 SQL 的次数越少, 速度就越快。很多人做 Hibernate 和 JDBC 的插入性能测试会惊奇地发现, Hibernate 的速度至少是 JDBC 的两倍,就是因为 Hibernate 使用了 BatchInsert,而它们使用的 JDBC 没有使用 BatchInsert 的缘故。

6.1.2 hibernate.properties

hibernate.properties 配置文件是 Hibernate 框架的另外一种配置数据库参数的形式,文件使用"#"为注释,去掉"#"就可以使用里面的设置,该文件给出了配置数据库的方法和对常用数据库的配置。例 6-2 是 Hibernate 3.6.0 文件夹"\project\etc"下的 Hibernate 框架提供的模板。

【例 6-2】 Hibernate 的 hibernate.properties 配置文件模板(hibernate.properties)。

```
### Query Language,使用查询语言
#该配置的含义是在 Hibernate 应用程序里面输入 yes 的时候，Hibernate 就会把字
#符'Y' 插入数据库中，当输入 no 的时候，就会把字符'N' 插入数据库中。
hibernate.query.substitutions yes 'Y', no 'N'
## select the classic query parser
#hibernate.query.factory_class, 即 Hibernate 使用的工厂模式
org.hibernate.hql.internal.classic.ClassicQueryTranslatorFactory
## JNDI Datasource 数据库的配置
hibernate.connection.datasource jdbc/test
hibernate.connection.username db2
hibernate.connection.password db2
## HypersonicSQL 数据库的配置
hibernate.dialect org.hibernate.dialect.HSQLDialect
hibernate.connection.driver_class org.hsqldb.jdbcDriver
hibernate.connection.username sa
hibernate.connection.password
hibernate.connection.url jdbc:hsqldb:./build/db/hsqldb/hibernate
hibernate.connection.url jdbc:hsqldb:hsql://localhost
hibernate.connection.url jdbc:hsqldb:test
## H2 (www.h2database.com) 数据库的配置
hibernate.dialect org.hibernate.dialect.H2Dialect
hibernate.connection.driver_class org.h2.Driver
hibernate.connection.username sa
hibernate.connection.password
hibernate.connection.url jdbc:h2:mem:./build/db/h2/hibernate
hibernate.connection.url jdbc:h2:testdb/h2test
hibernate.connection.url jdbc:h2:mem:imdb1
hibernate.connection.url jdbc:h2:tcp://dbserv:8084/sample;
hibernate.connection.url jdbc:h2:ssl://secureserv:8085/sample;
hibernate.connection.url jdbc:h2:ssl://secureserv/testdb;cipher=AES
## MySQL 数据库的配置
hibernate.dialect org.hibernate.dialect.MySQLDialect
hibernate.dialect org.hibernate.dialect.MySQLInnoDBDialect
hibernate.dialect org.hibernate.dialect.MySQLMyISAMDialect
hibernate.connection.driver_class com.mysql.jdbc.Driver
hibernate.connection.url jdbc:mysql:///test
hibernate.connection.username gavin
hibernate.connection.password
## Oracle 数据库的配置
hibernate.dialect org.hibernate.dialect.Oracle8iDialect
hibernate.dialect org.hibernate.dialect.Oracle9iDialect
hibernate.dialect org.hibernate.dialect.Oracle10gDialect
hibernate.connection.driver_class oracle.jdbc.driver.OracleDriver
hibernate.connection.username ora
hibernate.connection.password ora
hibernate.connection.url jdbc:oracle:thin:@localhost:1521:orcl
hibernate.connection.url jdbc:oracle:thin:@localhost:1522:XE
```

```
## PostgreSQL 数据库配置
hibernate.dialect org.hibernate.dialect.PostgreSQLDialect
hibernate.connection.driver_class org.postgresql.Driver
hibernate.connection.url jdbc:postgresql:template1
hibernate.connection.username pg
hibernate.connection.password
## DB2 数据库的配置
hibernate.dialect org.hibernate.dialect.DB2Dialect
hibernate.connection.driver_class com.ibm.db2.jcc.DB2Driver
hibernate.connection.driver_class COM.ibm.db2.jdbc.app.DB2Driver
hibernate.connection.url jdbc:db2://localhost:50000/somename
hibernate.connection.url jdbc:db2:somename
hibernate.connection.username db2
hibernate.connection.password db2
…
## MS SQL Server 数据库的配置
hibernate.dialect org.hibernate.dialect.SQLServerDialect
hibernate.connection.username sa
hibernate.connection.password sa
### Hibernate Connection Pool 连接池
hibernate.connection.pool_size 1
### C3P0 Connection Pool
hibernate.c3p0.max_size 2
hibernate.c3p0.min_size 2
hibernate.c3p0.timeout 5000
hibernate.c3p0.max_statements 100
hibernate.c3p0.idle_test_period 3000
hibernate.c3p0.acquire_increment 2
hibernate.c3p0.validate false
hibernate.show_sql true
hibernate.default_batch_fetch_size 8
hibernate.jdbc.fetch_size 25
```

在例 6-2 中只是列出了 hibernate.properties 配置文件的一部分配置参数，如需使用其他配置参数，请参考 Hibernate 框架中提供的 hibernate.properties 模板。

6.2 Hibernate 的 PO 对象

6.2.1 Hibernate PO 对象的基础知识

在 Hibernate 的应用程序中，每一个数据库的表都对应一个持久化对象 PO。PO 可以看成是与数据库中表相映射的 Java 对象。最简单的 PO 对应数据库中某个表中的一条记录，多个记录可以对应 PO 的集合。PO 中应该不包含任何对数据库的操作。

PO 类即持久化类，其实就是一个普通 JavaBean，只要声明时遵循一定的规则就是一个 PO。例 6-3 就是一个持久化类。

【例 6-3】 持久化类（UserInfoPO.java）。

```
package PO;

public class UserInfoPO {
    private int id;
    private String userName;
    private String password;
    public int getId() {
        return this.id;
    }
    public void setId(int id) {
        this.id = id;
    }
    public String getUserName() {
        return this.userName;
    }
    public void setUserName(String userName) {
        this.userName = userName;
    }
    public String getPassword() {
        return this.password;
    }
    public void setPassword(String password) {
        this.password = password;
    }
}
```

该 PO 对应数据库中的 info 表。该表有 3 个字段：id（int 类型）、userName（varchar 类型）、password（varchar 类型）。可以看出该 PO 主要是为 info 表中的字段定义访问方法，每一个字段对应一对 getter 和 setter 方法。定义 PO 应遵循以下三个规则。

1. 持久化字段声明为私有的且提供 getter 和 settter 方法

Hibernate 框架中持久化对象的属性常用形式为：getter、isFoo 和 setter。属性不需要声明为 public。Hibernate 可以对 default、protected 或 private 属性的 getter 和 settter 方法一视同仁地执行持久化。

2. 实现一个无参构造方法

所有的持久化类都必须有一个默认的构造方法，这样 Hibernate 就可以使用 Constructor.newInstance() 来实例化它们。在 Hibernate 中，为了运行期间代理的生成，建议构造方法至少是包内可见的。

3. 提供一个标识符属性

例 6-3 中的 id 标识符属性，映射数据库表的主键字段。这个属性可以叫任何名字，其类型可以是任何的原始类型、原始类型的包装类型、java.lang.String，或者是 java.util.Date。

标识符属性是可选的。可以不用管它，让 Hibernate 内部来追踪对象的识别。

实际上，一些功能只对那些声明了标识符属性的类起作用，例如，脱管对象的重新关联（级联更新或级联合并），Session.saveOrUpdate( )和 Session.merge( )。

建议为持久化类声明命名一致的标识符属性，并使用可以为空（即不是原始类型）的类型。

6.2.2　Hibernate PO 对象的状态

Hibernate 的 PO 对象有三种状态：临时状态（又称临时态）、持久状态（又称持久态）和脱管状态（又称脱管态）。处于持久态的对象也称为 PO，临时对象和脱管对象也称为 VO（Value Object）。

1．临时态

由 new 命令开辟内存空间时刚生成的 Java 对象就处于临时态。

例如：

```
UserInfoPO ui=new UserInfoPO();
```

如果没有变量对该对象进行引用，它将被 Java 虚拟机回收。

临时对象在内存中是孤立存在的，它是携带信息的载体，不和数据库的数据有任何关联关系。在 Hibernate 中，可通过 Session 的 save()或 saveOrUpdate()方法将临时对象与数据库相关联，并将数据插入数据库中，此时该临时对象转变成持久化对象。

2．持久态

处于该状态的对象在数据库中具有对应的记录，并拥有一个持久化标识。如果使用 Hibernate 的 delete()方法，对应的持久对象就变成临时对象，因数据库中的对应数据已被删除，该对象不再与数据库的记录关联。

当一个 Session 执行 close()或 clear()之后，持久对象变成脱管对象，此时持久对象会变成脱管对象，此时该对象虽然具有数据库识别值，但它已不在 Hibernate 持久层的管理之下。

持久对象具有如下特点：

（1）和 Session 实例关联。

（2）在数据库中有与之关联的记录。

3．脱管态

当与某持久对象关联的 Session 被关闭后，该持久对象转变为脱管对象。当脱管对象被重新关联到 Session 上时，将再次转变成持久对象。

脱管对象拥有数据库的识别值，可通过 update()、saveOrUpdate()等方法，转变成持久对象。

脱管对象具有如下特点：

（1）本质上与临时对象相同，在没有任何变量引用它时，JVM 会在适当的时候将它回收。

（2）比临时对象多了一个数据库记录标识值。

4．Session 中常用方法对 PO 对象状态的作用

通过 get()或 load()方法得到的 PO 对象都处于持久态，但如果执行了 delete(po)，该 PO 对象就处于临时态（表示和 Session 脱离关联）；因执行 delete()而变成临时态的 PO 对象可以通过调用 save()或 saveOrUpdate()变成持久态；当把 Session 关闭时，Session 缓存中的持久态的 PO 对象也变成脱管态；因关闭 Session 而变成脱管态的 PO 对象可以通过调用 lock()、save()、update()变成持久态；持久态 PO 对象可以通过调用 delete()变成临时状态。

5. save()和 update()区别

save()的作用是保存一个新的对象，update()可以把一个脱管状态的对象（一定要和一个记录对应）更新到数据库。

6. update()和 saveOrUpdate()区别

saveOrUpdate()基本上就是合成了 save()和 update()。

通常下面的场景会使用 update()或 saveOrUpdate()：

（1）程序在第一个 Session 中加载对象，接着把 Session 关闭。

（2）该对象被传递到表示层。

（3）对象发生了一些改动。

（4）该对象被返回到业务逻辑层最终到达持久层。

（5）程序创建第二个 Session，调用第二个 Session 的 update()方法持久化这些改动。

6.3　Hibernate 的映射文件

Hibernate 的映射文件把一个 PO 对象与一个数据表映射起来。每一个表对应一个扩展名为.hbm.xml 的映射文件。映射文件也称映射文档，用于向 Hibernate 提供关于将对象持久化到关系型数据库表中的信息。

持久化对象的映射定义可全部存储在同一个映射文件中，也可将每个对象的映射定义存储在独立的文件中。后一种方法较好，因为将大量持久化类的映射定义存储在一个文件中比较麻烦，建议采用每个类一个文件的方法来组织映射文档。使用多个映射文件还有一个优点：如果将所有映射定义都存储到一个文件中，将难以调试和隔离特定类的映射定义错误。

映射文件的命名规则是：使用持久化类的类名，并使用扩展名.hbm.xml。

映射文件需要在 hibernate.cfg.xml 中注册，最好与功能相关对象类放在同一目录中，这样修改起来很方便。例 6-4 是 UserInfoPO 类对应的映射文件。

【例 6-4】 PO 对象的映射文件（UserInfoPO. hbm.xml）。

```
<?xml version="1.0" encoding="UTF-8"?>
<!--映射文件的 DTD-->
<!DOCTYPE hibernate-mapping PUBLIC "-//Hibernate/Hibernate Mapping DTD
3.0//EN" "http://hibernate.sourceforge.net/hibernate-mapping-3.0.dtd">
<!--映射文件的根元素-->
<hibernate-mapping>
    <!--配置 PO 对象与数据库中表的对应关系使用 class 元素,name 配置 PO 对象对应的
    类,table 配置该 PO 对象在数据库中对应的表名,catalog 配置表对应的数据库名-->
    <class name="PO.UserInfoPO" table="info" catalog="test">
    <!--id 元素配置 PO 对象与数据库中表的 id 字段,name 配置 PO 对象对应的属性,type 指
    定 PO 对象该属性的类型,column 元素配置表和 PO 对象属性对应的字段,即把 PO 对象中的指定属
```

性存到表中指定字段中,generator 元素是对主键值自动加入序列-->

```
    <id name="id" type="int">
            <column name="id"/>
            <generator class="assigned"/>
    </id>
    <!--property 元素配置 PO 对象中的某个属性对应表中的某个字段,即实现一一对应的映射
关系。name 指定 PO 对象的属性,type 指定属性的类型-->
    <property name="userName" type="string">
        <!--column 元素配置对应的表中字段,length 指定字段长度,not-null 设置字段是
否为空-->
        <column name="userName" length="30" not-null="true"/>
    </property>
    <property name="password" type="string">
        <column name="password" length="30" not-null="true"/>
    </property>
  </class>
</hibernate-mapping>
```

下面分别介绍 Hibernate 映射文件中的元素。

1. 根元素

每一个映射文件都有唯一的一个根元素<hibernate-mapping>。

2. <class>定义类

该元素是根元素的子元素,用以定义一个持久化类与数据表的映射关系,在映射文件中可以有多对该元素。以下是该元素包含的一些常用属性:

(1) name:指定持久化类。

(2) table:对应数据库表名。

(3) catalog:指定对应的数据库。

(4) batch-size:指定一个用于根据标识符抓取实例时使用的'batch-size'(批次抓取数量)。

3. <id>定义主键

Hibernate 使用 OID(对象标识符)来标识对象的唯一性,OID 是关系数据库中主键在 Java 对象模型中的等价物。在运行时,Hibernate 根据 OID 来维持 Java 对象和数据库表中记录的对应关系。常用属性:

(1) name:持久化类的标识符属性的名字。

(2) type:标识 Hibernate 基本类型。

(3) column:数据库表的主键字段的名字。

(4) access:Hibernate 用来访问属性值的策略。

如果表使用联合主键,那么可以映射类的多个属性为标识符属性。<composite-id>元素接受<key-property>属性映射和<key-many-to-one>属性映射作为子元素。

下面定义了两个字段作为联合主键:

```
<composite-id>
    <key-property name="name" />
    <key-property name="password" />
```

```
</composite-id>
```

4. <generator>设置主键生成方式

该元素的作用是指定主键的生成器，通过一个 class 属性指定生成器对应的类（通常与 <id>元素结合使用）。

```
<id name="id" column="id" type="integer">
    <!--assigned 是 Hibernate 主键生成器的实现算法之一,由 Hibernate 根据底层数据库
自行判断采用 identity、sequence 作为主键生成方式-->
    <generator class="increment" />
</id>
```

Hibernate 提供的内置生成器有：

（1）increment（递增）。

increment 是 org.hibernate.id.IncrementGenerator 类的快捷名字，用于为 long、short 或者 int 类型生成唯一标识。只有在没有其他进程往同一张表中插入数据时才能使用，在集群下不要使用。

（2）identity（标识）。

identity 是 org.hibernate.id.IdentityGenerator 类的快捷名字，对 DB2、MySQL、MsSQL Server 和 Sybase 等数据库的内置标识字段提供支持。返回的标识符是 long、short 或者 int 类型的。

（3）sequence（序列）。

sequence 是 org.hibernate.id.SequenceGenerator 类的快捷名字，为 DB2、Oracle 等数据库的内置序列（sequence）提供支持。返回的标识符是 long、short 或者 int 类型的。

（4）seqhilo（序列高/低位）。

seqhilo 是 org.hibernate.id.SequenceHiLoGenerator 类的快捷名字，使用一个高/低位算法来高效地生成 long、short 或者 int 类型的标识符，需要指定一个数据库 sequence 的名字。

（5）uuid.hex。

uuid.hex 是 org.hibernate.id.UUIDHexGenerator 类的快捷名字,使用一个 128 位的 UUID 算法生成字符串类型的标识符。在一个网络中是唯一的（使用了 IP 地址）。UUID 被编码为一个 32 位十六进制的字符串，包含 IP 地址、JVM 的启动时间（精确到 14s）、系统时间和一个计数器值（在 JVM 中是唯一的）。

（6）assigned。

assigned 是 org.hibernate.id.Assigned 类的快捷名字，可让应用程序在执行 save()方法之前为对象分配一个标识符。如果需要为应用程序分配一个标识符（而非由 Hibernate 来生成它们），可以使用 assigned 生成器。

（7）foreign。

foreign 是 org.hibernate.id.ForeignGenerator 类的快捷名字。它使用另外一个相关对象的标识符和<one-to-one>元素一起使用。

5．<property>定义属性

用于持久化类的属性与数据库表字段之间的映射，包含如下属性：

（1）name：持久化类的属性名。

（2）column：数据库表的字段名。

（3）insert：表明用于 insert 的 SQL 语句中是否包含这个被映射的字段，默认为 true。

（4）update：表明用于 update 的 SQL 语句中是否包含这个被映射的字段，默认为 true。

（5）lazy：指定实例变量第一次被访问时，这个属性是否延迟抓取，默认为 false。

（6）type：Hibernate 映射类型的名字。如果没有指定类型，Hibernate 会使用反射来得到这个名字的属性，以此来猜测正确的 Hibernate 类型。type 属性可以指定为以下几种类型之一：

① Hibernate 基础类型，如 integer、string、character、date、timestamp、float、binary、serializable、object 和 blob 等。

② 一个 Java 类。该类属于一种默认基础类型，如 int、float、char、java.lang.String、java.util. Date、java.lang.Integer 和 java.sql.Clob 等。

③ 一个可以序列化的 Java 类。

④ 一个自定义类型的类。

6.4　Hibernate 的 Configuration 类

Configuration 类的主要作用是解析 Hibernate 的配置文件和映射文件中的信息，即负责管理 Hibernate 的配置信息。Hibernate 运行时需要获取一些底层实现的基本信息，如数据库驱动程序类、数据库的 URL、数据库登录名、数据库登录密码等。这些信息定义在 Hibernate 的配置文件中。通过 Configuration 对象的 buildSessionFactory()方法创建 SessionFactory 对象，所以 Configuration 对象一般只有在获取 SessionFactory 对象时需要使用。当获取了 SessionFactory 对象之后，由于配置信息已经由 Hibernate 维护并绑定在返回的 SessionFactory 中，该 Configuration 对象将不再有价值。

当执行 Configuartion conf=new Configuration().configure( )语句时，Hibernate 会自动在 classpath 中搜寻 Hibernate 配置文件；在 Java Web 应用中，Hibernate 会自动在 WEB-INF/classes 目录下搜寻 Hibernate 配置文件。

以下代码可以说是最常见的使用 Configuration 的方式：

```
Configuration cfg=new Configuration().configure();
```

或者

```
Configuration cfg=new Configuration().configure("hibernate.cfg.xml");
```

Configuration 是 Hibernate 的入口，在新建一个 Configuration 的实例时，Hibernate 会在 classpath 或 WEB-INF/classes 目录中查找 hibernate.properties 文件。如果该文件存在，则将该文件的内容加载到内存中；如果不存在则抛出异常。configure()方法默认会在 classpath 或 WEB-INF/classes 目录中寻找 hibernate.cfg.xml 文件，如果没有找到该文件，系统会打印

信息并抛出 HibernateException 异常；如果找到该文件，configure()方法会首先访问 <session-factory>元素，并获取该元素的 name 属性；如果非空，将用这个配置的值来覆盖 hibernate.propperties 的 hibernate.session_factory_name 的配置值。从这里可以看出，hibernate.cfg.xml 中的配置信息可以覆盖 hibernate.properties 的配置信息。

Configuration 的 configure()方法还支持带参数的访问方式，可以指定配置文件的位置，而不是使用默认的 classpath 中设置的 hibernate.cfg.xml。

例如：

```
File file = new File("c:\\cfg\\hibernate.cfg.xml");
Configuration config= new Configuration().configure(file);
```

Configuration 还提供了一系列方法来定制 Hibernate 加载配置文件的过程，可以让应用更加灵活。常用的有以下几种：

（1）addProperties(Element)。

（2）addProperties(Properties)。

（3）setProperties(Properties)。

（4）setProperties(String,String)。

以上几个方法可使用默认的 hibernate.properties 文件，还可以在其他多个.properties 配置文件中选择。使用 Hibernate 时可以根据不同的情况使用不同的配置文件。

例如：

```
Properties prop =Properties.load("my.properties");
Configuration config =new Configuration().setProperties(prop);
```

除了指定.properties 文件外，还可以指定.hbm.xml 文件。下面列出几个常用的方法：

（1）addClass(Class)。

（2）addFile(File)。

（3）addFile(String)。

（4）addURL(URL)。

前面已讲过，configure()方法在默认情况下通过访问 hibernate.cfg.xml 的<mapping>元素来加载程序员所提供的.hbm.xml 文件。上面列出的方法可以直接指定.hbm.xml 文件。例如，addClass()方法可以通过直接指定 Class 来加载对应的映射文件，Hibernate 会将提供的 Class 的全名（包括 package）自动转换为文件路径，如 model.Student.class 对应了 model/Student.hm.xml，还可以用 addFile()方法直接指定映射文件。

例如：

```
Configuration config = new Configuration().addClass(Student.class);
```

或者

```
Configuration config = new Configuration().addFile(Student.hbm.xml);
```

或者

```
Configuration config = new Configuration().addURL(
    Configuration.class.getResource("Student.hbm.xml"));
```

Configuration 提供的这些方法优点如下：

（1）实际应用中往往有很多.hbm.xml 映射文件，开发过程中如果只是为了测试某个或几个 PO（Persistent Object），则没有必要把所有的.hbm.xml 都加载到内存，这样可以通过 addClass()或者 addFile()直接加载，非常灵活。

（2）学习 Hibernate 的过程中，往往需要通过练习来体会 Hibernate 框架提供的各种功能，而很多功能是需要修改配置文件的。如果要观察相同的代码在不同功能下的表现，就需要手工修改配置文件，这样太麻烦了，而且容易出错，但这样可以提供多个配置文件，每个配置文件针对需要的特征而配置。在调用程序时，把不同的配制文件作为参数传递进去，而程序代码中使用 setProperties()和 addFile()指定传入的配制文件参数即可。

6.5　Hibernate 的 SessionFactory 接口

SessionFactroy 接口负责初始化 Hibernate。它充当数据存储源的代理，并负责创建 Session 对象。可以通过 Configuration 实例构建 SessionFactory 对象。

例如：

```
Configuration cfg=new Configuration().configure();
SessionFactory sf=cfg.buildSessionFactory();
```

Configuration 对象会根据当前的配置信息，生成 SessionFactory 对象。SessionFactory 对象一旦构造完毕，即被赋予特定的配置信息，即以后配置的改变不会影响到创建的 SessionFactory 对象。如果要把改动后的配置信息赋给 SessionFactory 对象，需要从新的 Configuration 对象生成新的 SessionFactory 对象。

SessionFactory 是线程安全的，可以被多个线程调用。因为构造 SessionFactory 很消耗资源，所以多数情况下一个应用中只初始化一个 SessionFactory，为不同的线程提供 Session。

当客户端发送一个请求线程时，SessionFactory 生成一个 Session 对象来处理客户请求。

6.6　Hibernate 的 Session 接口

6.6.1　Session 接口的基础知识

Session 接口是 Hibernate 中的核心接口，它不是 Java Web 应用中的 HttpSession 接口，虽然都可以将其翻译为"会话"。Hibernate 框架中除非特别说明，否则均指 Hibernate 中的 Session 对象。

Session 对象是 Hibernate 技术的核心，持久化对象的生命周期、事务的管理和持久化对象的查询、更新和删除都是通过 Session 对象来完成的。Hibernate 在操作数据库之前必须先取得 Session 对象，相当于 JDBC 在操作数据库之前必须先取得 Connection 对象一样。

Session 对象不是线程安全的，一个 Session 对象最好只由一个单一线程来使用。同时该对象的生命周期要比 SessionFactory 短，其生命通常在完成数据库的一个短暂的系列操作之后结束。一个应用系统中可以自始至终只使用一个 SessionFactory 对象。Session 对象通过 SessionFactory 对象的 getCurrentSession()或者 openSession()方法获取，代码如下：

```
Configuration cfg= new Configuration().configure();
SessionFactory sf= cfg.buildSessionFactory();
Session session=sf.openSession();
```

获取 Session 对象后，Hibernate 内部并不会获取操作数据库的 java.sql.Connection 对象，而是等待 Session 对象真正需要对数据库进行增、删、改、查等操作时，才会从数据库连接池中获取 java.sql.Connection 对象。关闭 Session 对象时，则是将 java.sql.Connection 对象返回到连接池中，而不是直接关闭 java.sql.Connection 对象。

SessionFactory 对象是线程安全的，允许多个线程同时存取该对象而不存在数据共享冲突的问题。然而 Session 对象不是线程安全的，如果试图让多个线程共享一个 Session 对象，将会发生数据共享混乱的问题。

一个持久化类从定义上与普通的 JavaBean 类没有任何区别，但是它与 Session 关联起来后，就具有了持久化的能力。当然，这种持久化操作是受 Session 控制的，即通过 Session 对象装载、保存、创建或查询持久化对象（PO）。Session 类有 save()、delete()、update()和 load()等方法，用来分别完成对持久化对象的保存、删除、修改、加载等操作。Session 类方法的用途可分为以下 5 类：

（1）获取持久化对象：get()和 load()等方法。

（2）持久化对象的保存、更新和删除：save()、update()、saveOrUpdate()和 delete()等方法。

（3）createQuery()方法：用来从 Session 生成 Query 对象，此方法将在讲解 Query 接口的章节中介绍。

（4）beginTransaction()方法：用来从 Session 生成 Transaction 对象，此方法将在讲解 Transaction 接口的章节中介绍。

（5）管理 Session 的方法：isOpen()、flush()、clear()、evict()和 close()等方法，其中 isOpen()方法用来检查 Session 是否仍然打开；flush()方法用来清理 Session 缓存，并把缓存中的 SQL 语句发送出去；clear()方法用来清除 Session 中的所有缓存对象；evict()方法用于清除 Session 缓存中的某个对象；close()方法用来关闭 Session。

前面以例 6-3 中的持久化对象 UserInfoPO 类为例，分别介绍 Session 类的主要方法。相关示例代码例 6-3 和例 6-4。

6.6.2 通过方法获取持久化对象（PO）

获取持久化对象（PO）的方法主要有两种：get()方法和 load()方法，它们都是通过主键 id 来获取 PO 对象。

1. 使用 get()方法获取 PO 对象

通常可以使用 get()方法获取 PO 对象。

例如：

```
public Object get(Class className, Serializable id);
```

className 是类的类型，id 是对象的主键值，如果 id 的类型是 int，可通过 new Integer(id) 的方法生成一个 Integer 对象。

以下程序可取得主键 id 为 66 的 UserInfoPO 对象：

```
UserInfoPO ui = (UserInfoPO)session.get(UserInfoPO.class, new Integer(66));
```

get()方法获取 PO 对象时执行顺序如下：

（1）首先通过 id 在 Session 缓存中查找对象，如果存在与 id 主键值对应的对象，直接将其返回。

（2）如果在 Session 缓存中没有查询到对应的对象，则在二级缓存中查找，找到后将其返回。

（3）如果在前两步中都找不到该对象，则从数据库加载拥有此 id 的对象。

从以上步骤中可以看出，get()方法并不总是发送 SQL 语句、查询数据库，只有缓存中无此数据时，才向数据库发送 SQL 语句以取得数据。

2. 使用 load()方法获取 PO 对象

load()方法和 get()方法一样都可以通过主键 id 的值从数据库中加载一个持久化对象。例如：

```
UserInfoPO ui = (UserInfoPO)session.load(UserInfoPO.class, new Integer(66));
```

get()方法和 load()方法的区别如下：

（1）在立即加载 PO 对象时（当 Hibernate 从数据库中取得数据组装好一个对象后，会立即再从数据库取得数据组装此对象所关联的对象），如果对象存在，get()方法和 load()方法没有区别，它们都可取得已初始化的对象；但当对象不存在且是立即加载时，使用 get()方法返回 null，而使用 load()方法则弹出一个异常。因此使用 load()方法时，要确认查询的主键 id 一定是存在的，从这一点来讲，它没有 get()方法方便。

（2）在延迟加载对象时（在 Hibernate 从数据库中取得数据组装好一个对象后，不会立即再从数据库取得数据组装此对象所关联的对象，而是等到需要时，才会从数据库取得数据组装关联对象），get()方法仍然使用立即加载的方式发送 SQL 语句，并得到已初始化的对象，而 load()方法则根本不发送 SQL 语句，它返回一个代理对象，这个对象直到被访问使用时才被初始化。

6.6.3　操作持久化对象（PO）的常用方法

1. 使用 save()方法操作 PO 对象

Session 中的 save()方法可将一个 PO 对象的属性取出放入 PreparedStatement（具有预编译功能的 SQL 类）语句中，然后向数据库表中插入一条记录（或者多条记录，如有级联关系）。下面的代码把一个新建 UserInfoPO 对象持久化到数据库中，即把一条记录插入到数据库表中。

例如：

```
UserInfoPO ui= new UserInfoPO();
ui.setId(66); //为对象设定一个 id 值
Session session=sf.openSession(); //打开 Session
Transaction tx = session.beginTransaction(); //开启事务
session.save(ui); //调用 save()方法保存数据
tx.commit(); //提交事务
session.close(); //关闭 Session
```

上述代码等价于：

```
insert into info(id, userName, password) values(66,"李想","123456A")
```

当 Session 保存一个 PO 对象的时候，按照以下的步骤进行操作：

（1）根据映射文件中的配置为主键 id 设置生成算法，为 info 指定一个 id。

（2）将 UserInfoPO 对象存入 Session 对象的内部缓存中。

（3）当事务提交时，清理 Session 对象缓存中的数据，并将新对象通过 Hibernate 框架生成的 insert into 语句持久化到数据库中。

如果需要为新对象强制指定一个 id 值，可以调用 Session 的 save(Object obj, Serializable id)重载方法，例如，在上述代码中，虽然映射文件配置时已经设置了使用 increment 算法生成的 id 值，但也可以使用 save (Object, id)方法强制改变 id 值。

例如：

```
⋮
session.save(ui, new Integer(66));
⋮
```

这种方法在使用代理主键时一般不推荐用，除非确实需要指定特别的 id 时才使用。

在调用 save()方法时，并不立即执行 SQL 语句，而是等到清理完缓存时才执行。如果在调用 save()方法后又修改了 UserInfoPO 的属性,则 Hibernate 框架将会发送一条 insert into 语句和一条 update 语句来完成持久化操作。

例如：

```
UserInfoPO ui= new UserInfoPO();
ui.setId(66); //为对象设定一个 id
ui.setUserName("孟想"); //设定用户名的值
Session session=sf.openSession(); //打开 Session
Transaction tx = session.beginTransaction(); //开启事务
session.save(ui);
ui.setUserName("李想"); //修改用户名的值
tx.commit(); //提交事务
session.close(); //关闭 Session
```

上述代码等价于：

```
insert into info(id,userName, password) values(66,"李想","123456A")
```

```
update info set userName=? password=? where id=?
```

因此，最好是在对象状态稳定（即属性不会再变化）时再调用 save()方法，这样可以少执行一条 update 语句。

调用 save()方法将临时对象保存到数据库中，对象的临时状态将变为持久化状态。当对象在持久化状态时，会一直位于 Session 的缓存中，对它的任何操作在事务提交时都将同步保存到数据库中，因此，对一个已经持久化的对象调用 save()或 update()方法是没有意义的。

例如：

```
UserInfoPO ui= new UserInfoPO();
ui.setId(66); //为对象设定一个id
ui.setUserName("孟想"); //设定用户名的值
Session session=sf.openSession(); //打开 Session
Transaction tx = session.beginTransaction(); //开启事务
session.save(ui);
ui.setUserName("李想"); //修改用户名的值
session.save(user); //无效
session.update(user); //无效
tx.commit(); //提交事务
session.close(); //关闭 Session
```

上述代码仍等价于：

```
insert into info(id,userName, password) values(66,"李想","123456A")
update info set userName=? password=? where id=?
```

2. 使用 update()方法操作 PO 对象
Session 的 update()方法可以用来更新脱管对象到持久化对象。

例如：

```
UserInfoPO ui = new UserInfoPO();
Session session=sf.openSession(); //打开 Session
Transaction tx = session.beginTransaction(); //开启事务
ui= (UserInfoPO)session.get(UserInfoPO.class, new Integer(66));
ui.setUserName("李想");
session.update(ui); //更新脱管对象
tx.commit(); //提交事务
session.close(); //关闭 Session
```

使用 update()方法时，Hibernate 框架并不是立即发送 SQL 语句，而是将对象的更新操作积累起来，在事务提交时由 flush()清理缓存，并发送一条 SQL 语句完成全部的更新操作。

3. 使用 saveOrUpdate()方法操作 PO 对象
在实际 Web 项目应用中，Java Web 程序员往往并不会注意一个对象是脱管对象还是临时对象，但是对脱管对象使用 save()方法是不对的，对临时对象使用 update()方法也是不对的。为了解决这个问题，便产生了 saveOrUpdate()方法。

saveOrUpdate()方法兼具 save()和 update()方法的功能，对于传入的对象，saveOrUpdate()方法首先判断该对象是脱管对象还是临时对象，然后调用合适的方法。

saveOrUpdate()方法的应用如下：

```
UserInfoPO ui=new UserInfoPO();
ui.setId(66); //为对象设定一个 id 值
Session session=sf.openSession(); //打开 Session
Transaction tx = session.beginTransaction(); //开启事务
session. saveOrUpdate (ui); //使用方法保存数据
tx.commit(); //提交事务
session.close(); //关闭 Session
```

那么，saveOrUpdate()方法如何判断一个对象是脱管对象还是临时对象呢？当满足以下情况之一时，Hibernate 就认为它是临时对象。

（1）在映射文件中为<id>元素设置了 unsaved-value 属性，并且实体对象的 id 取值和 unsaved-value 匹配（默认为 null）（注意：int 和 long 型的主键 id 的 unsaved-value 默认值为 0）。

（2）在映射文件中为<version>元素设置了 unsaved-value 属性，并且实体对象的 version 取值和 unsaved-value 匹配（默认为 null）。

4. 使用 delete()方法操作 PO 对象

Session 的 delete()方法负责删除一个对象（包括持久对象和脱管对象）。

例如：

```
UserInfoPO ui = new UserInfoPO();
Session session=sf.openSession(); //打开 Session
Transaction tx = session.beginTransaction(); //开启事务
ui = (UserInfoPO)session.get(UserInfoPO.class, new Integer(66));
session.delete(ui); //删除持久对象
tx.commit(); //提交事务
session.close(); //关闭 Session
```

上述代码等价于：

```
select * from info where id=66
delete from info where id=66
```

使用 delete()方法删除对象时，会有一些性能上的问题。例如从以上代码中可以看出，当删除一个对象时，先调用 get()方法加载这个对象，然后调用 delete()方法删除对象，但此方法发送了一条 select 语句和一条 delete 语句。实际上 select 语句是不必要的，这种情况在批量删除时尤其明显。为了解决批量删除的性能问题，常用的办法是使用批量删除操作。

例如：

```
UserInfoPO ui= new UserInfoPO();
Session session=sf.openSession(); //打开 Session
Transaction tx = session.beginTransaction(); //开启事务
Query q=session.createQuery("delete from UserInfoPO");//使用 HQL 语句进行删除
```

```
q.executeUpdate(); //删除对象
tx.commit(); //提交事务
session.close(); //关闭Session
```

上述代码等价于：

```
delete from info
```

只用一条语句就完成了批量删除的操作。但它也有问题，批量删除后的数据还会存在缓存中，因此程序查询时可能得到脏数据（数据库中已不存在的数据），因此在使用批量删除时，要综合考虑性能和数据一致性的问题。

6.7　Hibernate 的 Transaction 接口

Transaction 接口是对实际事务实现的一个抽象，这些实现包括 JDBC 事务或者 JTA 等。这样设计允许开发人员能够使用一个统一的事务操作接口，使得自己的项目可以在不同的环境和容器（Container）之间方便地迁移。

Hibernate 框架中的事务通过配置 hibernate.cfg.xml 文件选择使用 JDBC 或者是 JTA 事务控制。在 Transaction 接口中主要定义了 commit()和 rollback()两个方法，前者是提交事务的方法；后者是回滚事务的方法。此外还提供了 wasCommitted()方法。

Transaction 的运行与 Session 接口相关，可调用 Session 的 beginTransaction()方法生成一个 Transaction 实例。

例如：

```
Transaction tx = session.beginTransaction();
```

一个 Session 实例可以与多个 Transaction 实例相关联，但一个特定的 Session 实例在任何时候必须与至少一个未提交的 Transaction 实例相关联。

Transaction 接口的常用方法如下：

（1）commit()：提交相关联的 Session 实例。

（2）rollback()：撤销事务操作。

（3）wasCommitted()：检查事务是否提交。

Transaction 的应用如例 6-5 所示。

【例 6-5】 Transaction 的应用（Test.java）。

```
import org.hibernate.*;
import org.hibernate.cfg.*;

public class Test {
    try{
        SessionFactory sf = new Configuration.configure().
    buildSessionFacory();
        Session session = sf.openSession();
```

```
        Transaction tx = session.beginTransaction();
        Query query = session.createQuery("from UserInfoPO u where u.age>? ");
        query.setInteger(0,20);
        List list = query.list();
        for (int i=0;i<list.size();i++)
        {
            UserInfoPO ui= (UserInfoPO)list.get(i);
            System.out.prinln(user.getUserName());
        }
        tx.commit();
        session.close();
    } catch (HibernateException e)
    {
        e.printStackTrace();
    }
}
```

6.8   Hibernate 的 Query 接口

6.8.1   Query 接口的基本知识

使用 Query 类型的对象可以方便地查询数据库中的数据，它主要使用 HQL 或者原生
SQL（Native SQL）查询数据。Query 对象不仅能查询数据，还可以绑定参数、限制查询记
录数量，并实现批量删除和批量更新等等。

例如：

```
Configuration cfg=new Configuration().configure();
SessionFactory sf=cfg.buildSessionFactory();
Session session=sf.getCurrentSession();
Transaction tx =session.beginTransaction();
Query query=session.createQuery("from UserInfoPO");
List list = query.list();
tx.commit();
```

上面代码表示 Query 对象通过 Session 对象的 createQuery()方法创建，其中方法的参数
值 from UserInfoPO 是 HQL 语句，表示要读取所有 UserInfoPO 类型的对象，即读取
UserInfoPO 表中的所有记录，把每条记录封装成 UserInfoPO 对象后保存到 List 对象中并返
回 List 对象。

Query 对象只在 Session 对象关闭之前有效，否则会抛出 SessionException 类型的异常。
因为 Session 对象就像 JDBC 中的 Connection 对象，代表与数据库的一次连接。关闭
Connection 对象，Statement 对象就不能使用。所以关闭 Session 对象，也就不能使用 Query
对象。

6.8.2　Query 接口的常用方法

Query 接口的常用方法有：

（1）setXxx()方法：用于设置 HQL 中"？"或变量的值。

（2）list()方法：返回查询结果，并把查询结果转变成 List 对象。

（3）excuteUpdate()方法：执行更新或删除语句。

1. 使用 setXxx()方法为 HQL 语句设置参数

Quer 接口中 setXxx()方法主要用来为 HQL 中的问号"？"和变量设置参数，根据参数的数据类型，常用的 setXxx()方法如下：

（1）setBinary()：设置类型为 binary 的参数。

（2）setBoolean( )：设置类型为 boolean 的参数。

（3）setByte( )：设置类型为 byte 的参数。

（4）setCharacter( )：设置类型为 char 的参数。

（5）setDate( )：设置类型为 date 的参数。

（6）setDouble( )：设置类型为 double 的参数。

（7）setFloat( )：设置类型为 float 的参数。

（8）setInteger( )：设置类型为 int 的参数。

（9）setLong( )：设置类型为 long 的参数。

（10）setString( )：设置类型为 string 的参数。

上述方法都有两种使用方式：

（1）setString(int position,String value)：用于设置 HQL 中"？"的值；其中 position 代表"？"在 HQL 中的位置，value 为"？"设置的值。

例如：

```
Query query = session.createQuery("from UserInfoPO u where u.age>? and
u.userName like ?");
query.setInteger(0,22); //设置第一个"?"的值为 22
query.setString(1,"%志%"); //设置第二个"?"的值为"%志%"
```

（2）setString(String paraName,String value)：用于设置 HQL 中"："后所跟变量的值；其中 paraName 代表 HQL 中"："后所跟变量，value 为要为该变量设置的值。

例如：

```
Query query=session.createQuery("from UserInfoPO u where u.age>:minAge and
u.userName like: userName");
query.setInteger("minAge",22);//设置变量 minAge 的值
query.setString("userName","%志%");//设置变量 userName 的值
```

在 HQL 中使用变量代替问号"？"，然后在 setXXX()方法中为该变量设值。在 HQL 中使用变量相比使用问号的好处有以下几点：

（1）变量不依赖于它们在查询字符串中出现的顺序。

（2）在同一个查询中可以多次使用。

（3）可读性好。

2．使用 list()方法获取查询结果

Query 中的 list()方法用于获取查询结果，并将查询结果转变成一个 List 接口的实例。例如：

```
Query query = session.createQuery("from UserInfoPO u where u.age>?");
query.setInteger(0,20);
List list = query.list();
for (int i=0;i<list.size();i++) {
    ui = (UserInfoPO)list.get(i);
    System.out.prinln(ui.getUserName());
}
```

3．使用 excuteUpdate()方法更新或者删除数据

Query 中的 excuteUpdate()方法用于更新或删除数据，常用于批量删除或批量更新操作。例如：

```
Query q = session.createQuery("delete from UserInfoPO");
q.executeUpdate(); //删除对象
```

上述代码等价于：

```
delete from info
```

4．使用命名查询（namedQuery）

可以不将 HQL 语句写在程序中，而是写入映射文件*.hbm.xml 中，这样在需要修改 HQL 时很方便。映射文件（*.hbm.xml）中使用<query>标记把 HQL 语句放入<![CDATA[ ]]>之中，代码如例 6-6 所示。

【例 6-6】 UserInfoPO 类对应的映射文件（UserInfoPO.hbm.xml）。

```
<?xml version="1.0" encoding="UTF-8"?>
<!DOCTYPE hibernate-mapping PUBLIC "-//Hibernate/Hibernate Mapping DTD
3.0//EN" "http://hibernate.sourceforge.net/hibernate-mapping-3.0.dtd">
<hibernate-mapping>
    <class name="PO.UserInfoPO" table="info" catalog="test">
        <id name="id" type="int">
            <column name="id"/>
            <generator class="assigned"/>
        </id>
        <property name="userName" type="string">
            <column name="userName" length="30" not-null="true"/>
        </property>
        <property name="password" type="string">
            <column name="password" length="30" not-null="true"/>
        </property>
    </class>
```

```
<!--设置命名查询, query 元素中的 name 指定要被调用的 HQL 名字 -->
<query name ="queryUser_byAgeAndName">
    <![CDATA[ from UserInfoPO u where u.age>:minAge and u.userName
    like:userName ]]>
</query>
</hibernate-mapping>
```

<query>标记的 name 属性用来设定查询外部 HQL 时的名称,使用命名查询的代码如下:

```
Query query = session.getUserNamedQuery("queryUser_byAgeAndName");
query.setInteger("minAge",22);
query.setString("userName","%志%");
List list = query.list();
for(int i=0;i<list.size();i++){
    ui = (UserInfoPO)list.get(i);
    System.out.println(ui.getUserName());
}
```

6.9　基于 Struts2+Hibernate 的学生信息管理系统

本实例使用 Struts2+Hibernate 开发一个学生信息管理系统,通过对学生信息的增、删、改、查来熟悉 Hibernate 中常用方法的使用。项目使用的是 MySQL 数据库,表名为 stuinfo,表的字段以及数据类型如图 6-1 所示。

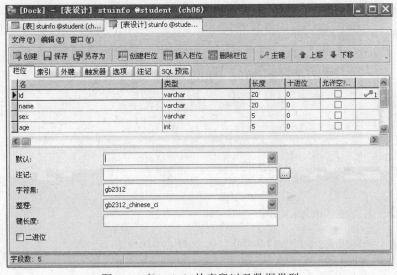

图 6-1　表 stuinfo 的字段以及数据类型

1.项目主页面和查看学生信息功能的实现

项目的文件结构如图 6-2 所示。

首先，项目有一个主页面（index.jsp），代码如例 6-7 所示，页面效果如图 6-3 所示，单击图 6-3 所示页面中的"点此进入"把请求提交给业务控制器类 LookMessageAction，该控制器主要用于实现查看学生信息功能，代码如例 6-8 所示；业务控制器调用数据库进行处理，该项目封装了类 StudentDao，该类中封装了对数据操作的方法，StudentDao 类的代码如例 6-9 所示；需要加载 Hibernate 的配置文件 hibernate.cfg.xml，代码如例 6-10 所示；项目提供一个加载配置文件的类 HibernateSessionFactory，代码如例 6-11 所示；LookMessageAction 业务请求处理成功后把查询的学生信息结果通过内置对象 Session 保存起来并返回到查看学生信息页面（lookMessage.jsp），页面跳转关系请参考例 6-15，代码如例 6-12 所示，页面效果如图 6-4 所示，保存在内置对象 Session 中的数据使用 PO 对象获取并显示，PO 对象 Stuinfo 的代码如例 6-13 所示；该 PO 对象对应的映射文件（Stuinfo.hbm.xml）的代码如例 6-14 所示，该项目配置 Action（struts.xml）的代码如例 6-15 所示。

图 6-2　项目文件结构图

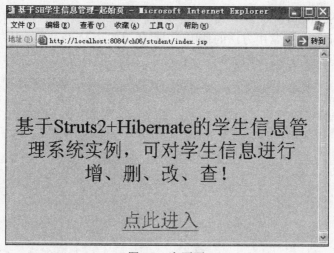

图 6-3　主页面

【例 6-7】　主页面（index.jsp）。

```
<%@page contentType="text/html" pageEncoding="UTF-8"%>
<%@taglib prefix="s" uri="/struts-tags" %>
<html>
    <head>
        <meta http-equiv="Content-Type" content="text/html; charset=UTF-8">
        <title><s:text name="基于 SH 学生信息管理-起始页"></s:text></title>
    </head>
```

```html
<body bgcolor="#CCCCFF">
    <s:div align="center">
        <br/><br/><br/><br/><br/>
        <font color="black" size="6">基于 Struts2+Hibernate 的学生信息管理
            系统实例，可对学生信息进行增、删、改、查！
         </font>
        <br/><br/><br/>
        <s:a href="lookMessageAction">
            <font color="blue" size="6">点此进入</font>
        </s:a>
    </s:div>
</body>
</html>
```

【例 6-8】 查看学生信息功能控制器（LookMessageAction.java）。

```java
package studentAction;
import Dao.StudentDao;
import com.opensymphony.xwork2.ActionSupport;
import java.util.List;
import javax.servlet.http.HttpServletRequest;
import org.apache.struts2.ServletActionContext;

public class LookMessageAction extends ActionSupport{
    private HttpServletRequest request;
    private String message="input";
    public String execute() throws Exception{
        request=ServletActionContext.getRequest();
        StudentDao dao=new StudentDao();//实例化
        List list=dao.findAllInfo();//调用 StudentDao 类中的 findAllInfo()方法
        request.getSession().setAttribute("count", list.size());
                                            //向 session 对象传值
        request.getSession().setAttribute("allInfo", list);
        message="success";
        return message;
    }
}
```

【例 6-9】 封装了对数据操作的类（StudentDao.java）。

```java
package Dao;
import addHibernateFile.HibernateSessionFactory;
import PO.Stuinfo;
import java.util.List;
import javax.swing.JOptionPane;
import org.hibernate.Query;
import org.hibernate.Session;
import org.hibernate.Transaction;
```

```java
public class StudentDao {
    private Transaction transaction;
    private Session session;
    private Query query;
    public StudentDao(){
    }
    public boolean saveInfo(Stuinfo info){
        try{
            session=HibernateSessionFactory.getSession();
            transaction=session.beginTransaction();
            session.save(info);
            transaction.commit();
            session.close();
            return true;
        }catch(Exception e){
            message("saveInfo.error:"+e);
            e.printStackTrace();
            return false;
        }
    }
    public List findInfo(String type,Object value){
        session=HibernateSessionFactory.getSession();
        try{
            transaction=session.beginTransaction();
            String queryString="from Stuinfo as model where model."+type+"=?";
            query=session.createQuery(queryString);
            query.setParameter(0, value);
            List list=query.list();
            transaction.commit();
            session.close();
            return list;
        }catch(Exception e){
            message("findInfo.error:"+e);
            e.printStackTrace();
            return null;
        }
    }
    public List findAllInfo(){
        session=HibernateSessionFactory.getSession();
        try{
            transaction=session.beginTransaction();
            String queryString="from Stuinfo";
            query=session.createQuery(queryString);
            List list=query.list();
            transaction.commit();
            session.close();
            return list;
```

```
        }catch(Exception e){
            message("findInfo.error:"+e);
            e.printStackTrace();
            return null;
        }
    }
    public boolean deleteInfo(String id){
        try{
            session=HibernateSessionFactory.getSession();
            transaction=session.beginTransaction();
            Stuinfo info=new Stuinfo();
            info=(Stuinfo)session.get(Stuinfo.class, id);
            session.delete(info);
            transaction.commit();
            session.close();
            return true;
        }catch(Exception e){
            message("deleteInfo.error:"+e);
            e.printStackTrace();
            return false;
        }
    }
    public boolean updateInfo(Stuinfo info){
        try{
            session=HibernateSessionFactory.getSession();
            transaction=session.beginTransaction();
            session.update(info);
            transaction.commit();
            session.close();
            return true;
        }catch(Exception e){
            message("updateInfo.error:"+e);
            return false;
        }
    }
    public void message(String mess){
        int type=JOptionPane.YES_NO_OPTION;
        String title="提示信息";
        JOptionPane.showMessageDialog(null, mess, title, type);
    }
}
```

【例 6-10】 Hibernate 的配置文件（hibernate.cfg.xml）。

```
<?xml version="1.0" encoding="UTF-8"?>
<!DOCTYPE hibernate-configuration PUBLIC
    "-//Hibernate/Hibernate Configuration DTD 3.0//EN"
```

```
         "http://hibernate.sourceforge.net/hibernate-configuration-3.0.dtd">
     <hibernate-configuration>
       <session-factory>
         <property name="hibernate.dialect">org.hibernate.dialect.MySQLDialect
          </property>
         <property
         name="hibernate.connection.driver_class">com.mysql.jdbc.Driver
         </property>
         <property
         name="hibernate.connection.url">jdbc:mysql://localhost:3306/student
         </property>
         <property name="hibernate.connection.username">root</property>
         <property name="hibernate.connection.password">root</property>
         <mapping resource="PO/Stuinfo.hbm.xml"/>
       </session-factory>
     </hibernate-configuration>
```

【例 6-11】 加载配置文件的类（HibernateSessionFactory.java）。

```java
package addHibernateFile;
import javax.swing.JOptionPane;
import org.hibernate.Session;
import org.hibernate.SessionFactory;
import org.hibernate.cfg.Configuration;

public class HibernateSessionFactory {
    private static SessionFactory sessionFactory;
    private static Configuration configuration=new Configuration();
    public HibernateSessionFactory(){
    }
    static{
        try{
            Configuration configure = configuration.configure
            ("hibernate.cfg.xml");
            sessionFactory=configure.buildSessionFactory();
        }catch(Exception e){
            message("生成 SessionFactoyr 失败: "+e);
        }
    }
    public static Session getSession(){
        return sessionFactory.openSession();
    }
    public static void message(String mess){
        int type=JOptionPane.YES_NO_OPTION;
        String title="提示信息";
        JOptionPane.showMessageDialog(null, mess, title, type);
    }
}
```

【例 6-12】 查看学生信息页面（lookMessage.jsp）。

```jsp
<%@page contentType="text/html" pageEncoding="UTF-8"
        import="java.util.ArrayList,PO.Stuinfo"%>
<%@taglib prefix="s" uri="/struts-tags" %>
<html>
    <head>
        <meta http-equiv="Content-Type" content="text/html; charset=UTF-8">
        <title> <s:text name="学生信息管理系统-查看"></s:text></title>
    </head>
    <body bgcolor="pink">
        <s:div align="center">
        <hr color="red"/>
        <br>
        <table align="center" width="80%">
            <tr>
                <td width="25%">
                    查看学生信息
                </td>
                <td width="25%">
                  <s:a href="http://localhost:8084/ch06/student/addMessage.jsp">
                        添加学生信息
                    </s:a>
                </td>
                <td width="25%">
                  <s:a href="http://localhost:8084/ch06/student/findMessage.jsp">
                        修改学生信息
                    </s:a>
                </td>
                <td width="25%">
                 <s:a href="http://localhost:8084/ch06/student/delete
                 Message. jsp">
                        删除学生信息
                    </s:a>
                </td>
            </tr>
        </table>
        <br/>
        <hr color="red"/>
        <br/><br/><br/>
        <span>你要查询的数据表中共有
            <%=request.getSession().getAttribute("count")%>人</span>
        </s:div>
        <table align="center" width="80%" border="5">
            <tr>
                <th>记录条数</th>
                <th>学号</th>
```

```
                    <th>姓名</th>
                    <th>性别</th>
                    <th>年龄</th>
                    <th>体重</th>
                </tr>
                <%
                    ArrayList list=(ArrayList)session.getAttribute("allInfo");
                    if(list.isEmpty()){
                        %>
                        <tr>
                            <td align="center"><span>暂无学生信息!</span></td>
                        </tr>
                        <%
                    }else{
                        for(int i=0;i<list.size();i++){
                            Stuinfo info=(Stuinfo)list.get(i);
                            %>
                            <tr>
                                <td align="center"><%=i+1%></td>
                                <td><%=info.getId()%></td>
                                <td><%=info.getName()%></td>
                                <td><%=info.getSex()%></td>
                                <td><%=info.getAge()%></td>
                                <td><%=info.getWeight()%></td>
                            </tr>
                            <%
                        }
                    }
                %>
            </table>
        </body>
</html>
```

查看学生信息页面如图 6-4 所示。

图 6-4　查看学生信息页面

【例 6-13】 PO 对象 Stuinfo（Stuinfo.java）。

```java
package PO;

public class Stuinfo implements java.io.Serializable {
    private String id;
    private String name;
    private String sex;
    private int age;
    private float weight;
    //省略了id、name、sex、age、weight的getter和setter方法;
    ...
}
```

【例 6-14】 PO 对象对应的映射文件（Stuinfo.hbm.xml）。

```xml
<?xml version="1.0"?>
<!DOCTYPE hibernate-mapping PUBLIC
    "-//Hibernate/Hibernate Mapping DTD 3.0//EN"
    "http://hibernate.sourceforge.net/hibernate-mapping-3.0.dtd">
<hibernate-mapping>
    <class name="PO.Stuinfo" table="stuinfo" catalog="student">
        <id name="id" type="string">
            <column name="id" length="20" />
            <generator class="assigned" />
        </id>
        <property name="name" type="string">
            <column name="name" length="20" not-null="true" />
        </property>
        <property name="sex" type="string">
            <column name="sex" length="5" not-null="true" />
        </property>
        <property name="age" type="int">
            <column name="age" not-null="true" />
        </property>
        <property name="weight" type="float">
            <column name="weight" precision="10" scale="0" not-null="true" />
        </property>
    </class>
</hibernate-mapping>
```

【例 6-15】 Struts2 的配置文件（struts.xml）。

```xml
<!DOCTYPE struts PUBLIC
    "-//Apache Software Foundation//DTD Struts Configuration 2.0//EN"
    "http://struts.apache.org/dtds/struts-2.0.dtd">
<struts>
    <include file="example.xml"/>
    <!-- Configuration for the default package. -->
    <package name="default" extends="struts-default">
```

```
        <action name="lookMessageAction"
            class="studentAction.LookMessageAction">
            <result name="success">/student/lookMessage.jsp</result>
            <result name="input">/student/index.jsp</result>
        </action>
        <action name="addMessageAction"
            lass="studentAction.AddMessageAction">
            <result name="success" type="chain">lookMessageAction</result>
            <result name="input">/student/addMessage.jsp</result>
        </action>
        <action name="findMessageAction"
            class="studentAction.FindMessageAction">
            <result name="success">/student/updateMessage.jsp</result>
            <result name="input">/student/findMessage.jsp</result>
        </action>
        <action name="updateMessageAction"
            class="studentAction.UpdateMessageAction">
            <result name="success" type="chain">lookMessageAction</result>
            <result name="input">/student/updateMessage.jsp</result>
        </action>
        <action name="deleteMessageAction"
            class="studentAction.DeleteMessageAction">
            <result name="success" type="chain">lookMessageAction</result>
            <result name="input">/student/deleteMessage.jsp</result>
        </action>
    </package>
</struts>
```

2．添加学生功能的实现

在图6-4所示页面中单击"添加学生信息"，出现如图6-5所示的"添加学生信息"页面（addMessage.jsp），代码如例6-16所示，该页面的业务控制器类为AddMessageAction，

图6-5 "添加学生信息"页面

代码如例 6-17 所示，该功能使用到的 PO 为 Stuinfo，代码前面已经介绍，需要的映射文件以及对数据处理的方法请参考前述代码。

【例 6-16】 添加学生页面（addMessage.jsp）。

```
<%@page contentType="text/html" pageEncoding="UTF-8"%>
<%@taglib prefix="s" uri="/struts-tags" %>
<html>
    <head>
        <meta http-equiv="Content-Type" content="text/html; charset=UTF-8">
        <title><s:text name="学生信息管理系统-增加"></s:text></title>
    </head>
    <body bgcolor="pink">
        <s:div align="center">
            <hr color="red"/>
        <br/>
        <table align="center" width="80%">
            <tr>
                <td width="25%">
                    <s:a href="http://localhost:8084/ch06/student/lookMessage.jsp">
                        查看学生信息
                    </s:a>
                </td>
                <td width="25%">
                    添加学生信息
                </td>
                <td width="25%">
                    <s:a href="http://localhost:8084/ch06/student/findMessage.jsp">
                        修改学生信息
                    </s:a>
                </td>
                <td width="25%">
                    <s:a href="http://localhost:8084/ch06/student/deleteMessage.jsp">
                        删除学生信息
                    </s:a>
                </td>
            </tr>
        </table>
         <br/>
        <hr color="red"/>
        <center><font color="red" size="6">添加学生信息</font></center>
        </s:div>
        <s:form action="addMessageAction" method="post">
            <table align="center" width="30%" bgcolor="gray" border="5">
                <tr>
                    <td>
                        <s:textfield name="id" label="学号" maxLength="16"/>
                    </td>
```

```
                        <td>
                            <s:textfield name="name" label="姓名" >
                            </s:textfield>
                        </td>
                        <td>
                            <s:select name="sex" label="性别" list="{'男','女'}"/>
                        </td>
                        <td>
                            <s:textfield name="age" label="年龄"/>
                        </td>
                        <td>
                            <s:textfield name="weight" label="体重"/>
                        </td>
                        <td colspan="2">
                            <s:submit value="提交"/>
                            <s:reset value="清除"/>
                        </td>
                    </tr>
                </table>
            </s:form>
        </body>
</html>
```

【例 6-17】 添加学生信息页面对应的业务控制器（AddMessageAction.java）。

```
package studentAction;
import Dao.StudentDao;
import PO.Stuinfo;
import com.opensymphony.xwork2.ActionSupport;
import java.util.List;
import javax.swing.JOptionPane;

public class AddMessageAction extends ActionSupport{
    private String id;
    private String name;
    private String sex;
    private int age;
    private float weight;
    private String message="input";
    //省略了 id、name、sex、age、weight 的 getter 和 setter 方法
    ⋮
    public void validate(){
        if(this.getId()==null||this.getId().length()==0){
            addFieldError("id","学号不允许为空!");
        }else{
            StudentDao dao=new StudentDao();
            List list=dao.findInfo("id", this.getId());
```

```java
            if(!list.isEmpty()){
                addFieldError("id","学号已存在!");
            }
        }
        if(this.getName()==null||this.getName().length()==0){
            addFieldError("name","姓名不允许为空!");
        }
        if(this.getAge()>130){
            addFieldError("age","请认真核实年龄!");
        }
        if(this.getWeight()>500){
            addFieldError("weight","请认真核实体重!");
        }
    }
    public String execute() throws Exception{
        StudentDao dao=new StudentDao();
        boolean save=dao.saveInfo(info());
        if(save){
            message="success";
        }
        return message;
    }
    public Stuinfo info(){
        Stuinfo info=new Stuinfo();
        info.setId(this.getId());
        info.setName(this.getName());
        info.setSex(this.getSex());
        info.setAge(this.getAge());
        info.setWeight(this.getWeight());
        return info;
    }
    public void message(String mess){
        int type=JOptionPane.YES_NO_OPTION;
        String title="提示信息";
        JOptionPane.showMessageDialog(null, mess, title, type);
    }
}
```

3. 修改学生信息功能的实现

在图 6-5 所示页面中单击"修改学生信息",出现如图 6-6 所示的"修改学生信息"选择页面(findMessage.jsp),代码如例 6-18 所示,该页面的业务控制器类为 FindMessageAction,代码如例 6-19 所示。

图 6-6 "修改学生信息"选择页面

【例 6-18】 修改学生信息页面（findMessage.jsp）。

```
<%@page contentType="text/html" pageEncoding="UTF-8"%>
<%@page import="java.util.ArrayList, PO.Stuinfo"%>
<%@taglib prefix="s" uri="/struts-tags" %>
<html>
    <head>
        <meta http-equiv="Content-Type" content="text/html; charset=UTF-8">
        <title><s:text name="学生信息管理系统-查找"></s:text></title>
    </head>
<body bgcolor="pink">
    <s:div align="center">
        <hr color="red"/>
    <br/>
    <table align="center" width="80%">
        <tr>
            <td width="25%">
              <s:a href="http://localhost:8084/ch06/student/lookMessage.jsp">
                    查看学生信息
                </s:a>
            </td>
            <td width="25%">
              <s:a href="http://localhost:8084/ch06/student/addMessage.jsp">
                    添加学生信息
                </s:a>
            </td>
            <td width="25%">
                修改学生信息
            </td>
            <td width="25%">
              <s:a href="http://localhost:8084/ch06/student/deleteMessage.jsp">
                    删除学生信息
```

```
            </s:a>
         </td>
      </tr>
   </table>
   <br/>
   <hr color="red"/>
   <br/><br/><br/>
   <font size="5">修改学生信息</font>
</s:div>
<s:form action="findMessageAction" method="post">
   <table align="center" width="40%" border="5">
   <tr>
      <td>
           请选择要修改学生的学号：
      </td>
      <td>
         <select name="id">
            <%
               ArrayList list=(ArrayList)session.getAttribute
               ("allInfo");
               if(list.isEmpty()){
                  %>
                  <option value="null">null</option>
                  <%
               }else{
                  for(int i=0;i<list.size();i++){
                  Stuinfo info=(Stuinfo)list.get(i);
                  %>
                     <option value="<%=info.getId()%>">
                       <%=info.getId()%/>
                  <%
                  }
               }
            %>
         </select>
      </td>
      <td>
         <s:submit value="确定"></s:submit>
      </td>
   </tr>
   </table>
</s:form>
   </body>
</html>
```

【例 6-19】 修改学生信息对应的业务控制器（FindMessageAction.java）。

```
package studentAction;
import Dao.StudentDao;
import com.opensymphony.xwork2.ActionSupport;
import java.util.List;
import javax.servlet.http.HttpServletRequest;
import javax.swing.JOptionPane;
import org.apache.struts2.ServletActionContext;

public class FindMessageAction extends ActionSupport{
    private String id;
    private HttpServletRequest request;
    private String message="input";
    public String getId() {
        return id;
    }
    public void setId(String id) {
        this.id = id;
    }
    public void validate(){
        if(this.getId().equals("null")){
            message("暂无学生信息！");
            addFieldError("id","暂无学生信息！");
        }
    }
    public String execute() throws Exception{
        request=ServletActionContext.getRequest();
        StudentDao dao=new StudentDao();
        List list=dao.findInfo("id", this.getId());
        request.getSession().setAttribute("oneInfo", list);
        message="success";
        return message;
    }
    public void message(String mess){
        int type=JOptionPane.YES_NO_OPTION;
        String title="提示信息";
        JOptionPane.showMessageDialog(null, mess, title, type);
    }
}
```

在图 6-6 所示页面中选择需要修改的学号后单击"确定"按钮，业务控制由 FindMessageAction 来完成，如果 FindMessageAction 返回结果为 success，页面跳转到如图 6-7 所示的"修改学生信息"页面（updateMessage.jsp），代码如例 6-20 所示，该页面对应的业务控制器类为 UpdateMessageAction。

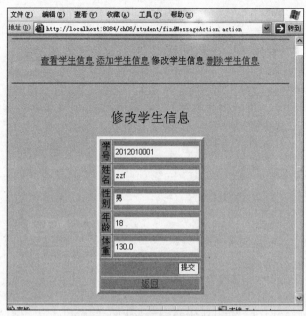

图 6-7 "修改学生信息"页面

【例 6-20】 修改学生信息页面（updateMessage.jsp）。

```
<%@page import="PO.Stuinfo"%>
<%@page import="java.util.ArrayList"%>
<%@page contentType="text/html" pageEncoding="UTF-8"%>
<%@taglib prefix="s" uri="/struts-tags" %>
<html>
    <head>
        <meta http-equiv="Content-Type" content="text/html; charset=UTF-8">
        <title><s:text name="学生信息管理系统-修改"/></title>
    </head>
    <body bgcolor="pink">
        <s:div align="center">
            <hr color="red"/>
        <br/>
        <table align="center" width="80%">
            <tr>
                <td width="25%">
                    <s:a href="http://localhost:8084/ch06/student/
                    lookMessage.jsp">
                        查看学生信息
                    </s:a>
                </td>
                <td width="25%">
                    <s:a href="http://localhost:8084/ch06/student/
                    addMessage.jsp">
                        添加学生信息
                    </s:a>
```

```
            </td>
            <td width="25%">
                修改学生信息
            </td>
            <td width="25%">
              <s:a href="http://localhost:8084/ch06/student/
              deleteMessage.jsp">
                  删除学生信息
              </s:a>
            </td>
        </tr>
    </table>
    <br/>
    <hr color="red"/>
    <br/><br/><br/>
    <font size="5">修改学生信息</font>
</s:div>
<s:form action="updateMessageAction" method="post">
    <table align="center" width="30%" bgcolor="gray" border="5">
        <%
        ArrayList list=(ArrayList)session.getAttribute("oneInfo");
        Stuinfo info=(Stuinfo)list.get(0);
        %>
            <tr>
                <td>
                    学号
                </td>
                <td>
                    <input name="id" value="<%=info.getId()%>"
                        readonly="readonly"/>
                </td>
            </tr>
            <tr>
                <td>
                    姓名
                </td>
                <td>
                    <input name="name"
                        value="<%=info.getName()%>"/>
                </td>
            </tr>
            <tr>
                <td>
                    性别
                </td>
                <td>
                    <input name="sex" value="<%=info.getSex()%>"/>
```

```
            </td>
        </tr>
        <tr>
            <td>
                年龄
            </td>
            <td>
                <input name="age" value="<%=info.getAge()%>"/>
            </td>
        </tr>
        <tr>
            <td>
                体重
            </td>
            <td>
                <input name="weight"
                       value="<%=info.getWeight()%>"/>
            </td>
        </tr>
        <tr>
            <td colspan="2">
                <s:submit value="提交"></s:submit>
            </td>
        </tr>
        <tr>
            <td align="center" colspan="2">
                <s:a href="http://localhost:8084/ch06/student/
                    findMessage.jsp">返回</s:a>
            </td>
        </tr>
    </table>
</s:form>
</body>
</html>
```

【例 6-21】 修改学生信息页面对应的业务控制器（UpdateMessageAction.java）。

```
package studentAction;
import Dao.StudentDao;
import PO.Stuinfo;
import com.opensymphony.xwork2.ActionSupport;
import javax.swing.JOptionPane;

public class UpdateMessageAction extends ActionSupport{
    private String id;
    private String name;
    private String sex;
```

```java
    private int age;
    private float weight;
    private String message="input";
    //省略了id、name、sex、age、weight的getter和setter方法
    ：
    public void validate(){
        if(this.getName()==null||this.getName().length()==0){
            addFieldError("name","姓名不允许为空!");
        }
        if(this.getAge()>130){
            addFieldError("age","请认真核实年龄! ");
        }
        if(this.getWeight()>500){
            addFieldError("weight","请认真核实体重! ");
        }
    }
    public String execute() throws Exception{
        StudentDao dao=new StudentDao();
        boolean update=dao.updateInfo(info());
        if(update){
            message="success";
        }
        return message;
    }
    public Stuinfo info(){
        Stuinfo info=new Stuinfo();
        info.setId(this.getId());
        info.setName(this.getName());
        info.setSex(this.getSex());
        info.setAge(this.getAge());
        info.setWeight(this.getWeight());
        return info;
    }
    public void message(String mess){
        int type=JOptionPane.YES_NO_OPTION;
        String title="提示信息";
        JOptionPane.showMessageDialog(null, mess, title, type);
    }
}
```

4. 删除学生信息功能的实现

在图 6-7 所示页面中单击"删除学生信息",出现如图 6-8 所示的"删除学生信息"页面(deleteMessage),代码如例 6-22 所示,该页面的业务控制器类为 DeleteMessageAction,代码如例 6-23 所示。

图 6-8 "删除学生信息"页面

【例 6-22】 删除学生信息页面（deleteMessage）。

```jsp
<%@page import="PO.Stuinfo"%>
<%@page import="java.util.ArrayList"%>
<%@page contentType="text/html" pageEncoding="UTF-8"%>
<%@taglib  prefix="s" uri="/struts-tags" %>
<html>
    <head>
        <meta http-equiv="Content-Type" content="text/html; charset=UTF-8">
        <title><s:text name="学生信息管理系统-删除"/></title>
    </head>
    <body bgcolor="pink">
        <s:div align="center">
            <hr color="red"/>
        <br/>
        <table align="center" width="80%">
            <tr>
                <td width="25%">
                    <s:a href="http://localhost:8084/ch06/student/
                    lookMessage.jsp">
                        查看学生信息
                    </s:a>
                </td>
                <td width="25%">
                    <s:a href="http://localhost:8084/ch06/student/
                    addMessage.jsp">
                        添加学生信息
                    </s:a>
                </td>
                <td width="25%">
                    <s:a href="http://localhost:8084/ch06/student/
```

```
                    findMessage.jsp">
                        修改学生信息
                    </s:a>
                </td>
                <td width="25%">
                    删除学生信息
                </td>
            </tr>
        </table>
        <br/>
        <hr color="red"/>
        <br/><br/><br/>
        <font size="5">删除学生信息</font>
        </s:div>
        <s:form action="deleteMessageAction" method="post">
            <table align="center" width="40%" border="5">
            <tr>
                <td>
                    请选择要删除学生的学号:
                </td>
                <td>
                    <select name="id">
                        <%
                        ArrayList list=(ArrayList)session.getAttribute
                        ("allInfo");
                        if(list.isEmpty()){
                            %>
                            <option value="null">null</option>
                            <%
                        }else{
                            for(int i=0;i<list.size();i++){
                                Stuinfo info=(Stuinfo)list.get(i);
                                %>
                                    <option value="<%=info.getId()%>">
                                        <%=info.getId()%></option>
                                <%
                                }
                            }
                        %>
                    </select>
                </td>
                <td>
                    <s:submit value="确定"/>
                </td>
            </tr>
            </table>
        </s:form>
```

```
        </body>
</html>
```

【例6-23】 删除页面对应的业务控制器（DeleteMessageAction.java）。

```java
package studentAction;
import Dao.StudentDao;
import com.opensymphony.xwork2.ActionSupport;
import javax.swing.JOptionPane;

public class DeleteMessageAction extends ActionSupport{
    private String id;
    private String message;
    public String getId() {
        return id;
    }
    public void setId(String id) {
        this.id = id;
    }
    public void validate(){
        if(this.getId().equals("null")){
            message("暂无学生信息！");
            addFieldError("id","暂无学生信息！");
        }
    }
    public String execute() throws Exception{
        StudentDao dao=new StudentDao();
        boolean del=dao.deleteInfo(this.getId());
        if(del){
            message="success";
        }
        return message;
    }
    public void message(String mess){
        int type=JOptionPane.YES_NO_OPTION;
        String title="提示信息";
        JOptionPane.showMessageDialog(null, mess, title, type);
    }
}
```

6.10 本 章 小 结

本章详细介绍了 Hibernate 框架的核心组件，通过本章的学习应对 Hibernate 框架有了较深入的认识。应掌握以下内容：

（1）Hibernate 的配置文件。

（2）Hibernate 的 PO 对象。

（3）Hibernate 的映射文件。

（4）Hibernate 的核心类和接口。

6.11 习　题

6.11.1　选择题

1．Hibernate 的默认配置文件是（　　　）。

    A．hibernate.cfg.xml　　　　　　　　　　B．hibernate.properties

    C．hibernate.hbm.xml　　　　　　　　　　D．hibernate.xml

2．Hibernate 的 Configuration 类主要用来加载（　　　）。

    A．hibernate.cfg.xml　　　　　　　　　　B．hibernate.properties

    C．hibernate.hbm.xml　　　　　　　　　　D．hibernate.xml

3．Hibernate 中的 SessionFactory 对象是（　　　）。

    A．非线程安全的　　　　　　　　　　　　B．线程安全的

    C．不是线程对象　　　　　　　　　　　　D．PO 对象

6.11.2　填空题

1．Hibernate 的基本配置文件有两种形式：_____和_____。

2．Hibernate 的每个表对应一个扩展名为_____的映射文件。

3．Hibernate 中获取持久化对象的方法主要有：_____和_____。

6.11.3　简答题

1．简述 Hibernate 配置文件的作用。

2．简述 Hibernate 的 Configuration 类的作用。

3．简述 Hibernate 的 Session 的作用。

6.11.4　实训题

1．使用 Struts2+Hibernate 框架开发一个应用程序获取持久化对象（PO）。

2．使用 Struts2+Hibernate 框架开发一个应用程序，应用 Hibernate 常用方法操作 PO。

第 7 章　Hibernate 的高级组件

前面章节介绍了 Hibernate 的基础知识，通过使用这些知识可以构建一些简单的基于 Hibernate 框架的应用程序。本章将进一步介绍 Hibernate 框架的一些高级技术，利用这些技术可以构建复杂、高效的，基于 Hibernate 框架的应用程序。通过对这些高级组件功能的学习，将帮助我们进一步了解和使用 Hibernate 框架。

本章主要内容如下：
（1）使用关联关系操纵对象。
（2）Hibernate 框架中的数据查询方式。
（3）Hibernate 中的事务管理。
（4）Hibernate 中的 Cache 管理。

7.1　利用关联关系操纵对象

数据对象之间的关联关系有一对一、一对多和多对多等几种。在数据库操作中，数据对象之间的关联关系使用 JDBC 处理很困难。本节讲解如何在 Hibernate 中处理这些对象之间的关联关系。如果直接使用 JDBC 执行这种级联操作会非常烦琐。Hibernate 通过把实体对象之间的关联关系及级联关系在映射文件中声明，比较简便地解决了这类级联操作问题。

7.1.1　一对一关联关系

一对一关联关系在实际生活中是比较常见的，例如，学生（Student）与学生证（Card）的关系，通过学生证可以找到学生。一对一关联关系在 Hibernate 中的实现有两种方式：分别是主键关联和外键关联。

1. 主键关联

主键关联的重点是：关联的两个实体共享一个主键值。例如，一个单位在网上的一个系统中注册为会员。则会员（单位）有一个登录账号，单位注册为会员的数据保存在表 company 中，每个会员的登录账号保存在表 login 中；一个会员只有一个登录账号，一个登录账号只属于一个会员，两个表之间是一对一的对应关系。

表对应的 PO 分别为 Company 与 Login，表之间是一对一关系，它们在数据库中对应的表分别是 company 和 login。它们共用一个主键值 id，这个主键可由 company 表或 login 表生成。问题是如何让另一张表引用已经生成的主键值呢？例如，company 表填入了主键 id 的值，login 表如何引用它？这需要在 Hibernate 的映射文件中使用主键的 foreign 生成机制。

为了表示 Company 与 Login 之间的一对一关联关系，在 Company 与 Login 的映射文件 Company.hbm.xml 和 Login.hbm.xml 中都要使用<one-to-one>标记，代码如例 7-1

和例 7-2 所示。

【例 7-1】 Company 类的映射文件（Company.hbm.xml）。

```xml
<?xml version="1.0"?>
<!DOCTYPE hibernate-mapping PUBLIC
    "-//Hibernate/Hibernate Mapping DTD 3.0//EN"
    "http://hibernate.sourceforge.net/hibernate-mapping-3.0.dtd">
<hibernate-mapping package="PO">
  <class name="Company" table="company">
    <id column="ID" name="id" type="integer">
        <generator class="identity"/>
    </id>
    <property name="companyname" column="COMPANYNAME" type="string"/>
    <property name="linkman"  column="LINKMAN" type="string"/>
    <property name="telephone" column="TELEPHONE" type="string"/>
    <property  name="email" column="EMAIL" type="string"/>
    <!--映射 Company 与 Login 的一对一主键关联-->
    <one-to-one name="login" cascade="all" class="PO.Login" lazy="false"
        fetch="join" outer-join="true"/>
  </class>
</hibernate-mapping>
```

<class>元素的 lazy 属性设定为 true，表示延迟加载，如果 lazy 的值设置为 false，则表示立即加载。下面对立即加载和延迟加载这两个概念进行说明。

（1）立即加载：表示 Hibernate 在从数据库中取得数据组装好一个对象（比如会员 1）后，会立即再从数据库取得数据组装此对象所关联的对象（例如登录账号 1）。

（2）延迟加载：表示 Hibernate 在从数据库中取得数据组装好一个对象（比如会员 1）后，不会立即再从数据库取得数据组装此对象所关联的对象（例如登录账号 1），而是等到需要时，才从数据库取得数据组装此关联对象。

<one-to-one>元素的 cascade 属性表明操作是否从父对象级联到被关联的对象，它的取值可以是如下几种：

（1）none：在保存、删除或修改对象时，不对其附属对象（关联对象）进行级联操作。这是默认设置。

（2）save-update：在保存、更新当前对象时，级联保存、更新附属对象（临时对象、游离对象）。

（3）delete：在删除当前对象时，级联删除附属对象。

（4）all：所有情况下均进行级联操作，即包括 save-update 和 delete 操作。

（5）delete-orphan：删除和当前对象解除关系的附属对象。

<one-to-one>元素 fetch 属性的可选值是 join 和 select，默认值是 select。当 fetch 属性设定为 join 时，表示连接抓取（Join fetching）：Hibernate 通过在 select 语句中使用 Outerjoin（外连接）来获得对象的关联实例或者关联集合。当 fetch 属性设定为 select 时，表示查询抓取（Select fetching）：需要另外发送一条 select 语句抓取当前对象的关联实体或集合。

例 7-1 中<one-to-one>元素的 cascade 属性设置为 all，表示增加、删除及修改 Company 对象时，都会级联增加、删除和修改 Login 对象。

【例 7-2】 Login 类的映射文件（Login.hbm.xml）。

```xml
<?xml version="1.0" encoding="UTF-8"?>
<!DOCTYPE hibernate-mapping PUBLIC
    "-//Hibernate/Hibernate Mapping DTD 3.0//EN"
    "http://hibernate.sourceforge.net/hibernate-mapping-3.0.dtd">
<hibernate-mapping package="PO">
  <class name="Login" table="login">
    <id column="ID" name="id" type="integer">
        <generator class="foreign">
            <param name="property">company</param>
        </generator>
    </id>
    <property name="loginname" column="LOGINNAME" type="string"/>
    <property name="loginpwd" column="LOGINPWD" type="string"/>
    <!--映射 Company 与 Login 的一对一关联-->
    <one-to-one name="company" class="PO.Company" constrained="true" />
  </class>
</hibernate-mapping>
```

在例 7-2 中，Login.hbm.xml 的主键 id 使用外键（foreign）生成机制，引用代号为 company 的对象的主键作为 login 表的主键和外键。company 在该映射文件的<one-to-one>元素中进行了定义，它是 Company 对象的代号。<one-to-one>元素的属性 constrained="true"表示 Login 引用了 company 的主键作为外键。

2. 外键关联

外键关联的要点是：两个实体各自有不同的主键，但其中一个实体有一个外键引用另一个实体的主键。例如，客户 Client 和客户地址（Address）是外键关联的一对一关系，它们在数据库中对应的表分别是 client 表和 address 表。Client 类的映射文件中的 address 为外键引用 Address 类的对应表中的主键，乍一看是一个多对一的关系，但是在 Client 类对应的映射文件设置一多对应的属性 address 时，设置 address 为 unique 的值为 true，即这个外键是唯一的，即成为一对一关系。

Address 的映射文件 Address.hmb.xml 的代码如例 7-3 所示。但 Client 的映射文件 Client.hbm.xml 的代码如例 7-4 所示。

【例 7-3】 Address 类的映射文件（Address.hbm.xml）。

```xml
<?xml version="1.0"?>
<!DOCTYPE hibernate-mapping PUBLIC
    "-//Hibernate/Hibernate Mapping DTD 3.0//EN"
    "http://hibernate.sourceforge.net/hibernate-mapping-3.0.dtd">
<hibernate-mapping package="PO">
  <class name="Address" table="address">
    <id column="ID" name="id" type="integer">
```

```
            <generator class="identity"/>
        </id>
        <property name="province" column="PROVINCE" type="string"/>
        <property name="city" column="CITY" type="string"/>
        <property name="street" column="STREET" type="string"/>
        <property name="zipcode" column="ZIPCODE" type="string"/>
        <!--映射 Client 与 Address 的一对一外键关联-->
        <one-to-one name="client" class="PO.Client" property-ref="address"/>
    </class>
</hibernate-mapping>
```

【例 7-4】 Client 类的映射文件（Client.hbm.xml）。

```
<?xml version="1.0"?>
<!DOCTYPE hibernate-mapping PUBLIC
"-//Hibernate/Hibernate Mapping DTD 3.0//EN"
"http://hibernate.sourceforge.net/hibernate-mapping-3.0.dtd">
<hibernate-mapping package="PO">
  <class name="Client" table="client">
    <id column="ID" name="id" type="integer">
        <!--不再是 foreign 了-->
        <generator class="identity"/>
    </id>
    <property column="CLIENTNAME" name="clientname" type="string"/>
    <property column="PHONE" name="phone" type="string"/>
    <property column="EMAIL" name="email" type="string"/>
    <!--映射 Client 到 Address 的一对一外键关联,唯一的多对一,实际上变成一对一关系-->
    <many-to-one name="address" class="PO.Address" column="address"
        cascade="all" lazy="false" unique="true"/>
  </class>
</hibernate-mapping>
```

在例 7-4 中，<many-to-one>元素的 name 属性声明外键关联对象的代号，class 属性声明该外键关联对象的类，column 属性声明该外键在数据表中对应的字段名，unique 属性表示使用 DDL 为外键字段生成一个唯一约束。

以外键关联对象的一对一关系，其本质上是一对多的双向关联，应直接按照一对多和多对一的要求编写它们的映射文件。当<many-to-one>元素的 unique 属性设定为 true 时，多对一的关系实际上变成了一对一的关系。

7.1.2 一对一关联关系的应用实例

本实例练习一对一关联关系的主键关联和外键关联。

1. 项目介绍

该项目中会员（Company）有一个登录账号（Login），其中 PO 对象 Company 和 Login 对应的表 company 与 login 使用一对一主键关联，Company 类的代码如例 7-5 所示，该 PO 对象对应的映射文件 Company.hbm.xml 代码如例 7-1 所示，Login 类的代码如例 7-6

所示，该 PO 对象对应的映射文件 Login.hbm.xml 代码如例 7-2 所示，表 company 的字段以及数据类型如图 7-1 所示，login 表的字段以及数据类型如图 7-2 所示；客户（Client）和客户地址（Address）使用一对一的外键关联，Address 类的代码如例 7-6 所示，该 PO 对象对应的映射文件 Address.hbm.xml 代码如例 7-3 所示，Client 类的代码如例 7-7 所示，该 PO 对象对应的映射文件 Client.hbm.xml 代码如例 7-4 所示，表 address 的字段以及数据类型如图 7-3 所示，client 表的字段以及数据类型如图 7-4 所示；该项目连接的是 MySQL 数据库，需要的配置文件为 hibernate.cfg.xml，代码如例 7-9 所示；加载该配置文件的类为 HibernateSessionFactory，代码如例 7-10 所示；为了实现对数据的操作，封装一个类 OneOneDAO，代码如例 7-11 所示；为了对上述关联关系进行测试编写了一个测试类 TestBean，代码如例 7-12 所示，可以编译 JSP 页面对以上关联关系进行测试；项目提供一个 JSP 页面（index.jsp）把测试数据显示出来，代码如例 7-13 所示，在该页面中调用 TestBean 类。项目的文件结构如图 7-5 所示。

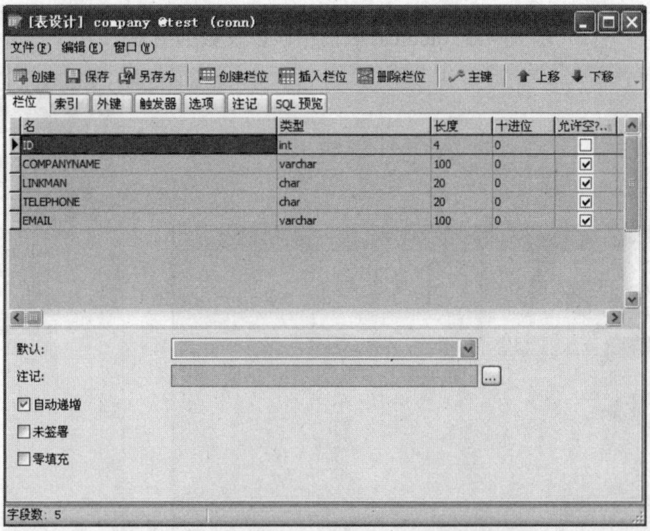

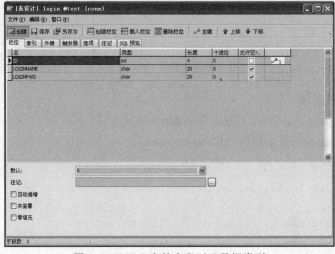

图 7-1　company 表的字段以及数据类型

图 7-2　login 表的字段以及数据类型

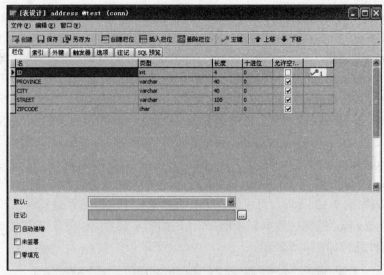

图 7-3　address 表的字段以及数据类型

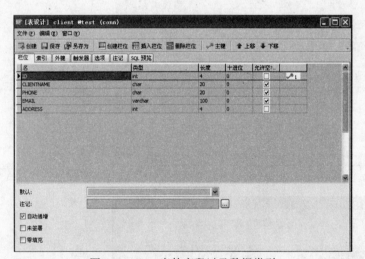

图 7-4　client 表的字段以及数据类型

图 7-5　项目文件结构图

2. PO 与映射文件

PO 对象 Company、Login、Client 和 Address 的代码如下：

【例 7-5】 Company 类的代码（Company.java）。

```java
package PO;
import java.io.Serializable;

public class Company implements Serializable{
    private Integer id;
    private String companyname;        //单位名称
```

```java
    private String linkman;            //单位联系人
    private String telephone;          //联系电话
    private String email;              //邮箱
    private Login login;        //关联关系。需要在 Company 类关联另外一个类，即 Login
    public Integer getId() {
        return id;
    }
    public void setId(Integer id) {
        this.id = id;
    }
    public String getCompanyname() {
        return companyname;
    }
    public void setCompanyname(String companyname) {
        this.companyname = companyname;
    }
    public String getLinkman() {
        return linkman;
    }
    public void setLinkman(String linkman) {
        this.linkman = linkman;
    }
    public String getTelephone() {
        return telephone;
    }
    public void setTelephone(String telephone) {
        this.telephone = telephone;
    }
    public String getEmail() {
        return email;
    }
    public void setEmail(String email) {
        this.email = email;
    }
    public Login getLogin() {
        return login;
    }
    public void setLogin(Login login) {
        this.login = login;
    }
}
```

PO 对象 Company 对应的映射文件 Company.hbm.xml 代码如例 7-1 所示，参考 7.1.1 节。

【例 7-6】 Login 类的代码（Login.java）。

```java
package PO;
```

```
import java.io.Serializable;

public class Login implements Serializable{
    private Integer id;
    private String loginname;      //登录账号
    private String loginpwd;       //登录密码
    private Company company;           //关联关系。需要在 Login 类关联另外一个类 Company
    public Integer getId() {
        return id;
    }
    public void setId(Integer id) {
        this.id = id;
    }
    public String getLoginname() {
        return loginname;
    }
    public void setLoginname(String loginname) {
        this.loginname = loginname;
    }
    public String getLoginpwd() {
        return loginpwd;
    }
    public void setLoginpwd(String loginpwd) {
        this.loginpwd = loginpwd;
    }
    public Company getCompany() {
        return company;
    }
    public void setCompany(Company company) {
        this.company = company;
    }
}
```

PO 对象 Login 对应的映射文件 Login.hbm.xml 代码如例 7-2 所示。

【例 7-7】 Address 类的代码（Address.java）。

```
package PO;
import java.io.Serializable;

public class Address implements Serializable{
    private Integer id;
    private String province;          //省份
    private String city;              //城市
    private String street;            //街道
    private String zipcode;           //邮编
    private Client client;            //关联另外一个类
    public Integer getId() {
```

```
        return id;
    }
    public void setId(Integer id) {
        this.id = id;
    }
    public String getProvince() {
        return province;
    }
    public void setProvince(String province) {
        this.province = province;
    }
    public String getCity() {
        return city;
    }
    public void setCity(String city) {
        this.city = city;
    }
    public String getStreet() {
        return street;
    }
    public void setStreet(String street) {
        this.street = street;
    }
    public String getZipcode() {
        return zipcode;
    }
    public void setZipcode(String zipcode) {
        this.zipcode = zipcode;
    }
    public Client getClient() {
        return client;
    }
    public void setClient(Client client) {
        this.client = client;
    }
}
```

PO 对象 Address 对应的映射文件 Address.hbm.xml 代码如例 7-3 所示。

【例 7-8】 Client 类的代码（Client.java）。

```
package PO;
import java.io.Serializable;

public class Client implements Serializable{
    private Integer id;
    private String clientname;          //客户名称
    private String phone;               //客户电话
```

```java
    private String email;              //客户邮箱
    private Address address;           //关联另外一个 PO
    public Integer getId() {
        return id;
    }
    public void setId(Integer id) {
        this.id = id;
    }
    public String getClientname() {
        return clientname;
    }
    public void setClientname(String clientname) {
        this.clientname = clientname;
    }
    public String getPhone() {
        return phone;
    }
    public void setPhone(String phone) {
        this.phone = phone;
    }
    public String getEmail() {
        return email;
    }
    public void setEmail(String email) {
        this.email = email;
    }
    public Address getAddress() {
        return address;
    }
    public void setAddress(Address address) {
        this.address = address;
    }
}
```

PO 对象 Client 对应的映射文件 Client.hbm.xml 代码如例 7-4 所示。

3. Hibernate 的配置文件

【例 7-9】 配置文件（hibernate.cfg.xml）。

```xml
<?xml version="1.0"?>
<!DOCTYPE hibernate-configuration PUBLIC
    "-//Hibernate/Hibernate Configuration DTD 3.0//EN"
    "http://hibernate.sourceforge.net/hibernate-configuration-3.0.dtd">
<hibernate-configuration>
    <session-factory>
        <property name="connection.driver_class">com.mysql.jdbc.Driver
        </property>
        <property name="dialect">
```

```
                   org.hibernate.dialect.MySQLDialect
          </property>
          <property name="connection.url">
              <!-- onetoone 为数据库名-->
              jdbc:mysql://localhost:3306/onetoone?
              useUnicode=true;characterEncoding=gb2312
          </property>
          <property name="connection.username">root</property>
          <property name="connection.password">root</property>
          <mapping resource="PO/Address.hbm.xml"/>
          <mapping resource="PO/Client.hbm.xml"/>
          <mapping resource="PO/Company.hbm.xml"/>
          <mapping resource="PO/Login.hbm.xml"/>
      </session-factory>
</hibernate-configuration>
```

4. 加载 Hibernate 配置文件的类

加载配置文件的类为 HibernateSessionFactory。

【例 7-10】 HibernateSessionFactory 类（HibernateSessionFactory.java）。

```
package addHibFile;
import org.hibernate.HibernateException;
import org.hibernate.Session;
import org.hibernate.SessionFactory;
import org.hibernate.cfg.Configuration;

public class HibernateSessionFactory {
    private HibernateSessionFactory() {
    }
    private static String CONFIG_FILE_LOCATION = "/hibernate.cfg.xml";
        /*它的作用是为每一个使用该变量的线程都提供一个变量值的副本,使每一个线程都可以独立
    地改变自己的副本,而不会和其他线程的副本冲突。从线程的角度看,就好像每一个线程都完全拥有
    该变量这样可以实现子线程的安全*/
    private static final ThreadLocal threadLocal = new ThreadLocal();
    private static final Configuration cfg = new Configuration();
    private static SessionFactory sessionFactory;
    public static Session currentSession() throws HibernateException {
        Session session = (Session) threadLocal.get();
        if (session == null) {
            if (sessionFactory == null) {
                try {
                    cfg.configure(CONFIG_FILE_LOCATION);
                    sessionFactory = cfg.buildSessionFactory();
                }
                catch (Exception e) {
                    System.err.println("生成 SessionFactory 失败！");
                    e.printStackTrace();
```

```
                }
            }
            session = sessionFactory.openSession();
            threadLocal.set(session);
        }
        return session;
    }
    public static void closeSession() throws HibernateException {
        Session session = (Session) threadLocal.get();
        threadLocal.set(null);
        if (session != null) {
            session.close();
        }
    }
}
```

5. 封装对数据操作的类

为了实现对数据的操作封装一个类 OneOneDAO，该类中封装了前述需要实现的功能。

【例 7-11】 OneOneDAO 类（OneOneDAO.java）。

```
package DAO;
import addHibFile.HibernateSessionFactory;
import org.hibernate.*;
import PO.*;

public class OneOneDAO {
    //添加会员
    public void addCompany(Company company) {
        Session session = HibernateSessionFactory.currentSession();
        Transaction ts = null;
        try{
            ts = session.beginTransaction();
            session.save(company);
            ts.commit();
        }catch(Exception ex){
            ts.rollback();
            System.out.println("【系统错误】在 OneOneDAO 的 addCompany 方法中出
        错: ");
            ex.printStackTrace();
        }finally{
            HibernateSessionFactory.closeSession();
        }
    }
    //获取会员信息
    public Company loadCompany(Integer id) {
        Session session = HibernateSessionFactory.currentSession();
        Transaction ts = null;
```

```java
        Company company = null;
        try{
            ts = session.beginTransaction();
            company = (Company)session.get(Company.class,id);
            ts.commit();
        }catch(Exception ex){
            ts.rollback();
            System.out.println("【系统错误】在 OneOneDAO 的 loadCompany 方法中
    出错: ");
            ex.printStackTrace();
        }finally{
            HibernateSessionFactory.closeSession();
        }
        return company;
    }
    //添加客户信息
    public void addClient(Client client) {
        Session session = HibernateSessionFactory.currentSession();
        Transaction ts = null;
        try{
            ts = session.beginTransaction();
            session.save(client);
            ts.commit();
        }catch(Exception ex){
            ts.rollback();
            System.out.println("【系统错误】在 OneOneDAO 的 addClient 方法中出
    错: ");
            ex.printStackTrace();
        }finally{
            HibernateSessionFactory.closeSession();
        }
    }
    //获取客户信息
    public Client loadClient(Integer id) {
        Session session = HibernateSessionFactory.currentSession();
        Transaction ts = null;
        Client client = null;
        try{
            ts = session.beginTransaction();
            client = (Client)session.get(Client.class,id);
            ts.commit();
        }catch(Exception ex){
            ts.rollback();
            System.out.println("【系统错误】在 OneOneDAO 的 loadClient 方法中出
    错: ");
            ex.printStackTrace();
        }finally{
```

```
            HibernateSessionFactory.closeSession();
        }
        return client;
    }
}
```

6. 关联关系测试类

为了对上述关联关系进行测试编写了一个测试类 TestBean。

【例 7-12】 TestBean 类（TestBean.java）。

```
package test;
import PO.*;
import DAO.*;

public class TestBean {
    OneOneDAO dao = new OneOneDAO();
    //添加会员信息
    public void addCompany(){
        Company company = new Company();
        Login login = new Login();
        login.setLoginname("QQ");
        login.setLoginpwd("123");
        company.setCompanyname("清华大学出版社");
        company.setLinkman("白立军");
        company.setTelephone("010-60772015");
        company.setEmail("bailj@163.com");
        //PO 对象之间相互设置关联关系
        login.setCompany(company);
        company.setLogin(login);
        dao.addCompany(company);
    }
    //获取会员信息
    public Company loadCompany(Integer id){
        return dao.loadCompany(id);
    }
    //添加客户信息
    public void addClient(){
        Client client = new Client();
        Address address = new Address();
        address.setProvince("北京市");
        address.setCity("北京市");
        address.setStreet("清华园");
        address.setZipcode("100084");
        client.setClientname("李想");
        client.setPhone("010-56565566");
        client.setEmail("lixiang@163.com");
        //PO 对象之间相互设置关联关系
```

```
            address.setClient(client);
            client.setAddress(address);
            dao.addClient(client);
        }
        //获取客户信息
        public Client loadClient(Integer id){
            return dao.loadClient(id);
        }
    }
```

7. 测试页面

为了显示测试数据提供一个 JSP 页面（index.jsp）。

【例 7-13】 JSP 页面（index.jsp）。

```
<%@page contentType="text/html" pageEncoding="UTF-8"%>
<%@ page import="test.TestBean"%>
<%@ page import="PO.*"%>
<html>
  <head>
    <title>Hibernate 的一对一关联关系映射</title>
  </head>
  <body>
    <h2>Hibernate 的一对一关联关系映射</h2>
    <hr>
    <!--调用测试的 TestBean-->
    <jsp:useBean id="test" class="test.TestBean" />
    <%
        test.addCompany();
        out.println("添加一个公司");
        test.addClient();
        out.println("添加一个客户");
        Integer id = new Integer(1);
        Company company = test.loadCompany(id);
        out.println("加载 id 为 1 的公司");
        Login login = company.getLogin();
        out.println("获取公司的登录账号");
        Client client = test.loadClient(id);
        out.println("获取 id 为 1 的客户");
        Address address = client.getAddress();
        out.println("获取该客户地址");
        out.println("<br>company.getCompanyname()="+
                company.getCompanyname());
        out.println("<br>company.getLinkman()="+company.getLinkman());
        out.println("<br>company.getTelephone()="+company.getTelephone());
        out.println("<br>login.getLoginname()="+login.getLoginname());
        out.println("<br>login.getLoginpwd()="+login.getLoginpwd());
        out.println("<br>");
```

```
out.println("<br>client.getClientname()="+client.getClientname());
out.println("<br>client.getPhone()="+client.getPhone());
out.println("<br>client.getEmail()="+client.getEmail());
out.println("<br>address.getProvince()="+address.getProvince());
out.println("<br>address.getCity()="+address.getCity());
out.println("<br>address.getStreet()="+address.getStreet());
out.println("<br>address.getZipcode()="+address.getZipcode());
%>
</body>
</html>
```

8. 项目部署和运行

项目部署后运行 index.jsp，运行效果如图 7-6 所示。

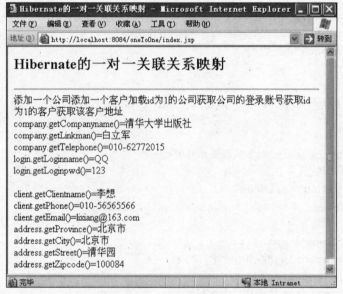

图 7-6　运行效果

7.1.3　一对多关联关系

一对多关系很常见，例如，父亲和孩子、班级（Group）与学生（Student）、客户与订单的关系就是很典型的一对多的关系。在实际编写程序时，一对多关系有两种实现方式：单向关联和双向关联。单向的一对多关系只需在一方进行映射配置，而双向的一对多关系需要在关联的双方进行映射配置。下面以客户（Customer）与订单（Orders）为例讲解如何配置一对多的关系。

1. 单向关联

单向的一对多关系只需在一方进行映射配置，所以只需配置客户（Customer）的映射文件 Customer.hbm.xml，代码如例 7-14 所示。

【**例 7-14**】 Customer 类的映射文件（Customer.hbm.xml）。

```
<?xml version="1.0"?>
<!DOCTYPE hibernate-mapping PUBLIC
```

```
    "-//Hibernate/Hibernate Mapping DTD 3.0//EN"
    "http://hibernate.sourceforge.net/hibernate-mapping-3.0.dtd">
<hibernate-mapping package="PO">
    <class name="Customer" table="customer">
    <id column="ID" name="id" type="integer">
        <generator class="identity"/>
    </id>
    <property name="cname" column="CNAME" type="string"/>
    <property name="bank" column="BANK" type="string"/>
    <property name="phone" column="PHONE" type="string"/>
    <!--一对多双向关联映射 customer 到 orders，单的一方配置-->
    <set name="orders" table="orders " cascade="all" inverse="true" lazy="false"
        cascade="all" sort=" natural " >
        <key column="CUSTOMER_ID"/>
        <one-to-many class="PO.Orders"/>
    </set>
  </class>
</hibernate-mapping>
```

在以上映射文件中，<property>元素的 insert 属性表示被映射的字段是否出现在 SQL 的 INSERT 语句中；update 属性表示被映射的字段是否出现在 SQL 的 UPDATE 语句中。

<set>元素描述的字段（本例中为 orders）对应的类型为 java.util.Set，它的各个属性的含义如下：

（1）name：字段名，本例的字段名为 orders，它属于 java.util.Set 类型。

（2）table：关联表名，本例中，orders 的关联数据表名是 orders。

（3）lazy：是否延迟加载，lazy=false 表示立即加载。

（4）inverse：用于表示双向关联中的被动的一端。inverse 的值为 false 的一方负责维护关联关系。默认值为 false。本例中 Customer 将负责维护它与 Orders 之间的关联关系。

（5）cascade：级联关系；cascade=all 表示所有情况下均进行级联操作，即包含 save-update 和 delete 操作。

（6）sort：排序关系，其可选取值为：unsorted（不排序）、natural（自然排序）、comparatorClass（由某个实现了 java.util.comparator 接口的类型指定排序算法）。

（7）<key>子元素的 column 属性指定关联表（本例中为 orders 表）的外键。

（8）<one-to-many>子元素的 class 属性指定了关联类的名字。

2．双向关联

如果要设置一对多双向关联关系，那么还需要在"多"方的映射文件中使用 <many-to-one>标记。例如，在 Customer 与 Orders 一对多的双向关联中，除了修改 Customer 的映射文件 Customer.hbm.xml 外，还需要在 Orders 的映射文件 Orders.hbm.xm 中添加如下代码，如例 7-15 所示。

【例 7-15】 Orders 类的映射文件（Orders.hbm.xml）。

```
<?xml version="1.0" encoding="UTF-8"?>
<!DOCTYPE hibernate-mapping PUBLIC
```

```
    "-//Hibernate/Hibernate Mapping DTD 3.0//EN"
    "http://hibernate.sourceforge.net/hibernate-mapping-3.0.dtd">
<hibernate-mapping package="PO">
    <class name="Orders" table="orders">
    <id column="ID" name="id" type="integer">
        <generator class="identity"/>
    </id>
    <property name="orderno" column="ORDERNO" type="string"/>
    <property name="money" column="MONEY" type="double"/>
    <!--一对多双向关联映射的多的一方配置-->
    <many-to-one name="customer"class="PO.Customer"
        column="CUSTOMER_ID" lazy="false" not-null="true"/>
    </class>
</hibernate-mapping>
```

7.1.4 一对多关联关系的应用实例

本实例练习一对多关联关系的双向关联。

1. 项目介绍

该项目中客户（Customer）和订单（Orders）是一对多的关系，其中 PO 对象 Customer 和 Orders 对应的表 company 与 orders 使用一对多的双向关联，Customer 类的代码如例 7-16 所示，该 PO 对象对应的映射文件为 Customer.hbm.xml，代码如例 7-14 所示，Orders 类的代码如例 7-17 所示，该 PO 对象对应的映射文件 Orders.hbm.xml 代码如例 7-15 所示，表 customer 的字段以及数据类型如图 7-7 所示，orders 表的字段以及数据类型如图 7-8 所示；该项目连接的是 MySQL 数据库，需要的配置文件为 hibernate.cfg.xml，将例 7-9 的代码简单修改即可；加载该配置文件的类为 HibernateSessionFactory，代码

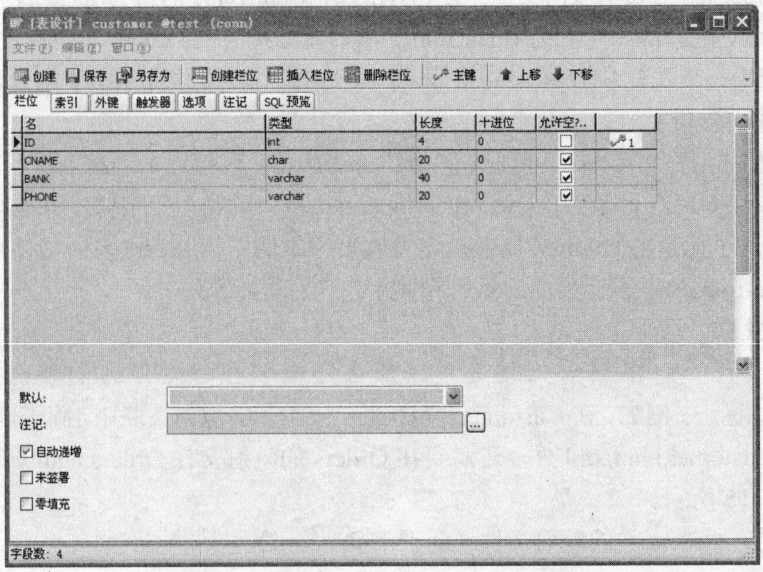

图 7-7 customer 表的字段以及数据类型

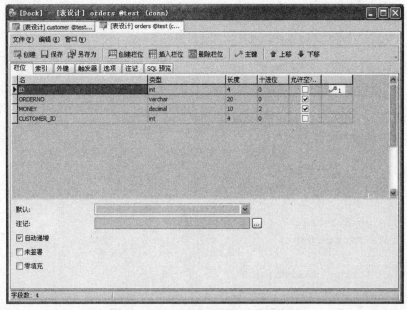

图 7-8　orders 表的字段以及数据类型

如例 7-10 所示；为了实现对数据的操作封装一个类 OneManyDAO，代码如例 7-18 所示；

为了对上述关联关系进行测试编写了一个测试类 TestBean，代码如例 7-19 所示，可以编译 JSP 页面对以上关联关系进行测试；项目提供一个 JSP 页面（index.jsp）把测试数据显示出来，代码如例 7-20 所示，在该页面中调用 TestBean 类。项目的文件结构如图 7-9 所示。

2. PO 与映射文件

PO 对象 Customer 和 Orders 的代码如下：

【例 7-16】 Customer 类的代码（Customer.java）。

图 7-9　项目文件结构图

```
package PO;
import java.io.Serializable;
import java.util.*;

public class Customer implements Serializable
{
    private Integer id;
    private String cname;     //客户名称
    private String bank;      //银行账号
    private String phone;     //电话号码
    private Set orders = new HashSet();//关联另外一个类
    public Customer() {
    }
    public Integer getId() {
        return id;
    }
}
```

```
        public void setId(Integer id) {
            this.id = id;
        }
        public String getCname() {
            return cname;
        }
        public void setCname(String cname) {
            this.cname = cname;
        }
        public String getBank() {
            return bank;
        }
        public void setBank(String bank) {
            this.bank = bank;
        }
        public String getPhone() {
            return phone;
        }
        public void setPhone(String phone) {
            this.phone = phone;
        }
        public Set getOrders() {
            return orders;
        }
        public void setOrders(Set orders) {
            this.orders = orders;
        }
}
```

PO 对象 Customer 对应的映射文件 Customer.hbm.xml 代码如例 7-14 所示。

【例 7-17】 Orders 类的代码（Orders.java）。

```
package PO;
import java.io.Serializable;

public class Orders implements Serializable {
    private Integer id;
    private String orderno;        //订单号
    private Double money;          //所需资金
    private Customer customer;      //关联另外一个 PO
    public Integer getId() {
        return id;
    }
    public void setId(Integer id) {
        this.id = id;
    }
    public String getOrderno() {
```

```
        return orderno;
    }
    public void setOrderno(String orderno) {
        this.orderno = orderno;
    }
    public Double getMoney() {
        return money;
    }
    public void setMoney(Double money) {
        this.money = money;
    }
    public Customer getCustomer() {
        return customer;
    }
    public void setCustomer(Customer customer) {
        this.customer = customer;
    }
}
```

PO 对象 Orders 对应的映射文件 Orders.hbm.xml 代码如例 7-15 所示。

3. Hibernate 的配置文件

配置文件参考例 7-9，只需修改数据库名为 onetomany。

4. 加载 Hibernate 配置文件的类

加载配置文件的类为 HibernateSessionFactory。代码和例 7-10 相同。

5. 封装对数据操作的类

为了实现对数据的操作封装一个类为 OneManyDAO，该类中封装了前述需要的功能。

【例 7-18】 OneManyDAO 类（OneManyDAO.java）。

```
package DAO;
import addHibFile.HibernateSessionFactory;
import org.hibernate.*;
import PO.*;

public class OneManyDAO {
    public void addCustomer(Customer customer) {
        Session session = HibernateSessionFactory.currentSession();
        Transaction ts = null;
        try{
            ts = session.beginTransaction();
            session.save(customer);
            ts.commit();
        }catch(Exception ex){
            ts.rollback();
            System.out.println("添加客户失败!");
            ex.printStackTrace();
        }finally{
```

```java
            HibernateSessionFactory.closeSession();
        }
    }
    public Customer loadCustomer(Integer id) {
        Session session = HibernateSessionFactory.currentSession();
        Transaction ts = null;
        Customer customer = null;
        try{
            ts = session.beginTransaction();
            customer = (Customer)session.get(Customer.class,id);
            ts.commit();
        }catch(Exception ex){
            ts.rollback();
            System.out.println("获取客户失败！");
            ex.printStackTrace();
        }finally{
            HibernateSessionFactory.closeSession();
        }
        return customer;
    }
    public void addOrders(Orders order) {
        Session session = HibernateSessionFactory.currentSession();
        Transaction ts = null;
        try{
            ts = session.beginTransaction();
            session.save(order);
            ts.commit();
        }catch(Exception ex){
            ts.rollback();
            System.out.println("添加订单失败！");
            ex.printStackTrace();
        }finally{
            HibernateSessionFactory.closeSession();
        }
    }
    public Orders loadOrders(Integer id) {
        Session session = HibernateSessionFactory.currentSession();
        Transaction ts = null;
        Orders order = null;
        try{
            ts = session.beginTransaction();
            order = (Orders)session.get(Orders.class,id);
            ts.commit();
        }catch(Exception ex){
            ts.rollback();
            System.out.println("获取订单失败！");
            ex.printStackTrace();
```

```
        }finally{
            HibernateSessionFactory.closeSession();
        }
        return order;
    }
}
```

6．关联关系测试类

为了对前述关联关系进行测试编写了一个测试类 TestBean。

【例 7-19】 TestBean 类（TestBean.java）。

```
package test;
import java.util.Random;
import PO.*;
import DAO.*;

public class TestBean {
    OneManyDAO dao = new OneManyDAO();
    Random rnd = new Random();//用于产生订单号
    public void addCustomer(){
        Customer customer = new Customer();
        customer.setCname("清华大学出版社");
        customer.setBank("9559501012356789");
        customer.setPhone("010-62772015");
        dao.addCustomer(customer);
    }
    public Customer loadCustomer(Integer id){
        return dao.loadCustomer(id);
    }

    public void addOrders(Customer customer){
        Orders order = new Orders();
        order.setOrderno(new Long(System.currentTimeMillis()).toString());
        order.setMoney(new Double(rnd.nextDouble()*10000));
        order.setCustomer(customer);
        customer.getOrders().add(order);
        dao.addOrders(order);
    }
    public Orders loadOrders(Integer id){
        return dao.loadOrders(id);
    }
}
```

7．测试页面

为了显示测试数据提供一个 JSP 页面（index.jsp）。

【例 7-20】 JSP 页面（index.jsp）。

```jsp
<%@ page language="java" pageEncoding="gb2312"%>
<%@ page import="test.TestBean"%>
<%@ page import="PO.*"%>
<%@ page import="java.util.*"%>
<%@ page import="java.text.NumberFormat"%>
<html>
  <head>
    <title>Hibernate 的一对多双向关联关系映射</title>
  </head>
  <body>
    <h2>Hibernate 的一对多双向关联关系映射</h2>
    <hr>
    <jsp:useBean id="test" class="test.TestBean" />
    <%
        test.addCustomer();
        Integer id = new Integer(1);
        Customer customer = test.loadCustomer(id);
        test.addOrders(customer);
        test.addOrders(customer);
        test.addOrders(customer);
        //根据指定的客户,得到该客户的所有订单
        NumberFormat  nf = NumberFormat.getCurrencyInstance();
        out.println("<br>客户"+customer.getCname()+"的所有订单:");
        Iterator it = customer.getOrders().iterator();
        Orders order = null;
        while (it.hasNext()){
            order = (Orders)it.next();
            out.println("<br>订单号: "+order.getOrderno());
            out.println("<br>订单金额: "+nf.format(order.getMoney()));
                }
        //根据指定的订单,得到其所属的客户
        order = test.loadOrders(new Integer(1));
        customer = order.getCustomer();
        out.println("<br>");
        out.println("<br>订单号为"+order.getOrderno().trim()+
            "的所属客户为:"+customer.getCname());
    %>
  </body>
</html>
```

8. 项目部署和运行

项目部署后运行 index.jsp,运行效果如图 7-10 所示。

图 7-10　运行效果

7.1.5　多对多关联关系

学生（Student）和课程（Course）、商品（Items）和订单（Orders）是典型的多对多关系。例如，某种商品可以存在于很多订单中，一个订单中也可以存在很多个商品。在映射多对多关系时，需要另外使用一个连接表（例如 selecteditems）。selecteditems 表包含两个字段：ORDERID 和 ITEMID。此外，它们的映射文件中使用<many-to-many>元素。

7.1.6　多对多关联关系的应用实例

本实例练习多对多关联关系。

1. 项目介绍

该项目中商品（Items）和订单（Orders）是多对多的关系，其中 PO 对象 Items 和 Orders 对应的表 items 和 orders 使用多对多的关联，Items 类的代码如例 7-21 所示，该 PO 对象对应的映射文件为 Items.hbm.xml，代码如例 7-22 所示，Orders 类的代码如例 7-23 所示，该 PO 对象对应的映射文件 Orders.hbm.xml 代码如例 7-24 所示，表 items 的字段以及数据类型如图 7-11 所示，orders 表的字段以及数据类型如图 7-12 所示，关联关系表 selecteditems 的字段以及数据类型如图 7-13 所示；该项目连接的是 MySQL 数据库，需要的配置文件为 hibernate.cfg.xml，将例 7-9 代码简单修改即可；加载该配置文件的类为 HibernateSessionFactory，代码如例 7-10 所示；为了实现对数据的操作封装一个类 ManyManyDAO，代码如例 7-25 所示；为了对上述关联关系进行测试编写一个测试类 TestBean，代码如例 7-26 所示，可以编译 JSP 页面对以上关联关系进行测试；项目提供一个 JSP 页面（index.jsp）把测试数据显示出来，代码如例 7-27 所示，在该页面中调用 TestBean

类。项目的文件结构如图 7-14 所示。

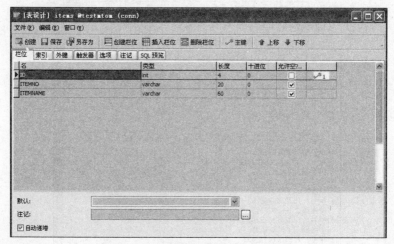

图 7-11　items 表的字段以及数据类型

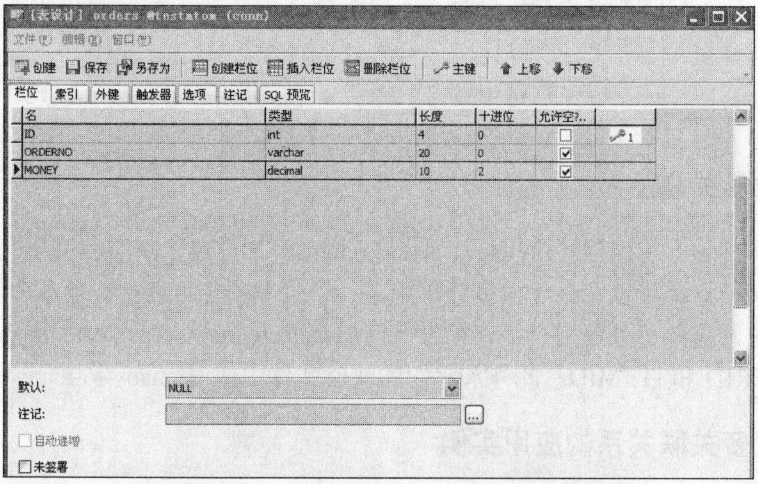

图 7-12　orders 表的字段以及数据类型

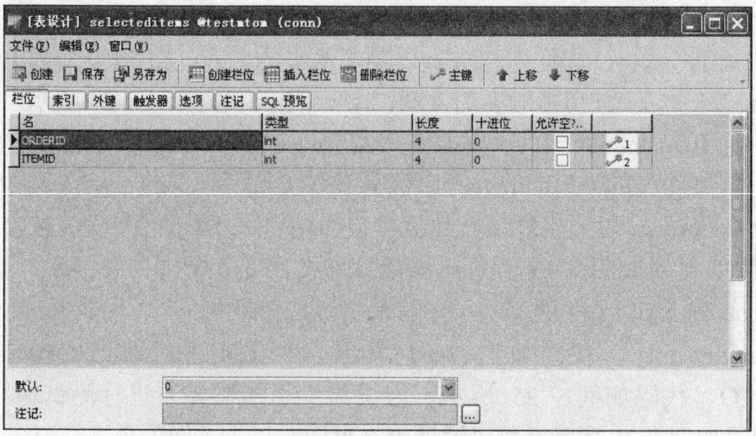

图 7-13　selecteditems 表的字段以及数据类型

2．PO 与映射文件

PO 对象 Items 和 Orders 的代码如下：

【例 7-21】 Items 类的代码（Items.java）。

```java
package PO;
import java.io.Serializable;
import java.util.*;

public class Items implements Serializable{
    private Integer id;
    private String itemno;//商品号
    private String itemname;//商品名称
    private Set orders = new HashSet();
    public Integer getId() {
        return id;
    }
    public void setId(Integer id) {
        this.id = id;
    }
    public String getItemno() {
        return itemno;
    }
    public void setItemno(String itemno) {
        this.itemno = itemno;
    }
    public String getItemname() {
        return itemname;
    }
    public void setItemname(String itemname) {
        this.itemname = itemname;
    }
    public Set getOrders() {
        return orders;
    }
    public void setOrders(Set orders) {
        this.orders = orders;
    }
}
```

图 7-14　项目文件结构图

PO 对象 Items 对应的映射文件 Items.hbm.xml 代码如例 7-22 所示。

【例 7-22】 Items 对应的映射文件（Items.hbm.xml）。

```xml
<?xml version="1.0" encoding="UTF-8"?>
<!DOCTYPE hibernate-mapping PUBLIC
    "-//Hibernate/Hibernate Mapping DTD 3.0//EN"
    "http://hibernate.sourceforge.net/hibernate-mapping-3.0.dtd">
<hibernate-mapping package="PO">
```

```xml
    <class name="Items" table="items">
        <id column="ID" name="id" type="integer">
            <generator class="identity"/>
        </id>
        <property name="itemno" column="ITEMNO" type="string"/>
        <property name="itemname" column="ITEMNAME" type="string"/>
        <!--映射 Items 到 Orders 的多对多关联-->
        <set name="orders" table="selecteditems" cascade="save-update"
            inverse="true" lazy="true" >
            <key column="ITEMID"/>
            <many-to-many class="PO.Orders" column="ORDERID"/>
        </set>
    </class>
</hibernate-mapping>
```

【例 7-23】 Orders 类的代码（Orders.java）。

```java
package PO;
import java.io.Serializable;
import java.util.*;

public class Orders implements Serializable{
    private Integer id;
    private String orderno;
    private Double money;
    private Set items = new HashSet();
    public Integer getId() {
        return id;
    }
    public void setId(Integer id) {
        this.id = id;
    }
    public String getOrderno() {
        return orderno;
    }
    public void setOrderno(String orderno) {
        this.orderno = orderno;
    }
    public Double getMoney() {
        return money;
    }
    public void setMoney(Double money) {
        this.money = money;
    }
    public Set getItems() {
        return items;
    }
```

```
    public void setItems(Set items) {
        this.items = items;
    }
}
```

PO 对象 Orders 对应的映射文件 Orders.hbm.xml 代码如例 7-24 所示。

【例 7-24】 Orders 对应的映射文件（Orders.hbm.xml）。

```xml
<?xml version="1.0" encoding="UTF-8"?>
<!DOCTYPE hibernate-mapping PUBLIC
    "-//Hibernate/Hibernate Mapping DTD 3.0//EN"
    "http://hibernate.sourceforge.net/hibernate-mapping-3.0.dtd">
<hibernate-mapping package="PO">
    <class name="Orders" table="orders">
        <id column="ID" name="id" type="integer">
            <generator class="identity"/>
        </id>
        <property name="orderno" column="ORDERNO" type="string"/>
        <property name="money" column="MONEY" type="double"/>
        <!--映射 Orders 到 Items 的多对多关联-->
        <set  name="items"  table="selecteditems"  cascade="save-update"
lazy="true" >
            <key column="ORDERID"/>
            <many-to-many class="PO.Items" column="ITEMID"/>
        </set>
    </class>
</hibernate-mapping>
```

3．Hibernate 的配置文件
配置文件参考例 7-9，只需修改数据库名为 manytomany。

4．加载 Hibernate 配置文件的类
加载配置文件的类为 HibernateSessionFactory。代码和例 7-10 相同。

5．封装对数据操作的类
为了实现对数据的操作封装一个类 ManyManyDAO，该类中封装了前述需要的功能。

【例 7-25】 OneManyDAO 类（OneManyDAO.java）。

```java
package DAO;
import addHibFile.HibernateSessionFactory;
import PO.*;
import org.hibernate.*;

public class ManyManyDAO {
    public void addOrders(Orders order) {
        Session session = HibernateSessionFactory.currentSession();
        Transaction ts = null;
        try{
            ts = session.beginTransaction();
```

```java
            session.save(order);
            ts.commit();
        }catch(Exception ex){
            ts.rollback();
            System.out.println("addOrders 方法异常！");
            ex.printStackTrace();
        }finally{
            HibernateSessionFactory.closeSession();
        }
    }
    public Orders loadOrders(Integer id) {
        Session session = HibernateSessionFactory.currentSession();
        Transaction ts = null;
        Orders order = null;
        try{
            ts = session.beginTransaction();
            order = (Orders)session.get(Orders.class,id);
            Hibernate.initialize(order.getItems());
            ts.commit();
        }catch(Exception ex){
            ts.rollback();
            System.out.println("loadOrders 方法异常！");
            ex.printStackTrace();
        }finally{
            HibernateSessionFactory.closeSession();
        }
        return order;
    }
    public void addItems(Items item) {
        Session session = HibernateSessionFactory.currentSession();
        Transaction ts = null;
        try{
            ts = session.beginTransaction();
            session.save(item);
            ts.commit();
        }catch(Exception ex){
            ts.rollback();
            System.out.println("addItems 方法异常！");
            ex.printStackTrace();
        }finally{
            HibernateSessionFactory.closeSession();
        }
    }
    public Items loadItems(Integer id) {
        Session session = HibernateSessionFactory.currentSession();
        Transaction ts = null;
        Items item = null;
```

```
            try{
                ts = session.beginTransaction();
                item = (Items)session.get(Items.class,id);
                Hibernate.initialize(item.getOrders());
                ts.commit();
            }catch(Exception ex){
                ts.rollback();
                System.out.println("loadItems 方法异常！");
            }finally{
                HibernateSessionFactory.closeSession();
            }
            return item;
        }
}
```

6. 关联关系测试类

为了对上述关联关系进行测试编写了一个测试类 TestBean。

【例 7-26】 TestBean 类（TestBean.java）。

```
package test;
import java.util.*;
import PO.*;
import DAO.*;

public class TestBean {
    ManyManyDAO dao = new ManyManyDAO();
    public void addItem(String itemno,String itemname){
        Items item = new Items();
        item.setItemno(itemno);
        item.setItemname(itemname);
        dao.addItems(item);
    }
    public void addOrder(String orderno,Double money,Set items){
        Orders order = new Orders();
        order.setOrderno(orderno);
        order.setMoney(money);
        order.setItems(items);
        dao.addOrders(order);
    }
    public Items loadItems(Integer id){
        return dao.loadItems(id);
    }
    public Orders loadOrders(Integer id){
        return dao.loadOrders(id);
    }
}
```

7. 测试页面

为了显示测试数据提供一个 JSP 页面（index.jsp）。

【例 7-27】 JSP 页面（index.jsp）。

```
<%@ page language="java" pageEncoding="gb2312"%>
<%@ page import="test.TestBean"%>
<%@ page import="PO.*"%>
<%@ page import="java.util.*"%>
<html>
  <head>
    <title>Hibernate 的多对多双向关联关系映射</title>
  </head>
  <body>
    <h2>Hibernate 的多对多双向关联关系映射</h2>
    <hr>
    <jsp:useBean id="test" class="test.TestBean" />
    <%
        //新增三个商品
        test.addItem("001","A 商品");
        test.addItem("002","B 商品");
        test.addItem("003","C 商品");
        //选购其中的两个商品
        Set items = new HashSet();
        items.add(test.loadItems(new Integer(1)));
        items.add(test.loadItems(new Integer(2)));
        //为选购的商品产生一张订单
        test.addOrder("A00001",new Double(2100.5),items);
        //选购其中的两个商品
        Set items1 = new HashSet();
        items1.add(test.loadItems(new Integer(2)));
        items1.add(test.loadItems(new Integer(3)));
        //为选购的商品产生另一张订单
        test.addOrder("A00002",new Double(3680),items1);
        //获取两张订单
        Orders order1 = test.loadOrders(new Integer(1));
        Orders order2 = test.loadOrders(new Integer(2));
        out.println("<br>订单“"+order1.getOrderno().trim()+"”中的商品清单
为:");
        Iterator it = order1.getItems().iterator();
        Items item = null;
        while (it.hasNext()){
            item = (Items)it.next();
            out.println("<br>商品编号："+item.getItemno().trim());
            out.println("<br>商品名称："+item.getItemname().trim());

        }
        out.println("<br>订单“"+order2.getOrderno().trim()+"”中的商品清单为:");
```

```
        it = order2.getItems().iterator();
        item = null;
        while (it.hasNext()){
            item = (Items)it.next();
            out.println("<br>商品编号："+item.getItemno().trim());
            out.println("<br>商品名称："+item.getItemname().trim());

        }
        //获取两个商品
        Items item1 = test.loadItems(new Integer(1));
        Items item2 = test.loadItems(new Integer(2));
        out.println("<br>商品""+item1.getItemname().trim()+""所在的订单为:");
        it = item1.getOrders().iterator();
        order1 = null;
        while (it.hasNext()){
            order1 = (Orders)it.next();
            out.println("<br>订单编号："+order1.getOrderno().trim());
        }
        out.println("<br>商品""+item2.getItemname().trim()+""所在的订单为:");
        it = item2.getOrders().iterator();
        order2 = null;
        while (it.hasNext()){
            order2 = (Orders)it.next();
            out.println("<br>订单编号："+order2.getOrderno().trim());
        }
    %>
  </body>
</html>
```

8. 项目部署和运行

项目部署后运行 index.jsp，运行效果如图 7-15 所示。

图 7-15 运行效果

7.2 Hibernate 的数据查询

数据查询与检索是 Hibernate 的亮点之一。Hibernate 的数据查询方式主要有如下 3 种：

（1）Hibernate Query Language (HQL)。

（2）Criteria Query。

（3）Native SQL。

下面对这三种查询方式分别进行介绍。

7.2.1 Hibernate Query Language

Hibernate Query Language（HQL）提供了十分强大的数据查询功能，推荐大家使用这种查询方式。HQL 具有与 SQL 语言类似的语法规范，只不过 SQL 是针对表中字段进行查询，而 HQL 是针对持久化对象，它用来取得对象，而不进行 update、delete 和 insert 等操作。而且 HQL 是完全面向对象的，具备继承、多态和关联等特性。

1. from 子句

from 子句是最简单的 HQL 语句，例如，from Stuinfo（参考 6.9 节），也可以写为 select s from Stuinfo s。它简单地返回 Stuinfo 类的所有实例。

除了 Java 类和属性的名称外，HQL 语句对大小写并不敏感，所以在上一句 HQL 语句中，from 与 FROM 是相同的，但是 Stuinfo 与 stuinfo 就不同了，所以上述语句写成 from stuinfo 就会报错。下列程序代码说明如何通过执行 from 语句取得所有的 Stuinfo 对象。

例如：

```
Query query = session.createQuery("from Stuinfo ");
List list = query.list();
for (int i=0;i<list.size(); i++){
    Stuinfo si = (Stuinfo)list.get(i);
    System.out.println(si.getName());
}
```

2. select 子句

有时并不需要得到对象的所有属性，这时可以使用 select 子句进行属性查询，例如，select s.name from Stuinfo s。下面程序代码说明如何执行这个语句：

```
Query query = session.createQuery("select s.name from Stuinfo s");
List list = query.list();
for (int i=0;i<list.size(); i++){
    String name = (String)list.get(i);
    System.out.println(name);
}
```

如果要查询两个以上的属性，查询结果会以数组的方式返回，如下面代码所示：

```
Query query = session.createQuery("select s.name, s.sex from Stuinfo as s");
```

```
List list = query.list();
for (int i=0;i<list.size(); i++) {
    Object obj[] = (Object[])list.get(i);
    System.out.println(ame(obj[0] + "的性别是：" +obj[1]));
}
```

在使用属性查询时，由于使用对象数组，操作和理解都不太方便，如果将一个 object[ ] 中所有成员封装成一个对象就方便多了。下面的程序代码将查询结果进行了实例化：

```
Query query = session.createQuery("select new Stuinfo (s.name, s.sex) from
Stuinfo s");
List list = query.list();
for (int i=0;i<list.size(); i++){
    Stuinfo si = (Stuinfo)list.get(i);
    System.out.println(si.getName());
}
```

要正确运行以上程序，还需要在 Stuinfo 类中加入一个如下的构造函数：

```
public Stuinfo(String name, String sex)
{
    this.name = name;
    this.sex = sex;
}
```

3. 统计函数查询

可以在 HQL 中使用统计函数，经常使用的函数如下：

（1）count( )：统计记录条数。

（2）min( )：求最小值。

（3）max( )：求最大值。

（4）sum( )：求和。

（5）avg( )：求平均值。

例如，要取得 Stuinfo 实例的数量，可以编写如下 HQL 语句：

```
select count(*) from Stuinfo
```

取得平均年龄的 HQL 语句如下：

```
select avg(s.age) from Stuinfo as s
```

可以使用 distinct 去除重复数据：

```
select distinct s.age from Stuinfo as s
```

4. where 子句

HQL 也支持子查询，它通过 where 子句实现这一机制。where 子句可以让用户缩小要返回的实例的列表范围，例如下面语句会返回所有名字为 zzf 的 Stuinfo 实例：

```
Query query = session.createQuery("from Stuinfo as s where s.name='zzf'");
```

where 子句中允许出现的表达式包括了 SQL 中可以使用的大多数表达式：

（1）数学操作：+、-、*、/。

（2）关系比较操作：=、>=、<=、<>、!=、like。

（3）逻辑操作：and、or、not。

（4）字符串连接：||。

（5）SQL 标量函数：例如 upper()和 lower()。

如果子查询返回多条记录，可以用以下的关键字来量化：

（1）all：表示所有的记录。

（2）any：表示所有记录中的任意一条。

（3）some：与 any 用法相同。

（4）in：与 any 等价。

（5）exists：表示子查询至少要返回一条记录。

5．order by 子句

查询返回的列表可以按照任何返回的类或者组件的属性排序：

```
from Stuinfo s order by s.name asc
```

asc 和 desc 是可选的，分别代表升序和降序。

6．连接查询

与 SQL 查询一样，HQL 也支持连接查询，如内连接、外连接和交叉连接：

（1）inner join：内连接。

（2）left outer join：左外连接。

（3）right outer join：右外连接。

（4）full join：全连接，但不常用。

7.2.2　Criteria Query 方式

当查询数据时，人们往往需要设置查询条件。在 SQL 或 HQL 语句中，查询条件常常放在 where 子句中。此外，Hibernate 还支持 Criteria 查询（Criteria Query），这种查询方式把查询条件封装为一个 Criteria 对象。在实际应用中，可以使用 Session 的 createCriteria()方法构建一个 org.hibernate.Criteria 实例，然后把具体的查询条件通过 Criteria 的 add()方法加入到 Criteria 实例中。这样，程序员可以在不使用 SQL 甚至 HQL 的情况下进行数据查询。

7.2.3　Native SQL 查询

本地 SQL 查询（Native SQL Query）指的是直接使用本地数据库（如 Oracle）的 SQL 语言进行查询。这对于把原来直接使用 SQL/JDBC 的程序迁移到基于 Hibernate 的应用很有帮助。Hibernate 使得用户可以使用手写的 sql 来完成所有的 create、update、delete 和 load 操作（包括存储过程）。

7.3　Hibernate 的事务管理

事务（Transaction）是工作中的基本逻辑单位，可以用于确保数据库能够被正确修改，避免数据只修改了一部分而导致数据不完整，或者在修改时受到用户干扰。作为一名软件设计师，必须了解事务并合理利用，以确保数据库保存正确、完整的数据。数据库向用户提供保存当前程序状态的方法，叫事务提交（commit）；当事务执行过程中，使数据库忽略当前的状态并回到前面保存的状态的方法叫事务回滚（rollback）。

7.3.1　事务的特性

事务具备原子性（Atomicity）、一致性（Consistency）、隔离性（Isolation）和持久性（Durability）4 个属性，简称 ACID。下面对这 4 个特性分别进行说明：

（1）原子性：将事务中所做的操作捆绑成一个原子单元，即对于事务所进行的数据修改等操作，要么全部执行，要么全部不执行。

（2）一致性：事务在完成时，必须使所有的数据都保持一致状态，而且在相关数据中，所有规则都必须应用于事务的修改，以保持所有数据的完整性。事务结束时，所有的内部数据结构都应该是正确的。

（3）隔离性：由并发事务所做的修改必须与任何其他事务所做的修改相隔离。事务查看数据时数据所处的状态，要么是被另一并发事务修改之前的状态，要么是被另一并发事务修改之后的状态，即事务不会查看由另一个并发事务正在修改的数据。这种隔离方式也叫可串行性。

（4）持久性：事务完成之后，它对系统的影响是永久的，即使出现系统故障也是如此。

7.3.2　事务隔离

事务隔离意味着对于某个正在运行的事务来说，好像系统中只有这一个事务，其他并发的事务都不存在一样。大部分情况下，很少使用完全隔离的事务。但不完全隔离的事务会带来如下一些问题：

（1）更新丢失（Lost Update）：两个事务都企图去更新一行数据，导致事务抛出异常退出，两个事务的更新都无效。

（2）脏数据（Dirty Data）：如果第二个应用程序使用了第一个应用程序修改过的数据，而这个数据处于未提交状态，这时就会发生脏读。第一个应用程序随后可能会请求回滚被修改的数据，从而导致第二个事务使用的数据被损坏，即所谓的"变脏"。

（3）不可重读（Unrepeatable Read）：一个事务两次读同一行数据，可是这两次读到的数据不一样，就叫不可重读。如果一个事务在提交数据之前，另一个事务可以修改和删除这些数据，就会发生不可重读。

（4）幻读（Phantom Read）：一个事务执行了两次查询，发现第二次查询结果比第一次查询多出了一行，这可能是因为另一个事务在这两次查询之间插入了新行。

针对由事务的不完全隔离所引起的上述问题，人们提出了一些隔离级别，用来防范这些问题：

（1）读操作未提交（Read Uncommitted）：说明一个事务在提交前，其变化对于其他事务来说是可见的。这样脏读、不可重读和幻读都是允许的。当一个事务已经写入一行数据但未提交，其他事务都不能再写入此行数据；但是，任何事务都可以读任何数据。这个隔离级别使用排写锁实现。

（2）读操作已提交（Read Committed）：读取未提交的数据是不允许的，它使用临时的共读锁和排写锁实现。这种隔离级别不允许脏读，但不可重读和幻读是允许的。

（3）可重读（Repeatable Read）：说明事务保证能够再次读取相同的数据而不会失败。此隔离级别不允许脏读和不可重读，但幻读会出现。

（4）可串行化（Serializable）：提供最严格的事务隔离。这个隔离级别不允许事务并行执行，只允许串行执行。这样，脏读、不可重读或幻读都可能发生。

在实际应用中，开发者经常不能确定使用什么样的隔离级别。太严格的级别将降低并发事务的性能，但是不足够的隔离级别又会产生一些小的 Bug，不过 Bug 只会在系统重负荷（也就是并发情形较多时）的情况下才会出现。

一般来说，读操作未提交（Read Uncommitted）是很危险的。一个事务的回滚或失败会影响到另一个并行的事务，或者说在内存中留下和数据库中不一致的数据。这些数据可能会被另一个事务读取并提交到数据库中。这是完全不允许的。

另外，大部分程序并不需要可串行化隔离（Serializable Isolation）。虽然它不允许幻读，但一般来说，幻读并不是一个大问题。可串行化隔离需要很大的系统开支，很少有人在实际开发中使用这种事务隔离模式。

实际可选的隔离级别是读操作已提交（Read Committed）和可重读（Repeatable Read）。Hibernate 可以很好地支持可重读（Repeatable Read）隔离级别。

7.3.3 在 Hibernate 配置文件中设置隔离级别

JDBC 连接数据库使用的是默认隔离级别，即读操作已提交（Read Committed）和可重读（Repeatable Read）。在 Hibernate 的配置文件 hibernate.properties 中，可以修改隔离级别：

```
#hibernate.connection.isolation 4
```

在上面语句中，Hibernate 事务的隔离级别是 4，级别的数字意义如下：

（1）1：读操作未提交（Read Uncommitted）。

（2）2：读操作已提交（Read Committed）。

（3）4：可重读（Repeatable Read）。

（4）8：可串行化（Serializable）。

因此，数字 4 表示"可重读"隔离级别。如果要使以上语句有效，应把此语句行前的注释符"#"去掉：

```
hibernate.connection.isolation 4
```

也可以在配置文件 hibernate.cfg.xml 中加入以下代码：

```
<session-factory>…//把隔离级别设置为 4
    <property name=" hibernate.connection.isolation">4</property>
    ⋮
</session-factory>
```

在开始一个事务之前，Hibernate 从配置文件中获得隔离级别的值。

7.3.4 在 Hibernate 中使用 JDBC 事务

Hibernate 对 JDBC 进行了轻量级的封装，它本身在设计时并不具备事务处理功能。Hibernate 将底层的 JDBCTransaction 或 JTATransaction 进行了封装，在外面套上 Transaction 和 Session 的外壳，其实是通过委托底层的 JDBC 或 JTA 来实现事务处理功能的。

要在 Hibernate 中使用事务，可以在它的配置文件中指定使用 JDBCTransaction 或者 JTATransaction。在 hibernate.properties 中，查找 transaction.factory_class 关键字，可得到以下配置信息：

```
# hibernate.transaction.factory_class  org.hibernate.transaction.
JTATransactionFactory
# hibernate.transaction.factory_class  org.hibernate.transaction.
JDBCTransactionFactory
```

Hibernate 的事务工厂类可以设置成 JDBCTransactionFactory 或者 JTATransactionFactory。如果不进行配置，Hibernate 就会认为系统使用的是 JDBC 事务。

在 JDBC 的提交模式（Commit Mode）中，如果数据库连接是自动提交模式（Auto Commit Mode），那么在每一条 SQL 语句执行后事务都将被提交，提交后如果还有任务，那么一个新的事务又开始了。

Hibernate 在 Session 控制下取得数据库连接后，就立刻取消自动提交模式，即 Hibernate 在执行 Session 的 beginTransaction()方法后，就自动调用 JDBC 层的 setAutoCommit(false)。如果想自己提供数据库连接并使用自己的 SQL 语句，为了实现事务，那么一开始就要把自动提交关掉（setAutoCommit(false)），并在事务结束时提交事务。

使用 JDBC 事务是事务管理最简单的实现方式，Hibernate 对于 JDBC 事务的封装也很简单。

7.3.5 在 Hibernate 中使用 JTA 事务

JTA（Java Transaction API）是事务服务的 J2EE 解决方案。本质上，它是描述事务接口的 Java EE 模型的一部分，开发人员直接使用该接口或者通过 Java EE 容器使用该接口来确保业务逻辑能够可靠地运行。

JTA 有 3 个接口，它们分别是 UserTransaction 接口、TransactionManager 接口和 Transaction 接口。这些接口共享公共的事务操作，例如 commit()和 rollback()，但也包含特殊的事务操作，例如 suspend()、resume()和 enlist()，它们只出现在特定的接口上，以便在实现中允许一定程度的访问控制。

在一个具有多个数据库的系统中，可能一个程序会调用几个数据库中的数据，需要一种分布式事务，或者准备用 JTA 来管理跨 Session 的长事务，那么就需要使用 JTA 事务。下面介绍如何在 Hibernate 的配置文件中配置 JTA 事务。在 hibernate.properties 文件中的设置如下面代码所示（把 JTATransactionFactory 所在配置行的注释符"#"取消）：

```
hibernate.transaction.factory_class
org.hibernate.transaction.JTATransactionFactory
# hibernate.transaction.factory_class org.hibernate.transaction.
JDBCTransactionFactory
```

或者在 hibernate.cfg.xml 文件中配置如下：

```
<session-factory>
    ⋮
    <property name=" hibernate.transaction.factory_class">
        org.hibernate.transaction.JTATransactionFactory
    </property>
    ⋮
</session-factory>
```

7.4　Hibernate 的 Cache 管理

Cache 就是缓存，它往往是提高系统性能的最重要手段，对数据起到一个蓄水池和缓冲的作用。Cache 对于大量依赖数据读取操作的系统而言尤其重要。在大并发量的情况下，如果每次程序都需要向数据库直接做查询操作，它们所带来的性能开销显而易见，频繁的网络传输、数据库磁盘的读写操作都会大大降低系统的整体性能。此时如果能让数据在本地内存中保留一个镜像，下次访问时只需从内存中直接获取，那么显然可以带来不小的性能提升。引入 Cache 机制的难点是如何保证内存中数据的有效性，否则脏数据的出现将会给系统带来难以预知的严重后果。虽然一个设计得很好的应用程序不用 Cache 也可以表现出让人接受的性能，但毫无疑问，一些对读操作要求很高的应用程序可以通过 Cache 取得更高的性能。对于应用程序，Cache 通过内存或磁盘保存了数据库中的有关数据当前状态，它是一个存储在本地的数据备份。Cache 位于数据库和应用程序之间，从数据库更新数据，并给程序提供数据。

Hibernate 实现了良好的 Cache 机制，可以借助 Hibernate 内部的 Cache 迅速提高系统的数据读取性能。Hibernate 中的 Cache 可分为两层：一级 Cache 和二级 Cache。

7.4.1　一级 Cache

Session 实现了第一级 Cache，它属于事务级数据缓冲。一旦事务结束，这个 Cache 也随之失效。一个 Session 的生命周期对应一个数据库事务或一个程序事务。

Session-cache 保证在一个 Session 中两次请求同一个对象时，取得的对象是同一个 Java 实例，有时它可以避免不必要的数据冲突。另外，它还能为另一些重要的性能提供保证：

（1）在对一个对象进行循环引用时，不至于产生堆栈溢出。

（2）当数据库事务结束时，对于同一数据库行，不会产生数据冲突，因为对于数据库中的一行，最多只有一个对象来表示它。

（3）一个事务中可能会有很多个处理单元，在每一个处理单元中所做的操作都会立即被另外的处理单元得知。

不用刻意去打开 Session-cache，它总是被打开并且不能被关闭。当使用 save()、update()或 saveOrUpdate()来保存数据更改，或通过 load()、find()、list()等方法来得到对象时，对象就会被加入到 Session-cache。

如果要同步很大数量的对象，就需要有效地管理 Cache，可以用 Session 的 evict()方法从一级 Cache 中移除对象。

7.4.2　二级 Cache

二级 Cache 是 SessionFactory 范围内的缓存，所有的 Session 共享同一个二级 Cache。在二级 Cache 中保存持久性实例的散装形式的数据。二级 Cache 的内部如何实现并不重要，重要的是采用哪种正确的缓存策略，以及采用哪种 Cache 提供器。持久化不同的数据需要不同的 Cache 策略，比如一些因素将影响 Cache 策略选择：数据的读/写比例、数据表是否能被其他的应用程序访问等。对于一些读/写比例高的数据可以打开它的缓存，允许这些数据进入二级缓存容器有利于系统性能的优化；而对于能被其他应用程序访问的数据对象，最好将此对象的二级 Cache 选项关闭。

设置 Hibernate 的二级 Cache 需要分两步进行：首先确认使用什么数据并发策略，然后配置缓存过期时间并设置 Cache 提供器。

有 4 种内置的 Hibernate 数据并发冲突策略，代表了数据库隔离级别，如下所示：

（1）事务（transactional）：仅在受管理的环境中可用。它保证可重读的事务隔离级别，可以对读/写比例高、很少更新的数据采用该策略。

（2）读写（read-write）：使用时间戳机制维护已提交事务隔离级别。可以对读/写比例高、很少更新的数据采用该策略。

（3）非严格读写（nonstrict-read-write）：不保证 Cache 和数据库之间的数据一致性。使用此策略时，应该设置足够短的缓存过期时间，否则可能从缓存中读出脏数据。当一些数据极少改变，并且当这些数据和数据库有一部分不一致但影响不大时，可以使用此策略。

（4）只读（read-only）：当确保数据永不改变时，可以使用此策略。

确定了 Cache 策略之后，就要挑选一个高效的 Cache 提供器，它将作为插件被 Hibernate 调用。Hibernate 允许使用下述几种缓存插件：

（1）EhCache：可以在 JVM 中作为一个简单进程范围内的缓存，它可以把缓存的数据放入内存或磁盘，并支持 Hibernate 中可选用的查询缓存。

（2）OpenSymphony OSCache：和 EhCache 相似，并且提供了丰富的缓存过期策略。

（3）SwarmCache：可作为集群范围的缓存，但不支持查询缓存。

（4）JBossCache：可作为集群范围的缓存，但不支持查询缓存。

默认情况下，Hibernate 使用 EhCache 进行 JVM 级别的缓存。用户可以通过设置 Hibernate 配置文件中的 hibernate.cache.provider_class 的属性，指定其他的缓存策略，该缓存策略必须实现 org. hibernate.cache.CacheProvider 接口。

7.5 本章小结

本章讲解了 Hibernate 中的关联对象操纵、数据查询策略、事务管理及 Cache 管理。数据对象的关联关系使用普通 JDBC 很难实现,而 Hibernate 能比较简便地实现它们。Hibernate 的查询语言 HQL 与 SQL 很相似,可以方便地查询持久化对象。此外,Hibernate 还可以提供了 Criteria 查询和 Native SQL 查询两种方式。Hibernate 的事务管理一般采用 JDBC 事务管理方式。使用 Hibernate 的一级 Cache 也很重要,这样会大大提高程序执行数据库操作的效率。

通过本章的学习应了解和掌握以下内容:

（1）使用关联关系操纵对象。

（2）Hibernate 框架中的数据查询方式。

（3）Hibernate 中的事务管理。

（4）Hibernate 中的 Cache 管理。

7.6 习　题

7.6.1　选择题

1．一对一关联关系在 Hibernate 中的实现有（　　　）两种方式。

    A．单向和双向关联　　　　　　　　　　B．主键和外键关联

    C．多向关联　　　　　　　　　　　　　D．多对多

2．一对多关联关系在 Hibernate 中的实现有（　　　）两种方式。

    A．单向和双向关联　　　　　　　　　　B．主键和外键关联

    C．多向关联　　　　　　　　　　　　　D．多对多

3．Hibernate 框架中最常用的数据查询方式是（　　　）。

    A．CQ　　　　　　　　　　　　　　　　B．NSQL

    C．HQL　　　　　　　　　　　　　　　D．SQL

7.6.2　填空题

1．数据对象之间的关联关系有：＿＿＿＿＿＿、＿＿＿＿＿＿和＿＿＿＿＿＿。

2．Hibernate 的数据查询方式有：＿＿＿＿＿＿、＿＿＿＿＿＿和＿＿＿＿＿＿。

3．Hibernate 中 Cache 管理分为＿＿＿＿＿＿和＿＿＿＿＿＿。

7.6.3　简答题

1．简述一对一关联关系两种方式的区别。

2．简述事务的特性。

7.6.4 实训题

1. 把 7.1.4 节中的一对多的关联关系改为单向关联并增加事务和缓存管理。

2. 利用关联关系开发一个学生管理系统，其中学生（Student）和学生证（Card）是一对一关系，学生和班级（Group）是一对多的关系，学生和课程（Course）是多对多的关系。

第8章 基于 Struts2+Hibernate 的教务 管理系统项目实训

本章围绕一个基于 Struts2+Hibernate 的教务管理系统项目的设计与实现，介绍 Struts2 和 Hibernate 框架技术在实际项目开发中的综合应用。通过本项目的整合训练，培养熟练运用 Struts2 和 Hibernate 框架知识开发 Java Web 项目的实践能力。本项目既可以作为学生在课程学习结束后的实训项目，也可以作为学习过程中的大作业。

8.1   项目需求说明

在日常教学活动中，为了能够方便快捷地服务广大师生，许多高校都部署使用了教务管理系统。由于每个学校的管理理念和管理方式不同，所以各个高校的教务管理系统各不相同。本项目只是简单模拟教务管理系统的基本功能，通过熟悉的教务管理系统开发来综合训练 Struts2 和 Hibernate 框架技术的整合应用，并进一步提高项目实践能力。

项目实现的功能包括学生管理部分、教师管理部分和管理员管理部分。管理员管理部分实现对学生、教师以及课程的管理。

学生管理部分的功能主要包括：学生学籍管理、必修课成绩查询、修改个人信息和密码、选课功能（选修课选课）、查询选修成绩，并提供 QQ 留言和校园论坛等功能。

教师管理部分的功能主要包括：教师基本信息管理、修改个人信息和密码、查询必修课课程信息、成绩录入、查询选修课程以及 QQ 留言和校园论坛等。

管理员管理部分的功能主要包括：学生管理、教师管理、课程管理和修改密码等。

另外，为了实现相对美观的系统页面，本项目开发过程中还使用了 CSS 和 JavaScript 技术。如果不熟悉 CSS 和 JavaScript 技术，也可以不使用。

8.2   项目系统分析

根据前述需求分析，教务管理系统功能描述如下。

1．学生功能模块

学生功能模块实现的功能主要包括：

（1）学生学籍管理。学生学籍基本信息包括：学号、姓名、籍贯、电话、电子邮件、学分、学院、性别以及上传照片等。

（2）必修课成绩查询。查询必修课中的考试课程及考试分数。

（3）修改个人信息。修改学生学籍信息。

（4）修改密码。修改个人密码。

（5）进入选课。选择计划修习的选修课程。

（6）已选课程。查询已选的选修课程。

（7）选课成绩。查询选修课程名称及考试成绩。

（8）其他服务。提供 QQ 留言和校园论坛（BBS）功能。可以通过 QQ 给管理员或者教师留言，也可以访问学校 BBS 论坛，在论坛中与同学、教师和管理员进行交流。

2．教师功能模块

教师功能模块实现的功能主要包括：

（1）教师基本信息管理。教师基本信息包括：教师姓名、性别、年龄、职称、所在学院等。

（2）修改个人信息。修改教师个人基本信息和密码。

（3）查询课程。查询必修课程、上课时间、上课地点以及开课专业、选修学生信息等。

（4）成绩录入。录入必修课程考试成绩。

（5）选修课信息。查询选修课程信息以及成绩输入。

（6）其他服务。QQ 留言，回复留言，访问学校 BBS 论坛，在论坛中与学生、教师和管理员进行交流。

3．管理员功能模块

管理员功能模块实现的功能主要包括：

（1）学生管理。主要包括：查看所有学生信息、添加学生信息、导入学生信息（以 Excel 表格形式将批量学生信息导入数据库中）。

（2）教师管理。主要包括：查看所有教师信息、添加教师信息、导入教师信息（以 Excel 表格形式将批量教师信息导入数据库中）。

（3）课程管理。主要包括：查看所有课程信息、添加课程信息、导入课程信息（以 Excel 表格形式将批量课程信息导入数据库中）。

（4）修改密码。修改管理员密码。

系统功能模块结构如图 8-1 所示。

图 8-1　系统功能模块结构

8.3 系统设计与实现

8.3.1 数据库设计

如果已经具备 DBMS 相关知识技术，读者可按照数据库优化的思想自行选择相应 DBMS 并设计项目的数据表结构。本章提供的表设计仅供参考，读者可根据需要进一步优化。

本项目使用的数据库是 MySQL。项目中用到数据库（lqmsql）和表（admin、classes、score、student、student_classes、teacher），如图 8-2 所示。

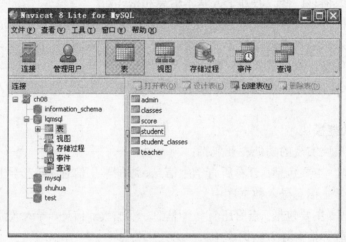

图 8-2 数据库和表

管理员表（admin）用于管理管理员账号和密码，如表 8-1 所示。

表 8-1 管理员表（admin）

字段名称	字段含义	数据类型	是否主键	是否外键	是否为空
id	标识	int(20)	是	否	否
username	用户名	varchar(50)	否	否	否
password	密码	varchar(50)	否	否	否

课程表（classes）用于管理课程的信息，如表 8-2 所示。

表 8-2 课程表（classes）

字段名称	字段含义	数据类型	是否主键	是否外键	是否为空
cs_id	课程号	int(30)	是	是	否
tea_id	教师号	int(50)	否	否	是
chooseMax	最大选课人数	int(11)	否	否	是
chooseCurNum	已选人数	int(11)	否	否	是
room_id	教师号	varchar(50)	否	否	是

字段名称	字段含义	数据类型	是否主键	是否外键	是否为空
cour_time	上课时间	varchar(50)	否	否	是
cmark	学分	varchar(50)	否	否	是
cname	课程名	varcha（60）	否	否	是

学生表（sudent）保存学生的有关信息，如表 8-3 所示。

表 8-3　学生表（sudent）

字段名称	字段含义	数据类型	是否主键	是否外键	是否为空
st_id	学生标识	int(50)	是	是	否
sno	学号	varchar(50)	否	否	否
username	用户名	varchar(50)	否	否	是
sex	性别	varchar(10)	否	否	是
password	密码	varchar(20)	否	否	是
department	院系	varchar(30)	否	否	是
jiguan	籍贯	varchar(60)	否	否	是
mark	学分	varchar(50)	否	否	是
email	电子邮件	varchar(50)	否	否	是
image	照片	varchar(100)	否	否	是
tel	电话	varchar(50)	否	否	是
maxClasses	最大选课数	int(11)	否	否	是

学生选课表（student_classes）用于保存学生成绩、学生标识和课程号，即把学生成绩与学生表和课程表关联起来的一个中间表，如表 8-4 所示。

表 8-4　学生选课表（student_classes）

字段名称	字段含义	数据类型	是否主键	是否外键	是否为空
cscore	成绩	int(11)	否	否	是
st_id	学生标识	int(50)	是	是	否
cs_id	课程号	int(50)	是	是	否

教师表（teacher）保存教师的相关信息，如表 8-5 所示。

表 8-5　教师表（teacher）

字段名称	字段含义	数据类型	是否主键	是否外键	是否为空
tid	教师号	int(50)	是	是	否
tname	教师名	varchar(50)	否	否	否
age	年龄	int(50)	否	否	是
email	电子邮件	varchar(50)	否	否	是
tel	电话	varchar(50)	否	否	是
tpassword	教师密码	varchar(50)	否	否	是
tea_id	教师类型	varchar(50)	否	否	是

8.3.2 项目实现

1．项目文件结构

该项目命名为 jwzzuli，项目"Web 页"文件夹有一个登录页面（index.jsp），如图 8-3 所示。项目的页面和包文件结构如图 8-4 所示。项目库文件结构如图 8-5 所示，其lib 文件夹中包含了项目所需的 Struts2、Hibernate 3.6 以及导入 Excel 到数据库时用到的第三方 JAR 文件。库中的 JAR 文件可通过添加 JAR 在 lib 文件夹中找到。

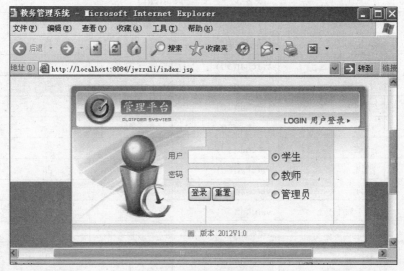

图 8-3　项目登录页面

登录页面提供了 3 种不同权限的角色，根据登录用户的不同权限跳转到不同的管理页面中。学生功能模块的相关页面在图 8-4 中的 student 文件夹中，该文件夹中页面对应的业务控制器类在 Action 包中，该包中还保存有选课功能相关页面（ChooseCourse 文件夹中的页面）对应的业务控制器；此外该包中的业务控制器在 struts.xml 中配置。教师功能模块相关页面在图 8-4 中的 teacher 文件夹中，该文件夹中页面对应的业务控制器类在 Taction 包中，该包中业务控制器的配置在 Teacher.xml 中。管理员功能模块相关页面在图 8-4 中的admin 文件夹中，该文件夹中页面对应的业务控制器类在 AdminActin 包中，该包中业务控制器的配置 Admin.xml 中。文件夹 image 和 images 保存项目所需的图片；文件夹 upload保存上传的照片；upload.jsp 和 uploadSuccess.jsp 是用于上传照片的页面；Tdao 包中的类用于提供教师业务控制器中的查询功能；config 包中的类在加载 hibernate 配置文件时使用；dao 包中的类用于学生、教师和管理员操作数据库；entity 包中的类是常用的 PO 对象及 PO对象对应的映射文件；interceptor 包中的类是用于验证数据的拦截器；services 包中的类是选课功能常用方法的封装，在 Action 包中使用。本项目的完整源代码可以在清华大学出版社网站下载。

2．用户登录功能的实现

本系统登录页面如图 8-3 所示。

图 8-4　项目页面和源包文件结构

图 8-5　项目类库文件结构

登录页面（index.jsp）代码如下：

```jsp
<%@page contentType="text/html" pageEncoding="UTF-8"%>
<%@taglib prefix="s" uri="/struts-tags" %>
<!DOCTYPE HTML PUBLIC "-//W3C//DTD HTML 4.01 Transitional//EN"
    "http://www.w3.org/TR/html4/loose.dtd">
<html>
    <head>
        <meta http-equiv="Content-Type" content="text/html; charset=UTF-8">
        <title>教务管理系统</title>
        <style type="text/css">
            <!--
                body {margin-left: 0px;margin-top: 0px;margin-right: 0px;
                    margin-bottom: 0px;overflow:hidden;}
                STYLE3 {color: #528311; font-size: 12px; }
                STYLE4 {color: #42870a;font-size: 12px;}
                STYLE5 {font-size: 24px;color: #66CC00;}
            -->
        </style>
    </head>
    <body>
        <s:form action="login" method="post">
            <table width="100%" height="100%" border="0" cellpadding="0"
                cellspacing="0">
                <tr>
                    <td bgcolor="#e5f6cf"> </td>
                </tr>
```

```html
        <tr>
            <td height="608" background="images/login_03.gif">
                <table width="862" border="0" align="center"
                    cellpadding="0" cellspacing="0">
                    <tr>
                        <td height="266" background=
                            "images/login_04.gif">
                            <div align="center" class="STYLE5">教务管理
                系统</div>
                        </td>
                    </tr>
                    <tr>
                        <td height="95">
                            <table width="100%" border="0"
                                cellspacing="0" cellpadding="0">
                                <tr>
                                    <td width="342" height="95"
                                    background="images/login_06.gif">
                                         </td>
                                    <td width="265"
                                    background="images/login_07.gif">
                                        <table width="100%"
                    border="0" cellspacing="0" cellpadding="0">
                                            <tr>
                                                <td width="21%"
height="30"><div align="center"><span class="STYLE3">用户</span></div></td>
                                                <td width="39%"
    height="30"><input    type="text"    name="sno"        style="height:18px;
width:130px; border:solid 1px #cadcb2; font-size:12px; color:#81b432;"></td>
                                                <td width="40%">
        <label><input type="radio" name="radiobutton" value="1"
    checked="checked">学生</label></td>
                                            </tr>
                                            <tr>
                                                <td
height="30"><div align="center"><span class="STYLE3">密码</span></div></td>
                                                <td
    height="30"><input            type="password"            name="password"
style="height:18px; width:130px; border:solid 1px #cadcb2; font-size:12px;
color:#81b432;"></td>
                                                <td
        height="30"><label><input type="radio" name="radiobutton"
    value="2">教师 </label></td>
                                            </tr>
                                            <tr>
                                                <td height="30">
                                                     </td>
                                                <td
```

```
          height="30"><input    type="submit"    value=" 登 录 "    ><label><input
type="reset" name="Submit" value="重置"></label></td>
                                        <td
height="30"><input type="radio" name="radiobutton" value="3">管理员</td>
                                    </tr>
                                </table>
                            </td>
                            <td width="255"
                background="images/login_08.gif"> </td>
                        </tr>
                    </table>
                </td>
            </tr>
            <tr>
                <td height="247" valign="top"
                    background="images/login_09.gif">
                    <table width="100%" border="0"
                        cellspacing="0" cellpadding="0">
                        <tr>
                            <td width="22%"
                                height="30"> </td>
                            <td width="56%">
                                 </td>
                            <td width="22%">
                                 </td>
                        </tr>
                        <tr>
                            <td> </td>
                            <td height="30">
                                <table width="100%"
                border="0" cellspacing="0" cellpadding="0">
                                    <tr>
                                        <td
                width="44%" height="20"> </td>
                                        <td
                width="56%" class="STYLE4">版本 2012V1.0 </td>
                                    </tr>
                                </table>
                            </td>
                            <td> </td>
                        </tr>
                    </table>
                </td>
            </tr>
        </table>
    </td>
</tr>
```

```
            </table>
        </s:form>
    </body>
</html>
```

登录页面（index.jsp）对应的业务控制器类 Login 在 Action 包中。
Login.java 的代码如下：

```
package Action;
import com.opensymphony.xwork2.ActionSupport;
import dao.AdminDao;
import dao.TeacherDao;
import entity.Student;
import javax.servlet.http.HttpServletRequest;
import javax.servlet.http.HttpSession;
import dao.Usermanager;
import entity.Admin;
import entity.Teacher;
import org.apache.struts2.ServletActionContext;

public class Login  extends ActionSupport{
    private String username;
    private String sno;
    private Integer id;
    private String password;
    private Integer radiobutton;
    private HttpServletRequest request;
    //该类是 dao 包中的类，主要封装学生功能的相关操作
    Usermanager sm=new Usermanager();
  public String getUsername() {
      return username;
    }
    public void setUsername(String username) {
       this.username = username;
    }
    public String getSno() {
       return sno;
    }
    public void setSno(String sno) {
       this.sno = sno;
    }
    public String getPassword() {
       return password;
    }
      public Integer getId() {
       return id;
    }
```

```java
public void setId(Integer id) {
    this.id = id;
}
public void setPassword(String password) {
    this.password = password;
}
public Integer getRadiobutton() {
    return radiobutton;
}
public void setRadiobutton(Integer radiobutton) {
    this.radiobutton = radiobutton;
}
//学生登录
public String execute() {
    if(radiobutton==1){
        //该类是 entity 包中的类，PO 对象
        Student s = new Student();
        s.setSno(getSno());
        s.setPassword(getPassword());
        if(sm.stuLogin(s)) {
            request=ServletActionContext.getRequest();
            HttpSession session=request.getSession();
            Student sn=sm.getstudent1(sno);
            session.setAttribute("username", sn.getUsername());
            session.setAttribute("sno", this.sno);
            session.setAttribute("id", sn.getStId());
            return SUCCESS;
        }
        return INPUT;
    //教师登录
    }else if(radiobutton==2){
        //该类是 dao 包中的类，主要封装教师功能的相关操作
        TeacherDao td=new TeacherDao();
        //该类是 entity 包中的类，PO 对象
        Teacher tc=new Teacher();
        tc.setTeaId(sno);
        tc.setTpassword(password);
        if(td.tcLogin(tc))
        {
            request=ServletActionContext.getRequest();
            HttpSession session=request.getSession();
            Teacher tec=td.getTeacher1(sno);
            session.setAttribute("tname", tec.getTname());
            session.setAttribute("tid", tec.getTid());
            return "tsuccess";
        }
        return INPUT;
```

```
        }
        //管理员登录
        else if(radiobutton==3){
            //该类是dao包中的类，主要封装管理员功能的相关操作
            AdminDao ad=new AdminDao();
            //该类是entity包中的类，PO对象
            Admin am=new Admin();
            am.setUsername(sno);
            am.setPassword(password);
            if(ad.adminLogin(am)){
                request=ServletActionContext.getRequest();
                HttpSession session=request.getSession();
                Admin adm=ad.getAdmin(sno);
                session.setAttribute("username", adm.getUsername());
                session.setAttribute("id", adm.getId());
                return "asuccess";
            }
            return INPUT;
        }
        else{
            return INPUT;
        }
    }
}
```

业务控制器类 Login 的配置文件（struts.xml）代码如下：

```
<!DOCTYPE struts PUBLIC
"-//Apache Software Foundation//DTD Struts Configuration 2.0//EN"
"http://struts.apache.org/dtds/struts-2.0.dtd">
<struts>
    <include file="Admin.xml"/>
    <include file="Teacher.xml"/>
    <!-- Configuration for the default package. -->
    <package name="default" extends="struts-default">
        <!--登录-->
        <action name="login" class="Action.Login">
            <result name="success">/student/index.jsp</result>
            <result name="tsuccess" type="redirect">/teacher/index.jsp
            </result>
            <result name="asuccess" type="redirect">/admin/index.jsp
            </result>
            <result name="input" type="redirect">/index.jsp</result>
        </action>
        <action name="editStudent" class="Action.GetStudent"
            method="editStudent">
        <result>/student/editStudent.jsp</result>
```

```xml
</action>
<!--增加学生-->
<action name="saveStudent" class="Action.SaveStudent">
   <result>/student/addStudent.jsp</result>
   <result name="input">/student/addStudent.jsp</result>
</action>
<action name="updateStudent" class="Action.UpdateStudent">
   <result type="redirect">/getStudent.Action</result>
</action>
<!--查看个人信息-->
<action name="showStudent" class="Action.GetStudent"
    method="showstudent1 " >
   <result name="success">/student/getStudent.jsp</result>
   <result name="input">/student/error.jsp</result>
</action>
 <action name="skanStudent" class="Action.GetStudent"
    method="showstudent1 " >
   <result name="success">/student/skanstudent.jsp</result>
   <result name="input">/student/error.jsp</result>
</action>
<!--修改密码-->
<action name="chang" class="Action.GetStudent" method="showstudent1 " >
   <result name="success">/student/changpassword.jsp</result>
   <result name="input">/student/student.jsp</result>
</action>
<action name="updateStudent" class="Action.UpdateStudent">
   <result name="input" type="redirect">/chang</result>
   <result name="success" >/student/changpasssuccess.jsp</result>
</action>
<!--个人信息修改-->
<action name="upstudent" class="Action.UpStudent">
   <result name="success">/student/success.jsp</result>
   <result name="input">/student/student.jsp</result>
</action>
<!--上传照片-->
<action name="myUpload" class="Action.MyUpload">
  <param name="path">/upload</param>
   <result name="success" >/uploadSuccess.jsp</result>
   <result name="input">/student/student.jsp</result>
</action>
<!-- 选课 -->
<action name="choose" class="Action.ChooseCourseAction">
   <result name="success" >/student/Mainchoose.jsp</result>
   <result name="myclass">/student/myClasses.jsp</result>
   <result name="cancelSuccess" type="redirectAction" >
        choose!myClasses.action</result>
   <result name="chooseSuccess" type="redirectAction" >choose</result>
```

```
                <result name="chooseOver">/student/chooseOver.jsp</result>
                <result name="viewDetail">/student/CourseDetail.jsp</result>
                <result name="error">/student/error.jsp</result>
                <result name="exist">/student/exist.jsp</result>
        </action>
        <!--选课成绩-->
        <action name="cscore" class="Action.Score">
                <result name="SUCCESS">/student/stscore.jsp</result>
        </action>
        <!--退出登录-->
          <action name="clear"  class="Action.ClearUser">
          <result name="success" type="redirect">index.jsp</result>
          <result name="input">/student/student.jsp</result>
           </action>
    </package>
</struts>
```

Usermanager 类的代码如下：

```java
package dao;
import config.HibernateSessionFactory;
import entity.Classes;
import java.util.*;
import org.hibernate.Query;
import org.hibernate.Session;
import org.hibernate.Transaction;
import entity.Student;

public class Usermanager {
    private Session session;
    private Transaction transaction;
    private Query query;
    public void saveStudent(Student st){
        session =HibernateSessionFactory.getSession();
        try{
            transaction =session.beginTransaction();
            session.save(st);
            transaction.commit();
        }
        catch (Exception e){
            e.printStackTrace();
         }
        HibernateSessionFactory.closeSession();

    }
    public void updateStudent(Student st){
        session=HibernateSessionFactory.getSession();
```

```
        try{
            transaction=session.beginTransaction();
            session.update(st);
            transaction.commit();
        }
        catch (Exception e){
            e.printStackTrace();
        }
        HibernateSessionFactory.closeSession();
    }
    public void deleteStudent(String  sno){
        session=HibernateSessionFactory.getSession();
        try{
            transaction=session.beginTransaction();
            session.delete(sno);
            transaction.commit();
        }
        catch(Exception e){
            e.printStackTrace();
        }
        HibernateSessionFactory.closeSession();
    }
    public Student getStudent(int stId){
        session=HibernateSessionFactory.getSession();
        Student student=(Student)session.get(Student.class, stId);
        HibernateSessionFactory.closeSession();
        return student;
    }
    public List<Student> allStudent(int pageNumber){
        List<Student> allStudent=new ArrayList<Student>();
        String hql="from Student as st";
        session=HibernateSessionFactory.getSession();
        query=session.createQuery(hql);
        query.setFirstResult((pageNumber-1)*10);
        query.setMaxResults(10);
        allStudent=query.list();
        HibernateSessionFactory.closeSession();
        return allStudent;
    }
    public List<Classes> allClasses(int pageNumber){
        List<Classes> allClasses=new ArrayList<Classes>();
        String hql="from Classes as cs";
        session=HibernateSessionFactory.getSession();
        query=session.createQuery(hql);
        query.setFirstResult((pageNumber-1)*10);
        query.setMaxResults(10);
        allClasses=query.list();
```

```java
        HibernateSessionFactory.closeSession();
        return allClasses;
    }
    public Student getstudent1(String m){
        session = HibernateSessionFactory.getSession();
        Query query = (Query) session.createQuery("from Student as s where sno
=' "+m+" '");
        Student st = (Student) query.uniqueResult();
        HibernateSessionFactory.closeSession();
            return st;
    }
    public boolean stuLogin(Student stu){
        if(stu.getSno()!=null&&stu.getPassword()!=null){
            session = HibernateSessionFactory.getSession();
            Query query = (Query) session.createQuery("from Student as s
where sno = '"+stu.getSno()+"' and password = '"+stu.getPassword()+"'    ");
            Student s = (Student) query.uniqueResult();
            if (s!=null) {
            HibernateSessionFactory.closeSession();
                return true;
            }
        }
        return false;
    }
    public Student getstudent2(int stId){
        session = HibernateSessionFactory.getSession();
        Query query = (Query) session.createQuery("from Student as s where stId
= '"+stId+"'");
        Student st = (Student) query.uniqueResult();
        HibernateSessionFactory.closeSession();
            return st;
    }
    public int getStudentAmount(){
        int studentAmount=0;
        session=HibernateSessionFactory.getSession();
        String hql="select count(*) from Student as st";
        query=session.createQuery(hql);
        long count =(Long) query.uniqueResult();
        studentAmount=(int)count;
        HibernateSessionFactory.closeSession();
        return studentAmount;
    }
}
```

TeacherDao 类的代码如下：

```java
package dao;
```

```java
import config.HibernateSessionFactory;
import java.util.*;
import org.hibernate.Query;
import org.hibernate.Session;
import org.hibernate.Transaction;

import entity.Teacher;
public class TeacherDao {
    private Session session;
    private Transaction transaction;
    private Query query;
    public void saveTeacher(Teacher tc){
        session =HibernateSessionFactory.getSession();
        try{
            transaction =session.beginTransaction();
            session.save(tc);
            transaction.commit();
        }
        catch (Exception e){
            e.printStackTrace();
        }
        HibernateSessionFactory.closeSession();
    }
    public void updateTeacher(Teacher tc)
    {
        session=HibernateSessionFactory.getSession();
        try{
            transaction=session.beginTransaction();
            session.update(tc);
            transaction.commit();
        }
        catch (Exception e){
            e.printStackTrace();
        }
        HibernateSessionFactory.closeSession();
    }
    public void deleteTeacher(int tid)
    {
        session=HibernateSessionFactory.getSession();
        try{
            transaction=session.beginTransaction();
            session.delete(session.get(Teacher.class, tid));
            transaction.commit();
        }
        catch(Exception e){
            e.printStackTrace();
        }
```

```java
            HibernateSessionFactory.closeSession();
    }
    public Teacher getTeacher(int tid)
    {
        session=HibernateSessionFactory.getSession();
        Teacher teacher=(Teacher)session.get(Teacher.class, tid);
        HibernateSessionFactory.closeSession();
        return teacher;
    }
    public List<Teacher> allTeacher(int pageNumber){
        List<Teacher> allTeacher=new ArrayList<Teacher>();
        String hql="from Teacher as tc";
        session=HibernateSessionFactory.getSession();
        query=session.createQuery(hql);
        query.setFirstResult((pageNumber-1)*10);
        query.setMaxResults(10);
        allTeacher=query.list();
        HibernateSessionFactory.closeSession();
        return allTeacher;
    }
    public boolean tcLogin(Teacher tc)
    {
        if(tc.getTeaId()!=null&&tc.getTpassword()!=null){
            session = HibernateSessionFactory.getSession();
            try{
                Query query = (Query) session.createQuery("from Teacher as t
                    where t.teaId = '"+tc.getTeaId()+"' and  t.tpassword =
                    '"+tc.getTpassword()+"'  ");
                Teacher t=(Teacher)query.uniqueResult();
                if (t!=null) {
                    HibernateSessionFactory.closeSession();
                    return true;
                }
            }
        catch(Exception e){
            e.printStackTrace();
        }
        HibernateSessionFactory.closeSession();
        }
        return false;
    }
    public Teacher getTeacher1(String m)
    {
        session = HibernateSessionFactory.getSession();
        Query query = (Query) session.createQuery("from Teacher as t where
teaId = '"+m+"'");
        Teacher tc = (Teacher) query.uniqueResult();
```

```
        HibernateSessionFactory.closeSession();
            return tc;
    }
    public int getTeacherAmount(){
        int teacherAmount=0;
        session=HibernateSessionFactory.getSession();
        String hql="select count(*) from Teacher as tc";
        query=session.createQuery(hql);
        long count =(Long) query.uniqueResult();
        teacherAmount=(int)count;
        HibernateSessionFactory.closeSession();
        return teacherAmount;
    }
}
```

AdminDao 类的代码如下：

```
package dao;
import config.HibernateSessionFactory;
import entity.Admin;
import org.hibernate.Query;
import org.hibernate.Session;
import org.hibernate.Transaction;

public class AdminDao {
    private Session session;
    private Transaction transaction;
    private Query query;
    public boolean adminLogin(Admin ad){
        if(ad.getUsername()!=null&&ad.getPassword()!=null){
            session = HibernateSessionFactory.getSession();
          try{
            Query query = (Query) session.createQuery("from Admin as a where
            a.username = '"+ad.getUsername()+"' and a.password
                    = '"+ad.getPassword()+"'  ");
                Admin s = (Admin) query.uniqueResult();
                if (s!=null) {
                    HibernateSessionFactory.closeSession();
                    return true;
                }
          }catch(Exception e){
                e.printStackTrace();
            }
        HibernateSessionFactory.closeSession();
        }
        return false;
    }
```

```java
    public Admin getAdmin(String m){
        session = HibernateSessionFactory.getSession();
        Query query = (Query) session.createQuery("from Admin as a where
a.username =  '"+m+"'");
        Admin ad = (Admin) query.uniqueResult();
        HibernateSessionFactory.closeSession();
            return ad;
    }
    public void saveAdmin(Admin a){
        session =HibernateSessionFactory.getSession();
        try{
            transaction =session.beginTransaction();
            session.save(a);
            transaction.commit();
        }
        catch (Exception e){
            e.printStackTrace();

        }
        HibernateSessionFactory.closeSession();
    }
}
```

Classes 类（PO 对象）的代码如下：

```java
package entity;
import java.util.HashSet;
import java.util.Set;

public class Classes  implements java.io.Serializable {
    private Integer csId;
    private String cname;
    private String cmark;
    private String courTime;
    private String roomId;
    private String teaId;
    private Integer chooseMax;
    private Integer chooseCurNum;
    private Set students = new HashSet();
    public Classes() {
    }
    public Classes(String cname, String cmark, String courTime, String
roomId, String teaId, Integer chooseMax, Integer chooseCurNum) {
        this.cname = cname;
        this.cmark = cmark;
        this.courTime = courTime;
        this.roomId = roomId;
```

```java
        this.teaId = teaId;
        this.chooseMax = chooseMax;
        this.chooseCurNum = chooseCurNum;
    }
    public Integer getCsId() {
        return this.csId;
    }
    public void setCsId(Integer csId) {
        this.csId = csId;
    }
    public String getCname() {
        return this.cname;
    }
    public void setCname(String cname) {
        this.cname = cname;
    }
    public String getCmark() {
        return this.cmark;
    }
    public void setCmark(String cmark) {
        this.cmark = cmark;
    }
    public String getCourTime() {
        return this.courTime;
    }
    public void setCourTime(String courTime) {
        this.courTime = courTime;
    }
    public String getRoomId() {
        return this.roomId;
    }
    public void setRoomId(String roomId) {
        this.roomId = roomId;
    }
    public String getTeaId() {
        return this.teaId;
    }
    public void setTeaId(String teaId) {
        this.teaId = teaId;
    }
    public Integer getChooseMax() {
        return this.chooseMax;
    }

    public void setChooseMax(Integer chooseMax) {
        this.chooseMax = chooseMax;
    }
```

```java
    public Integer getChooseCurNum() {
        return this.chooseCurNum;
    }
    public void setChooseCurNum(Integer chooseCurNum) {
        this.chooseCurNum = chooseCurNum;
    }
    public Set getStudents() {
        return students;
    }
    public void setStudents(Set students) {
        this.students = students;
    }
}
```

Classes 类（PO 对象）对应映射文件（Classes.hbm.xml）的代码如下：

```xml
<?xml version="1.0"?>
<!DOCTYPE hibernate-mapping PUBLIC
"-//Hibernate/Hibernate Mapping DTD 3.0//EN"
"http://hibernate.sourceforge.net/hibernate-mapping-3.0.dtd">
<hibernate-mapping>
    <class name="entity.Classes" table="classes" catalog="lqmsql">
        <id name="csId" type="java.lang.Integer">
            <column name="cs_id" />
            <generator class="identity" />
        </id>
        <property name="cname" type="string">
            <column name="cName" length="60" />
        </property>
        <property name="cmark" type="string">
            <column name="cmark" length="50" />
        </property>
        <property name="courTime" type="string">
            <column name="cour_time" length="50" />
        </property>
        <property name="roomId" type="string">
            <column name="room_id" length="50" />
        </property>
        <property name="teaId" type="string">
            <column name="tea_id" length="50" />
        </property>
        <property name="chooseMax" type="java.lang.Integer">
            <column name="chooseMax" />
        </property>
        <property name="chooseCurNum" type="java.lang.Integer">
            <column name="chooseCurNum" />
        </property>
```

```
        <set name="students" table="student_classes"  lazy="false"
            cascade="save-update">
          <key column="cs_id" />
          <many-to-many class="entity.Student" column="st_id" />
        </set>
    </class>
</hibernate-mapping>
```

Student 类的代码如下：

```
package entity;
import java.util.HashSet;
import java.util.Set;

public class Student  implements java.io.Serializable {
    private int stId;
    private String username;
    private String sno;
    private String email;
    private String tel;
    private String mark;
    private String sex;
    private String department;
    private String jiguan;
    private String password;
    private String image;
    private Integer maxClasses;
    private Set classes = new HashSet();
    private Set Score=new HashSet();
    public Student() {
    }
    public Student(String username, String sno) {
      this.username = username;
      this.sno = sno;
    }
    public Student(int stId,String username, String sno, String email,
String tel, String mark, String sex, String department, String jiguan, String
password, String image, Integer maxClasses) {
      this.stId=stId;
      this.username = username;
      this.sno = sno;
      this.email = email;
      this.tel = tel;
      this.mark = mark;
      this.sex = sex;
      this.department = department;
      this.jiguan = jiguan;
```

```java
        this.password = password;
        this.image = image;
        this.maxClasses = maxClasses;
    }
    public int getStId() {
        return this.stId;
    }
    public void setStId(int stId) {
        this.stId = stId;
    }
    public String getUsername() {
        return this.username;
    }
    public void setUsername(String username) {
        this.username = username;
    }
    public String getSno() {
        return this.sno;
    }
    public void setSno(String sno) {
        this.sno = sno;
    }
    public String getEmail() {
        return this.email;
    }
    public void setEmail(String email) {
        this.email = email;
    }
    public String getTel() {
        return this.tel;
    }
    public void setTel(String tel) {
        this.tel = tel;
    }
    public String getMark() {
        return this.mark;
    }
    public void setMark(String mark) {
        this.mark = mark;
    }
    public String getSex() {
        return this.sex;
    }
    public void setSex(String sex) {
        this.sex = sex;
    }
    public String getDepartment() {
```

Teacher 类（PO 对象）的代码如下：

```
package entity;

public class Teacher  implements java.io.Serializable {
    private Integer tid;
    private Integer age;
    private String email;
    private String tel;
    private String teaId;
    private String tpassword;
    private String tname;
    public Teacher() {
    }
    public Teacher(String tel, String teaId, String tpassword, String tname)
{
        this.tel = tel;
        this.teaId = teaId;
        this.tpassword = tpassword;
        this.tname = tname;
    }
    public Teacher(Integer age, String email, String tel, String teaId, String
tpassword, String tname) {
        this.age = age;
        this.email = email;
        this.tel = tel;
        this.teaId = teaId;
        this.tpassword = tpassword;
        this.tname = tname;
    }
    public Integer getTid() {
        return this.tid;
    }
    public void setTid(Integer tid) {
        this.tid = tid;
    }
    public Integer getAge() {
        return this.age;
    }
    public void setAge(Integer age) {
        this.age = age;
    }
    public String getEmail() {
        return this.email;
    }
    public void setEmail(String email) {
        this.email = email;
```

```
    }
    public String getTel() {
        return this.tel;
    }
    public void setTel(String tel) {
        this.tel = tel;
    }
    public String getTeaId() {
        return this.teaId;
    }
    public void setTeaId(String teaId) {
        this.teaId = teaId;
    }
    public String getTpassword() {
        return this.tpassword;
    }
    public void setTpassword(String tpassword) {
        this.tpassword = tpassword;
    }
    public String getTname() {
        return this.tname;
    }
    public void setTname(String tname) {
        this.tname = tname;
    }
}
```

Teacher 类（PO 对象）对应映射文件（Teacher.hbm.xml）的代码如下：

```
<?xml version="1.0"?>
<!DOCTYPE hibernate-mapping PUBLIC
    "-//Hibernate/Hibernate Mapping DTD 3.0//EN"
    "http://hibernate.sourceforge.net/hibernate-mapping-3.0.dtd">
<hibernate-mapping>
    <class name="entity.Teacher" table="teacher" catalog="lqmsql">
        <id name="tid" type="java.lang.Integer">
            <column name="tid" />
            <generator class="identity" />
        </id>
        <property name="age" type="java.lang.Integer">
            <column name="age" />
        </property>
        <property name="email" type="string">
            <column name="email" length="50" />
        </property>
        <property name="tel" type="string">
            <column name="tel" length="50" not-null="true" />
```

```xml
        </property>
        <property name="teaId" type="string">
            <column name="tea_id" length="50" not-null="true" />
        </property>
        <property name="tpassword" type="string">
            <column name="tpassword" length="50" not-null="true" />
        </property>
        <property name="tname" type="string">
            <column name="tname" length="50" not-null="true" />
        </property>
    </class>
</hibernate-mapping>
```

Admin 类（PO 对象）的代码如下：

```java
package entity;

public class Admin  implements java.io.Serializable {
    private Integer id;
    private String username;
    private String password;
    public Admin() {
    }
    public Admin(String username, String password) {
        this.username = username;
        this.password = password;
    }
    public Integer getId() {
        return this.id;
    }
    public void setId(Integer id) {
        this.id = id;
    }
    public String getUsername() {
        return this.username;
    }
    public void setUsername(String username) {
        this.username = username;
    }
    public String getPassword() {
        return this.password;
    }
    public void setPassword(String password) {
        this.password = password;
    }
}
```

Admin 类（PO 对象）对应映射文件（Admin.hbm.xml）的代码如下：

```xml
<?xml version="1.0"?>
<!DOCTYPE hibernate-mapping PUBLIC
    "-//Hibernate/Hibernate Mapping DTD 3.0//EN"
    "http://hibernate.sourceforge.net/hibernate-mapping-3.0.dtd">
<hibernate-mapping>
    <class name="entity.Admin" table="admin" catalog="lqmsql">
        <id name="id" type="java.lang.Integer">
            <column name="id" />
            <generator class="identity" />
        </id>
        <property name="username" type="string">
            <column name="username" length="50" not-null="true" />
        </property>
        <property name="password" type="string">
            <column name="password" length="50" not-null="true" />
        </property>
    </class>
</hibernate-mapping>
```

此外，该项目使用 Hibernate 框架，连接数据库所需的配置文件为 Hibernate.cfg.xml。加载配置文件的类为 HibernateSessionFactory（该类在 config 包中）。

Hibernate 配置文件（Hibernate.cfg.xml）的代码如下：

```xml
<?xml version="1.0" encoding="UTF-8"?>
<!DOCTYPE hibernate-configuration PUBLIC "-//Hibernate/Hibernate
Configuration DTD 3.0//EN" "http://hibernate.sourceforge.net/hibernate-
configuration-3.0.dtd">
<hibernate-configuration>
  <session-factory>
    <property name="hibernate.dialect">
        org.hibernate.dialect.MySQLDialect
    </property>
    <property name="hibernate.connection.driver_class">
        com.mysql.jdbc.Driver
    </property>
    <property name="hibernate.connection.url">
        jdbc:mysql://localhost:3306/lqmsql
    </property>
    <property name="hibernate.connection.username">root</property>
    <property name="hibernate.connection.password">root</property>
  </session-factory>
</hibernate-configuration>
```

HibernateSessionFactory 类的代码如下：

```java
package config;
import org.hibernate.HibernateException;
import org.hibernate.Session;
```

```java
import org.hibernate.cfg.Configuration;

public class HibernateSessionFactory {
    private static String CONFIG_FILE_LOCATION="/config/hibernate.cfg.xml";
    private static final ThreadLocal<Session> threadLocal=new
                                        ThreadLocal<Session>();
    private static Configuration configuration=new Configuration();
    private static org.hibernate.SessionFactory sessionFactory;
    static{
        try{
            configuration.configure(CONFIG_FILE_LOCATION);
            sessionFactory=configuration.buildSessionFactory();


        }
        catch(Exception e)
        {
            e.printStackTrace();
        }
    }
    private HibernateSessionFactory(){
    }
    public static Session getSession() throws HibernateException{
        Session session=(Session) threadLocal.get();
        if(session==null||!session.isOpen()){
            if(sessionFactory==null){
                rebuildSessionFactory();
            }
            session=(sessionFactory!=null)? sessionFactory.openSession():
            null;
            threadLocal.set(session);
        }
        return session;
    }
    public static void rebuildSessionFactory()
    {
        try{
            configuration.configure(CONFIG_FILE_LOCATION);
            sessionFactory=configuration.buildSessionFactory();
        }
        catch(Exception e)
        {
            e.printStackTrace();
        }
    }
    public static void closeSession() throws HibernateException{
        Session session=(Session) threadLocal.get();
        threadLocal.set(null);
```

```
        if(session!=null)
        {
            session.close();
        }
    }
    public static org.hibernate.SessionFactory getSessionFactory(){
        return sessionFactory;
    }
    public static Configuration getConfiguration(){
        return configuration;
    }
}
```

3. 学生管理功能的实现

在图 8-3 所示登录页面中输入正确的学生用户名和密码并单击"登录"按钮后，页面跳转到学生管理主页面，如图 8-6 所示。该页面由 student 文件夹中的 index.jsp 实现。该学生管理主页面使用框架，把整个页面分为 3 个子窗口，对应的 3 个页面文件分别是 top.jsp、menu.jsp 和 main.jsp。

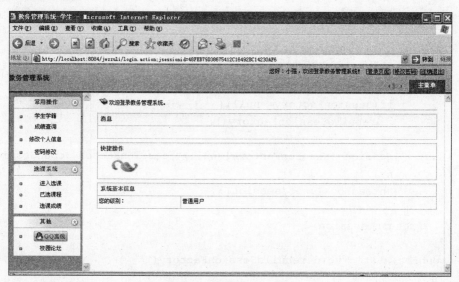

图 8-6　学生管理主页面

学生管理主页面（**index.jsp**）的代码如下：

```
<%@page contentType="text/html" pageEncoding="UTF-8"%>
<!DOCTYPE html PUBLIC "-//W3C//DTD HTML 4.0//EN"
"http://www.w3.org/TR/REC-html40/strict.dtd">
<html>
    <head>
        <meta http-equiv="Content-Type" content="text/html; charset=UTF-8">
        <title>教务管理系统-学生</title>
        <style>
            body
```

```
                {
                    scrollbar-base-color:#C0D586;
                    scrollbar-arrow-color:#FFFFFF;
                    scrollbar-shadow-color:DEEFC6;
                }
        </style>
    </head>
    <frameset rows="60,*" cols="*" frameborder="no" border="0" framespacing="0">
        <frame src="student/top.jsp" name="topFrame" scrolling="no">
        <frameset cols="180,*" name="btFrame" frameborder="NO" border="0"
            framespacing="0">
            <frame src="student/menu.jsp" noresize name="menu" scrolling="yes">
            <frame src="student/main.jsp" noresize name="main" scrolling="yes">
        </frameset>
    </frameset>
    <noframes>
        <body>您的浏览器不支持框架！</body>
    </noframes>
</html>
```

top.jsp 页面运行效果如图 8-7 所示。

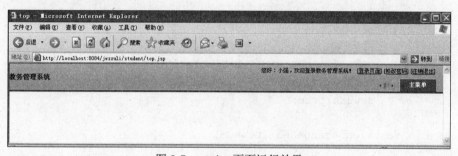

图 8-7　top.jsp 页面运行效果

top.jsp 页面的代码如下：

```
<%@page contentType="text/html" pageEncoding="UTF-8"%>
<%@taglib prefix="s" uri="/struts-tags" %>
<!DOCTYPE html PUBLIC "-//W3C//DTD HTML 4.0//EN"
    "http://www.w3.org/TR/REC-html40/strict.dtd">
<html>
    <head>
        <meta http-equiv="Content-Type" content="text/html; charset=UTF-8">
        <title>top</title>
        <link href="skin/css/base.css" rel="stylesheet" type="text/css">
        <script language='javascript'>
            var preFrameW = '206,*';
            var FrameHide = 0;
            var curStyle = 1;
            var totalItem = 9;
```

```javascript
function ChangeMenu(way){
    var addwidth = 10;
    var fcol = top.document.all.btFrame.cols;
    if(way==1) addwidth = 10;
    else if(way==-1) addwidth = -10;
    else if(way==0){
        if(FrameHide == 0){
            preFrameW = top.document.all.btFrame.cols;
            top.document.all.btFrame.cols = '0,*';
            FrameHide = 1;
            return;
        }else{
            top.document.all.btFrame.cols = preFrameW;
            FrameHide = 0;
            return;
        }
    }
    fcols = fcol.split(',');
    fcols[0] = parseInt(fcols[0]) + addwidth;
    top.document.all.btFrame.cols = fcols[0]+',*';
}
function mv(selobj,moveout,itemnum)
{
    if(itemnum==curStyle) return false;
    if(moveout=='m') selobj.className = 'itemsel';
    if(moveout=='o') selobj.className = 'item';
    return true;
}
function changeSel(itemnum)
{
    curStyle = itemnum;
    for(i=1;i<=totalItem;i++)
    {
    if(document.getElementById('item'+i))
        document.getElementById('item'+i).className='item';
    }
    document.getElementById('item'+itemnum).className='itemsel';
    }
</script>
<style>
    body { padding:0px; margin:0px; }
    #tpa {
        color: #009933;
        margin:0px;
        padding:0px;
        float:right;
        padding-right:10px;
```

```css
}
#tpa dd {
    margin:0px;
    padding:0px;
    float:left;
    margin-right:2px;
}
#tpa dd.ditem {
    margin-right:8px;
}
#tpa dd.img {
    padding-top:6px;
}
div.item
{
    text-align:center;
    background:url(skin/images/frame/topitembg.gif) 0px 3px no-repeat;
    width:82px;
    height:26px;
    line-height:28px;
}
.itemsel {
    width:80px;
    text-align:center;
    background:#226411;
    border-left:1px solid #c5f097;
    border-right:1px solid #c5f097;
    border-top:1px solid #c5f097;
    height:26px;
    line-height:28px;
}
.itemsel {
    height:26px;
    line-height:26px;
}
a:link,a:visited {
    text-decoration: underline;
}
.item a:link, .item a:visited {
    font-size: 12px;
    color: #ffffff;
    text-decoration: none;
    font-weight: bold;
}
.itemsel a:hover {
    color: #ffffff;
    font-weight: bold;
```

```
            border-bottom:2px solid #E9FC65;
        }
        .itemsel a:link, .itemsel a:visited {
            font-size: 12px;
            color: #ffffff;
            text-decoration: none;
            font-weight: bold;
        }
    .itemsel a:hover {
        color: #ffffff;
        border-bottom:2px solid #E9FC65;
    }
    .rmain {
        padding-left:10px;
    }
    </style>
</head>
<body bgColor='#ffffff'>
    <table width="100%" border="0" cellpadding="0" cellspacing="0"
        background="skin/images/frame/topbg.gif">
        <tr>
            <td width='20%' height="60"><h2>教务管理系统</h2></td>
            <td width='80%' align="right" valign="bottom">
                <table width="750" border="0" cellspacing="0"
                    cellpadding="0">
                    <tr>
                        <td align="right" height="26"
                            style="padding-right:10px;line-height:26px;">
                            您好：<span class="username">
                            <s:property value="#session.username"/>
                            </span>，欢迎登录教务管理系统!
                            [<a href="<%=request.getContextPath()%>
                            /index.jsp" target="_blank">登录页面</a>]
                            [<a href="chang" target="main">修改密码</a>]
                            [<a href="clear" target="_top">注销退出</a>]
                             
                        </td>
                    </tr>
                    <tr>
                        <td align="right" height="34" class="rmain">
                            <dl id="tpa">
                                <dd class='img'>
                                    <a href="javascript:ChangeMenu(-1);"><img
                                    vspace="5"   src="skin/images/frame/arrl.gif"
                                    border="0" width="5" height="8" alt="缩小左框架
                                    " title="缩小左框架" /></a></dd>
                                <dd class='img'><a href="javascript: ChangeMenu
```

```
                               (0);"><img vspace="3" src="skin/images/frame/
                               arrfc.gif" border="0" width="12" height="12"
                               alt="显示/隐藏左框架" title="显示/隐藏左框架"
                               /></a></dd>
                             <dd class='img' style="margin-right:10px;"><a
                               href="javascript:ChangeMenu(1);"><img
                               vspace="5" src="skin/images/frame/ arrr.gif"
                               border="0" width="5" height="8" alt="增大左框
                               架" title="增大左框架" /></a></dd>
                             <dd><div     class='itemsel'     id='item1'
                               onMouseMove="mv(this,'move',1);"
                               onMouseOut="mv(this,'o',1);"><a
                               href="menu.asp"      onclick="changeSel(1)"
                               target="menu">主菜单</a></div></dd>
                           </dl>
                       </td>
                   </tr>
                 </table>
             </td>
         </tr>
       </table>
   </body>
</html>
```

备注：如果不熟悉 CSS 和 JavaScript 技术，也可以不使用 CSS 和 JavaScript 实现该页面。

menu.jsp 页面运行效果如图 8-8 所示。

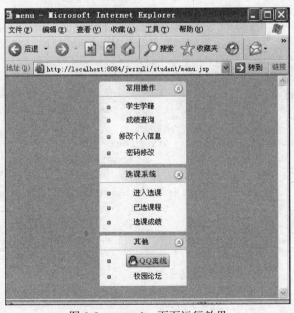

图 8-8　menu.jsp 页面运行效果

menu.jsp 页面的代码如下：

```jsp
<%@page contentType="text/html" pageEncoding="UTF-8"%>
<!DOCTYPE html PUBLIC "-//W3C//DTD HTML 4.0//EN"
"http://www.w3.org/TR/REC-html40/strict.dtd">
<html>
    <head>
        <meta http-equiv="Content-Type" content="text/html; charset=UTF-8">
        <title>menu</title>
        <link rel="stylesheet" href="skin/css/base.css" type="text/css" />
        <link rel="stylesheet" href="skin/css/menu.css" type="text/css" />
        <meta http-equiv="Content-Type" content="text/html; charset=gb2312" />
        <script language='javascript'>var curopenItem = '1';</script>
        <script language="javascript" type="text/javascript"
            src="skin/js/frame/menu.js"></script>
        <base target="main" />
    </head>
    <body target="main">
        <table  width='99%'  height="100%"  border='0'  cellspacing='0'
cellpadding='0'>
            <tr>
                <td style='padding-left:3px;padding-top:8px' valign="top">
                    <!-- 常用操作开始 -->
                    <dl class='bitem'>
                        <dt onClick='showHide("items1_1")'><b>
                            常用操作</b></dt>
                        <dd style='display:block' class='sitem' id='items1_1'>
                            <ul class='sitemu'>
                                <li>
                                    <div class='items'>
                                        <div class='fllct'><a href='skanStudent'
                                            target='main'>学生学籍</a></div>
                                    </div>
                                </li>
                                <li><div class='fllct'><a href='cscore'
                                    target='main'>成绩查询</a></div> </li>
                                <li>
                                    <div class='fllct'><a href='showStudent'
                                            target='main'>修改个人信息</a></div>
                                </li>
                                <li><div class='fllct'><a href='chang'
                                    target='main'>密码修改</a></div></li>
                            </ul>
                        </dd>
                    </dl>
                    <!-- 常用操作结束-->
                    <!-- 选课系统开始 -->
                    <dl class='bitem'>
                        <dt onClick='showHide("items2_1")'><b>
                            选课系统</b></dt>
```

```
            <dd style='display:block' class='sitem' id='items2_1'>
                <ul class='sitemu'>
                    <li><a href='choose.action' target='main'>
                            进入选课</a></li>
                    <li><a href='choose!myClasses.action'
                            target='main'>已选课程</a></li>
                    <li><a href='cscore' target='main'>
                            选课成绩</a></li>
                </ul>
            </dd>
        </dl>
        <!-- 选课系统结束 -->
        <!-- 其他开始 -->
        <dl class='bitem'>
            <dt onClick='showHide("items2_1")'><b>其他</b></dt>
            <dd style='display:block' class='sitem' id='items2_1'>
                <ul class='sitemu'>
                    <li><a target="_blank"
                     href="http://wpa.qq.com/msgrd?v=3&uin=330262
                    363&site=qq&menu=yes"><img          border="0"
                    src="http://wpa.qq.com/pa?p=2:330262363:41
                    &r=0.7815125500474443" alt="请留言" title="请留
                    言"></a></li>
                    <li><a href='' target='main'>校园论坛</a></li>
                </ul>
            </dd>
        </dl>
        <!-- 其他结束 -->
        </td>
    </tr>
</table>
</body>
</html>
```

mian.jsp 页面运行效果如图 8-9 所示。

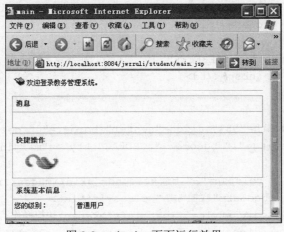

图 8-9 mian.jsp 页面运行效果

mian.jsp 页面的代码如下：

```jsp
<%@page contentType="text/html" pageEncoding="UTF-8"%>
<!DOCTYPE html PUBLIC "-//W3C//DTD HTML 4.0//EN"
"http://www.w3.org/TR/REC-html40/strict.dtd">
<html>
    <head>
        <meta http-equiv="Content-Type" content="text/html; charset=UTF-8">
        <title>main</title>
        <base target="_self">
        <link rel="stylesheet" type="text/css" href="skin/css/base.css" />
        <link rel="stylesheet" type="text/css" href="skin/css/main.css" />
    </head>
    <body leftmargin="8" topmargin='8'>
        <table width="98%" border="0" align="center" cellpadding="0"
            cellspacing="0">
         <tr>
            <td><div style='float:left'> <img height="14"
                    src="skin/images/frame/book1.gif" width="20" />
                     欢迎登录教务管理系统。</div>
                <div style='float:right;padding-right:8px;'>
                <!-- //保留接口  -->
                </div>
            </td>
         </tr>
         <tr>
            <td height="1" background="skin/images/frame/sp_bg.gif"
                style='padding:0px'></td>
         </tr>
        </table>
        <table width="98%" align="center" border="0" cellpadding="3"
cellspacing="1" bgcolor="#CBD8AC" style="margin-bottom:8px;margin-top:8px;">
            <tr>
                <td background="skin/images/frame/wbg.gif" bgcolor="#EEF4EA"
                    class='title'><span>消息</span></td>
            </tr>
            <tr bgcolor="#FFFFFF">
                <td> </td>
            </tr>
        </table>
        <table width="98%" align="center" border="0" cellpadding="4"
         cellspacing="1" bgcolor="#CBD8AC" style="margin-bottom:8px">
            <tr>
                <td colspan="2" background="skin/images/frame/wbg.gif"
                    bgcolor="#EEF4EA" class='title'>
                    <div style='float:left'><span>快捷操作</span></div>
                    <div style='float:right;padding-right:10px;'></div>
```

```html
        </td>
    </tr>
    <tr bgcolor="#FFFFFF">
        <td height="30" colspan="2" align="center" valign="bottom">
            <table width="100%" border="0" cellspacing="1"
              cellpadding="1">
                <tr>
                    <td width="15%" height="31" align="center">
        <img  src="skin/images/frame/qc.gif"  width="90"  height="30"
/></td>
                    <td width="85%" valign="bottom">
                        <!--  //保留接口  -->
                        <div class='icoitem'>
                            <div class='ico'></div>
                            <div class='txt'>
                                <a href=''><u></u></a></div>
                        </div>
                        <div class='icoitem'>
                            <div class='ico'></div>
                            <div class='txt'>
                                <a href=''><u></u></a></div>
                        </div>
                        <div class='icoitem'>
                            <div class='ico'></div>
                            <div class='txt'>
                                <a href=''><u></u></a></div>
                        </div>
                        <div class='icoitem'>
                            <div class='ico'></div>
                            <div class='txt'>
                                <a href=''><u></u></a></div>
                        </div>
                        <div class='icoitem'>
                            <div class='ico'></div>
                            <div class='txt'>
                                <a href=''><u></u></a></div>
                        </div>
                        <div class='icoitem'>
                            <div class='ico'></div>
                            <div class='txt'>
                                <a href=''><u></u></a></div>
                        </div>
                    </td>
                </tr>
            </table>
        </td>
    </tr>
```

```
    </table>
    <table width="98%" align="center" border="0" cellpadding="4"
       cellspacing="1" bgcolor="#CBD8AC" style="margin-bottom:8px">
       <tr bgcolor="#EEF4EA">
          <td colspan="2" background="skin/images/frame/wbg.gif"
             class='title'><span>系统基本信息</span></td>
       </tr>
       <tr bgcolor="#FFFFFF">
          <td width="25%" bgcolor="#FFFFFF">您的级别: </td>
          <td width="75%" bgcolor="#FFFFFF">普通用户</td>
       </tr>
    </table>
    <table width="98%" align="center" border="0" cellpadding="4"
       cellspacing="1" bgcolor="#CBD8AC">
    </table>
  </body>
</html>
```

备注: 本书中该页面的设计实现基于项目整体美观以及功能扩展考虑, 使用 CSS 和 JavaScript 技术。也可以使用简单的 JSP 页面代替该页面。

单击图 8-6 所示页面中"常用操作"中的"学生学籍", 出现如图 8-10 所示的页面。可以查看学生个人基本信息, 并可以修改个人基本信息和上传照片。该部分还实现了必修课程的"成绩查询"和"密码修改"功能。

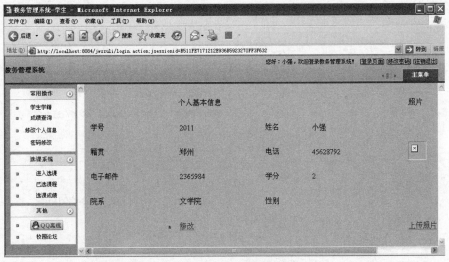

图 8-10　学生学籍功能

单击图 8-10 所示页面中"选课系统"中的"进入选课", 出现如图 8-11 所示的页面, 可以选择要修习的选修课程。如单击"计算机组成原理", 出现如图 8-12 所示的页面。单击图 8-12 所示页面中的"选择", 因当前登录用户已选修该课程, 会出现如图 8-13 所示的页面; 若还没有选修该课程将确定选修该课程。

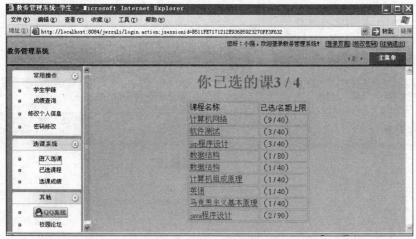

图 8-11　进入选课页面

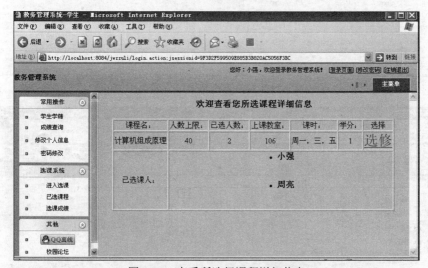

图 8-12　查看所选择课程详细信息

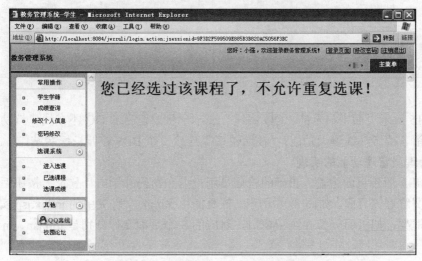

图 8-13　重复选择已选修课程的提示

可以查看已选修的选修课程信息。在图 8-13 所示页面中单击"已选课程",出现如图 8-14 所示的页面,也可以在该页面取消已选课程。可以查看选修课的成绩,在图 8-14 所示页面中单击"选课成绩",出现如图 8-15 所示的页面。

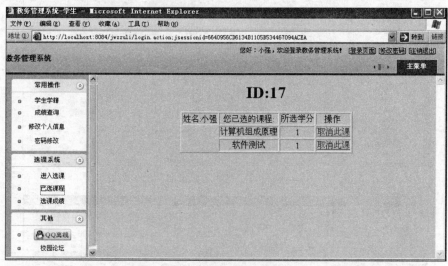

图 8-14　查询选修课信息

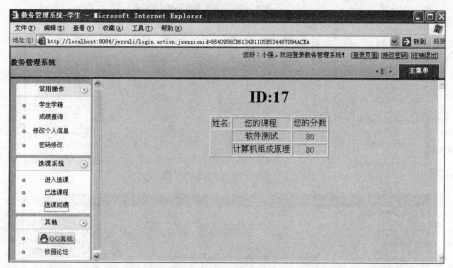

图 8-15　查询选修课成绩

图 8-15 所示页面中显示的"QQ 离线"表示学生要留言的 QQ 不在线。该功能可以实现给老师留言或者在线聊天功能;"校园论坛"连接一个 BBS 校园论坛网站。

4. 管理员管理功能的实现

在图 8-3 所示页面中输入正确的管理员用户名和密码并单击"登录"按钮后,页面跳转到管理员管理主页面,如图 8-16 所示。该页面由 admin 文件夹中的 index.jsp 实现。该主页面使用框架,把页面分为 3 个子窗口,对应的 3 个页面文件分别是 top.jsp、menu.jsp 和 main.jsp。

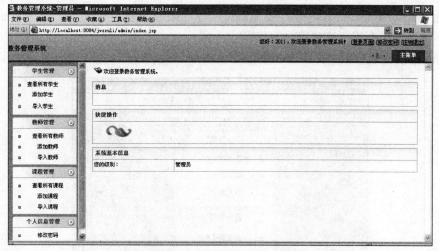

图 8-16　管理员管理主页面

管理员管理主页面（index.jsp）的代码如下：

```jsp
<%@page contentType="text/html" pageEncoding="UTF-8"%>
<!DOCTYPE html PUBLIC "-//W3C//DTD HTML 4.0//EN"
"http://www.w3.org/TR/REC-html40/strict.dtd">
<html>
    <head>
        <meta http-equiv="Content-Type" content="text/html; charset=UTF-8">
        <title>教务管理系统-管理员</title>
        <style>
            body
            {
                scrollbar-base-color:#C0D586;
                scrollbar-arrow-color:#FFFFFF;
                scrollbar-shadow-color:DEEFC6;
            }
        </style>
    </head>
    <frameset    rows="60,*"    cols="*"    frameborder="no"    border="0"
framespacing="0">
        <frame src="top.jsp" name="topFrame" scrolling="no">
        <frameset cols="180,*" name="btFrame" frameborder="NO" border="0"
            framespacing="0">
            <frame src="menu.jsp" noresize name="menu" scrolling="yes">
            <frame src="main.jsp" noresize name="main" scrolling="yes">
        </frameset>
    </frameset>
    <noframes>
        <body>您的浏览器不支持框架！</body>
    </noframes>
</html>
```

页面 top.jsp 和 main.jsp 的运行效果和代码与 student 文件夹中的 top.jsp 和 main.jsp 几乎一样，这里不再介绍，请参照前面代码。

menu.jsp 页面运行效果如图 8-17 所示。

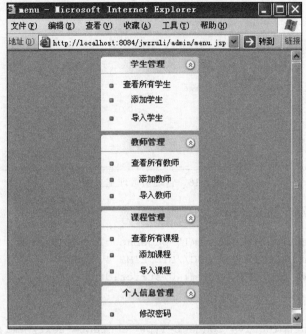

图 8-17　menu.jsp 页面运行效果

menu.jsp 页面的代码如下：

```
<%@page contentType="text/html" pageEncoding="UTF-8"%>
<!DOCTYPE html PUBLIC "-//W3C//DTD HTML 4.0//EN"
"http://www.w3.org/TR/REC-html40/strict.dtd">
<html>
    <head>
        <meta http-equiv="Content-Type" content="text/html; charset=UTF-8">
        <title>menu</title>
        <link rel="stylesheet" href="skin/css/base.css" type="text/css" />
        <link rel="stylesheet" href="skin/css/menu.css" type="text/css" />
        <meta http-equiv="Content-Type" content="text/html; charset=gb2312" />
        <script language='javascript'>var curopenItem = '1';</script>
        <script language="javascript" type="text/javascript"
            src="skin/js/frame/menu.js"></script>
        <base target="main" />
    </head>
    <body target="main">
        <table  width='99%'  height="100%"  border='0'  cellspacing='0'
cellpadding='0'>
            <tr>
```

```
<td style='padding-left:3px;padding-top:8px' valign="top">
    <dl class='bitem'>
        <dt onClick='showHide("items1_1")'><b>
            学生管理</b></dt>
        <dd style='display:block' class='sitem' id='items1_1'>
            <ul class='sitemu'>
                <li>
                    <div class='items'>
                        <div class='fllct'><a href='pageAction'
                    target='main'>查看所有学生</a></div>
                    </div>
                </li>
                <li><div class='fllct'><a href='addstudent.jsp'
                    target='main'>添加学生</a></div> </li>
                <li>
                    <div class='fllct'>
<a href='importStudent.jsp' target='main'>导入学生</a></div>
                </li>
            </ul>
        </dd>
    </dl>
    <dl class='bitem'>
        <dt onClick='showHide("items2_1")'><b>
            教师管理</b></dt>
        <dd style='display:block' class='sitem' id='items2_1'>
            <ul class='sitemu'>
                <li><a href='tpageAction' target='main'>
                    查看所有教师</a></li>
                <li><a href='addteacher.jsp' target='main'>
                    添加教师</a></li>
                <li><a href='importTeacher.jsp'
                    target='main'>导入教师</a></li>
            </ul>
        </dd>
    </dl>
    <dl class='bitem'>
        <dt onClick='showHide("items2_1")'><b>
            课程管理</b></dt>
        <dd style='display:block' class='sitem' id='items2_1'>
            <ul class='sitemu'>
                <li><a href='cpageAction' target='main'>
                    查看所有课程</a></li>
                <li><a href='addclasses.jsp' target='main'>
                    添加课程</a></li>
                <li><a href='' target='main'>
```

```
                        导入课程</a></li>
                </ul>
            </dd>
        </dl>
        <dl class='bitem'>
            <dt onClick='showHide("items2_1")'><b>
                个人信息管理</b></dt>
            <dd style='display:block' class='sitem' id='items2_1'>
                <ul class='sitemu'>
                    <li><a href='changPass.jsp' target='main'>
                        修改密码</a></li>
                </ul>
            </dd>
        </dl>
    </td>
</tr>
</table>
</body>
</html>
```

单击图 8-16 所示页面中"学生管理"中的"查看所有学生",出现如图 8-18 所示的页面。可以分页查看所有学生信息,单击"查看用户"可查看学生的个人基本信息,单击"删除"可以删除学生信息;单击"添加学生"可以添加学生信息;单击"导入学生"可以把存储在 Excel 表格中的数据导入到数据库表中,如图 8-19 所示。需要注意的是 Excel 文件的数据格式应参考给定的模板。从 Excel 中导入数据使用的是一个插件,该插件相应的 JAR 文件已经添加到"库"中,JAR 文件如图 8-20 所示。

图 8-18   查看所有学生信息

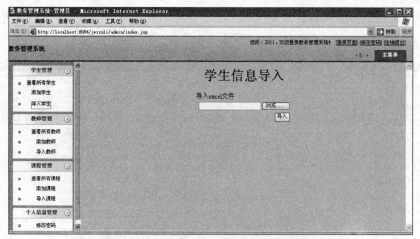

图 8-19　按模板格式导入学生信息

图 8-20　导入 Excel 文件所需的 JAR 文件

"教师管理"功能中"查看所有教师"的页面如图 8-21 所示。"添加教师"和"导入教师"的功能与学生管理中的"添加学生"和"导入学生"功能类似。

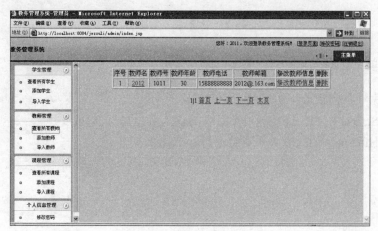

图 8-21　查看所有教师页面

"课程管理"功能中"查看所有课程"的页面如图 8-22 所示。"添加课程"和"导入课程"的功能与学生管理中的"添加学生"和"导入学生"功能类似。

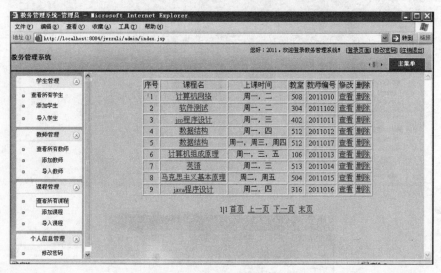

图 8-22 查看所有课程页面

单击"个人信息管理"功能中的"修改密码"可以修改管理员密码。

5. 教师管理功能的实现

教师管理功能的实现请参照前述需求分析自行编码实现。

8.4 本 章 小 结

根据"卓越工程师教育培养计划"的指导思想，本章基于"以项目为驱动的教学模式"，提供了一个具有一定实际应用价值的教务管理系统项目，详细介绍了该项目的设计开发过程。在本项目实现过程中完成对 Struts2 和 Hibernate 框架技术应用的系统训练，达到整合知识体培养解决工程实践问题能力的教学目的。

8.5 习   题

8.5.1 实训题

1. 请根据业务需求编程实现教师管理模块的功能。
2. 使用 Struts2 中的验证功能对项目中的输入数据进行验证。
3. 使用 Hibernate 的关联关系对数据进行优化。

参 考 文 献

[1] 王建国. Struts+Spring+Hibernate 框架及应用开发[M]. 北京：清华大学出版社，2011.

[2] 王颖玲. 基于 Struts 和 Hibernate 技术的 Web 开发应用[M]. 北京：清华大学出版社，2011.

[3] 王伟平. Struts2 完全学习手册[M]. 北京：清华大学出版社，2010.

[4] 蒲子明. Struts2+Hibernate+Spring 整合开发技术详解[M]. 北京：清华大学出版社，2010.

[5] 李刚. Struts2.1 权威指南[M]. 北京：电子工业出版社，2009.

[6] 邬继成. Struts 与 Hibernate 实用教程[M]. 北京：电子工业出版社，2008.